城市地下空间出版工程·运营与维护管理系列

总主编　钱七虎　副总主编　朱合华　黄宏伟

国家出版基金项目
NATIONAL PUBLICATION FOUNDATION

国家"十三五"重点图书出版规划项目

城市地下空间信息基础平台建设与管理

倪丽萍　蒋　欣　郭亨波　著

同濟大学 出版社
TONGJI UNIVERSITY PRESS

上海市高校服务国家重大战略出版工程入选项目

图书在版编目(CIP)数据

城市地下空间信息基础平台建设与管理/倪丽萍,蒋欣,郭亨波著.—上海:同济大学出版社,2018.10

城市地下空间出版工程.运营与维护管理系列/钱七虎总主编

ISBN 978-7-5608-8012-9

Ⅰ.①城⋯ Ⅱ.①倪⋯ ②蒋⋯ ③郭⋯ Ⅲ.①城市空间—地下建筑物—空间信息系统 Ⅳ.①TU984.11

中国版本图书馆 CIP 数据核字(2018)第 158271 号

城市地下空间出版工程·运营与维护管理系列

城市地下空间信息基础平台建设与管理

倪丽萍　蒋　欣　郭亨波　**著**

出 品 人：华春荣
策　　划：杨宁霞　胡　毅
责任编辑：胡　毅　李　杰
责任校对：谢卫奋
封面设计：陈益平

出版发行　同济大学出版社　www.tongjipress.com.cn
　　　　　(上海市四平路 1239 号　邮编:200092　电话:021-65985622)
经　　销　全国各地新华书店、建筑书店、网络书店
排版制作　南京月叶图文制作有限公司
印　　刷　上海安兴汇东纸业有限公司
开　　本　787mm×1 092mm　1/16
印　　张　14.75
字　　数　368 000
版　　次　2018 年 10 月第 1 版　2018 年 10 月第 1 次印刷
书　　号　ISBN 978-7-5608-8012-9
定　　价　88.00 元

内 容 提 要

本书为国家"十三五"重点图书出版规划项目、国家出版基金资助项目。

本书结合上海地下空间信息基础平台建设实践,系统阐述了城市地下空间信息基础平台建设的目标、意义、技术基础、关键技术和实施方案。从城市地下空间开发利用和管理对信息化的需求出发,分析了地下空间信息化的特点,探讨了城市地下空间信息化的基本构架,介绍了城市地下空间信息基础平台建设的基本构架、涉及的技术方法和基本的管理与服务功能等。

本书作为国内第一部系统阐述城市地下空间信息基础平台建设的专著,对于指导国内各大城市地下空间信息平台建设乃至城市地下空间建设和管理具有重大意义,对于推动国内城市地下空间信息化领域的相关研究具有前瞻价值。

本书对从事城市地下空间信息基础平台建设的专业技术人员极具参考价值,对城市地下空间规划、建设和管理领域的专家、学者、政府部门能提供帮助,也可作为高等院校相关专业的拓展参考书。

"城市地下空间出版工程·运营与维护管理系列"编委会

作者简介

倪丽萍　上海博坤信息技术有限公司总经理、总工程师,1993 年开始从事地理信息系统开发工作,曾负责多个大型地理信息系统的组织实施,并承担总体设计和部分开发工作。主导完成了上海市地方标准《道路、道路路段、道路节点编码》和《城市街坊、乡村单元编码》的编写。曾作为主要技术人员参与国家 863 项目"基于 SIG 框架的(上海)城市空间信息应用服务系统"建设。2005—2009 年,作为主要技术负责人承担上海市科教兴市重大项目"上海地下空间信息基础平台及其关键技术研究"的具体组织实施工作。2012 年起,作为主要技术负责人承担上海市智慧城市三年行动计划重点项目"上海市地下空间信息基础平台建设"。曾获得上海市科技进步一等奖 1 项("上海城市地下空间信息基础平台及其关键技术研究")、二等奖 3 项("上海市建设委员会综合管理信息系统""上海市航空遥感综合调查信息技术研究"和"数字城市空间信息系统关键技术研究"),上海市决策咨询研究成果一等奖 1 项("上海城市地下空间信息化建设和运行机制研究"),国家知识产权局发明专利 3 项("基于地理信息系统的城市基本实体编码方法""一种用于空间分析的地下构筑物三维数字化模型构建方法"和"基于城市地下构筑物的连通路径建立方法")。

蒋　欣　上海博坤信息技术有限公司副总经理、副总工程师,主要从事城市管理信息化和地理信息系统开发等工作。参与并完成了"上海城市地理信息系统数据共享平台研究""上海市人口资源管理地理信息系统""上海城市减灾基础信息平台"以及国家 863 重大项目"基于 SIG 框架的(上海)城市空间信息应用服务系统"。作为技术骨干参与了上海市科教兴市重大项目"上海地下空间信息基础平台及其关键技术研究"的建设,主要负责软件开发管理、标准与规范制定、关键技术研究和地下空间数据采集协调等。此外还承担了"上海市民防两防一体化信息基础平台建设及维护""地下工程普查信息系统"和"城市地下空间综合管理信息系统"的项目管理工作。2012 年起,作为主要技术骨干承担上海市智慧城市三年行动计划重点项目"上海市地下空间信息基础平台建设"。曾获上海市科技进步一等奖 1 项,国家知识产权局发明专利 2 项(第二发明人)。

郭亨波 上海博坤信息技术有限公司副总经理,主要从事城市管理信息化和系统开发等工作。领导完成上海地下空间信息基础平台各项软件系统(资料管理、三维模拟、平台综合管理、信息共享和管线维护)的开发、上海市民防办地下工程普查系统建设、上海市土地调查规划平台建设、上海"城投沙盘"项目信息管理系统建设、上海市通信基础设施共建共享数据库建设、上海市城市道路架空线综合管理系统建设、上海市城市道路掘路计划系统建设等众多项目。参与并完成了上海城建服务热线"12319"接线员GIS定位模块的开发。参与上海市科委城市空间数据共享平台研究,并完成空间数据加密模块的开发。承担博坤公司主要研发项目,包括Web地理信息系统软件开发、地下空间三维仿真分析软件开发等。2012年起,作为主要技术骨干承担上海市智慧城市三年行动计划重点项目"上海市地下空间信息基础平台建设"。曾获上海市科技进步一等奖1项,国家知识产权局发明专利2项(第三发明人)。

总 序

PREFACE

国际隧道与地下空间协会指出,21世纪是人类走向地下空间的世纪。科学技术的飞速发展,城市居住人口迅猛增长,随之而来的城市中心可利用土地资源有限、能源紧缺、环境污染、交通拥堵等诸多影响城市可持续发展的问题,都使我国城市的发展趋向于对城市地下空间的开发利用。地下空间的开发利用是城市发展到一定阶段的产物,国外开发地下空间起步较早,自1863年伦敦地铁开通到现在已有150余年。中国的城市地下空间开发利用源于20世纪50年代的人防工程,目前已步入快速发展阶段。当前,我国正处在城市化发展时期,城市的加速发展迫使人们对城市地下空间的开发利用步伐加快。无疑21世纪将是我国城市向纵深方向发展的时代,今后20年乃至更长的时间,将是中国城市地下空间开发建设和利用的高峰期。

地下空间是城市十分巨大而丰富的空间资源。它包含土地多重化利用的城市各种地下商业、停车库、地下仓储物流及人防工程,包含能大力缓解城市交通拥挤和减少环境污染的城市地下轨道交通和城市地下快速路隧道,包含作为城市生命线的各类管线和市政隧道,如城市防洪的地下水道、供水及电缆隧道等地下建筑空间。可以看到,城市地下空间的开发利用对城市紧缺土地的多重利用、有效改善地面交通、节约能源及改善环境污染起着重要作用。通过对地下空间的开发利用,人类能够享受到更多的蓝天白云、清新的空气和明媚的阳光,逐渐达到人与自然的和谐。

尽管地下空间具有恒温性、恒湿性、隐蔽性、隔热性等特点,但相对于地上空间,地下空间的开发和利用一般周期比较长、建设成本比较高、建成后其改造或改建的可能性比较小,因此对地下空间的开发利用在多方论证、谨慎决策的同时,必须要有完整的技术理论体系给予支持。同时,由于地下空间是修建在土体或岩石中的地下构筑物,具有隐蔽性特点,与地面联络通道有限,且其周围邻近很多具有敏感性的各类建(构)筑物(如地铁、房屋、道路、管线等)。这些特点使得地下空间在开发和利用中,在缺乏充分的地质勘察、不当的设计和施工条件下,所引起的重大灾害事故时有发生。近年来,国内外在地下空间建设中的灾害事故(2004年新加坡地铁施工事故、2009年德国科隆地铁塌方、2003年上海地铁4号线事故、2008年杭州地铁建设事故等),以及运营中的火灾(2003年韩国大邱地铁火灾、2006年美国芝加哥地铁事故等)、断电(2011年上海地铁

10 号线追尾事故等)等造成的影响至今仍给社会带来极大的负面效应。因此,在开发利用地下空间的过程中,需要有深厚的专业理论和科学的技术方法来指导。在我国城市地下空间开发建设步入"快车道"的背景下,目前市场上的书籍还远远不能满足现阶段这方面的迫切需要,系统的、具有引领性的技术类丛书更感匮乏。

目前,城市地下空间开发亟待建立科学的风险控制体系和有针对性的监管办法,"城市地下空间出版工程"这套丛书着眼于国家未来的发展方向,按照城市地下空间资源安全开发利用与维护管理的全过程进行规划,借鉴国际、国内城市地下空间开发的研究成果并结合实际案例,以城市地下交通、地下市政公用、地下公共服务、地下防空防灾、地下仓储物流、地下工业生产、地下能源环保、地下文物保护等设施为对象,分别从地下空间开发利用的管理法规与投融资、资源评估与开发利用规划、城市地下空间设计、城市地下空间施工和城市地下空间的安全防灾与运营管理等多个方面进行组织策划,这些内容分而有深度、合而成系统,涵盖了目前地下空间开发利用的全套知识体系,其中不乏反映发达国家在这一领域的科研及工程应用成果,涉及国家相关法律法规的解读,设计施工理论和方法,灾害风险评估与预警以及智能化、综合信息等,以期成为我国未来开发利用地下空间较为完整的理论指导体系。综上所述,丛书具有学术上、技术上的前瞻性和重大的工程实践意义。

本套丛书被列为"十二五""十三五"时期国家重点图书出版规划项目。丛书的理论研究成果来自国家重点基础研究发展计划(973 计划)、国家高技术研究发展计划(863 计划)、"十一五"国家科技支撑计划、"十二五"国家科技支撑计划、国家自然科学基金项目、上海市科委科技攻关项目、上海市科委科技创新行动计划等科研项目。同时,丛书的出版得到了国家出版基金的支持。

由于地下空间开发利用在我国的许多城市已经开始,而开发建设中的新情况、新问题也在不断出现,本丛书难以在有限时间内涵盖所有新情况与新问题,书中疏漏、不当之处在所难免,恳请广大读者不吝指正。

■ 前 言 ■

FOREWORD

　　城市地下空间信息基础平台是以满足城市地下空间开发利用需求为主要目标的信息平台,是对应城市地下空间应用需求,汇聚城市地下空间数据,实现相关行业、专业之间信息交换和共享,并向各类用户提供综合信息服务及咨询的应用服务系统。

　　城市地下空间与地面空间信息化的不同点主要在于:其一,地下空间对象无法在地面被直观看到,地下设施埋在地层中,具有不易见性;其二,地下空间是基于空间位置的归类,地下空间管理及与地下空间相关的各类设施的建设和管理分别归属于不同的专业和行业体系。因此,地下空间的环境和使用状况难以被整体了解掌握,开展城市地下空间的信息化研究存在诸多技术和管理上的难题。所幸,科学技术的加速发展以及城市管理的不断提升和进步,使城市地下空间信息化的可行性提高,建设步伐加快,信息化辅助城市地下空间规划、建设和管理正逐步成为现实。

　　城市地下空间信息化是一项涉及多方面且需要较长时间周期的大工程,需要明确目标和探索方式,并分阶段推进。上海开展地下空间信息基础平台建设经历了两个阶段,时间跨度逾 10 年:2005—2009 年,实施科教兴市重大项目"上海地下空间信息基础平台及其关键技术研究",完成对平台建设的技术路线、实施方法和工作模式的探索和实践;2014—2016 年,实施上海智慧城市三年行动计划的重要项目"上海地下空间信息基础平台",完成以中心城区为主的地下空间数据及示范应用建设。从 2017 年起,上海地下空间信息基础平台开始进一步扩展地下空间数据并深化应用。

　　笔者曾全程参与"上海地下空间信息基础平台及其关键技术研究"和"上海地下空间信息基础平台"项目的实施工作,书中涉及的概念、观点和方法来自上海地下空间信息基础平台的探索实践和最终成果。在此基础上,笔者结合国内城市普遍状况,在深入总结思考的基础上,分析了城市地下空间的信息化需求和特点,从城市地下空间信息基础平台建设的基本定位出发,完整介绍了平台的组成框架、数据建设内容要求、数据库设计、管理服务功能、建设基本模式、运行管理机制设计,还介绍了平台建设所涉及的相关技术基础和关键技术,着重提出了平台建设和应用所需的标准规范体系的建设。最后,给出了城市地下空间信息基础平台的实例——上海地下空间信息基础平台。希望读者通过本书能够掌握城市地下空间信息化的需求和特点,了解城市地下空间信息基础平台的建设、管理和服务模式,对开展城市地下空间信息化有所启发和帮助。

本书在撰写过程中,较多参考引用了上海地下空间信息基础平台研究建设的相关报告、实践经验和具体做法。在此,谨向上海地下空间信息基础平台研究建设的参与单位——上海市城乡建设和交通发展研究院、上海市地质调查研究院、上海博坤信息技术有限公司、华东师范大学、同济大学等致以谢意。同时,感谢同济大学出版社在本书出版过程中的大力支持和无私帮助。

由于目前城市地下空间信息化发展尚在初期,实施整体城市级地下空间信息化的个案不多,国内外相关的研究成果也较少,导致本书所涉及的部分内容不够成熟和完善,是否具备普遍的适用性有待进一步验证。同时,因作者水平有限,书中难免存在疏漏和不足之处,敬请读者批评指正。

著　者

2018 年 4 月

目 录

CONTENTS

1

1 绪　　论

城市地下空间信息基础平台的提出，源于城市地下空间开发利用对信息化的需求。城市地下空间信息基础平台建设的内容、方法，在技术因素之外重点考虑了地下空间特性和地下空间管理特性。在城市地下空间信息化的基本构架中，城市地下空间信息基础平台是其核心组成部分。

1.1　城市地下空间应用概况

城市地下空间开发利用与地上空间开发利用相比，资金投入大、建设技术难度高，但同时地下空间也拥有恒温性、恒湿性、隔热性、遮光性、气密性、隐蔽性、空间性、安全性等远胜于地上空间的诸多优点。

1933 年 8 月，国际现代建筑协会(CIAM)第 4 次会议通过的《城市规划大纲》(后来被称作《雅典宪章》)提到，城市建设应注重三度空间科学，考虑立体空间的应用，但当时的关注点主要集中在地上空间。半个多世纪过去后，城市发展趋向全方位的三度空间，从高楼大厦不断崛起，到人工设施持续深入地下，以进一步拓展城市的发展空间。很多国家共同认识到，在城市土地资源日益紧缺的趋势下，合理有效地利用地下空间对于城市可持续发展至关重要。

在我国，城市地下空间的开发利用同样显示了这样的发展趋势。最初，我国多数城市的地下空间使用主要是排水、供水等市政管线设施的敷设。如上海，在 1862 年，当时的英租界从中区(今黄浦区东部)开始进行规划和敷设城市雨水管道、雨水泵站、污水管道等市政设施。20 世纪初，随着高层建筑的出现，作为建筑物基础组成部分的地下室逐步成为城市地下空间开发利用的一种新形式。这也是迄今为止最为常见的地下空间开发利用形式，但其"内涵"已扩展为"地下商场""地下金库""地下车库"等多种类型。1949—1978 年，尤其是较大城市，修建了大量用于备战的人民防空设施。据 1985 年统计，全国平战结合开发利用的民防工程达数千万平方米，年产值和营业总额达 110 多亿元。自 20 世纪 80 年代改革开放特别是 20 世纪末以来，北京、上海等特大城市以城市交通改造为契机，进入了地铁的规划建设阶段。随着地铁建设时代的到来，城市地下空间开发利用也日益受到瞩目，进入新的发展阶段，并逐渐出现了地下商业、地下停车，综合管廊等多种开发利用形式，规模与质量日益与国际接轨，有些已经达到世界先进水平。如上海，以 2010 年世博会为契机，以地铁建设为主导，全面带动了城市地下空间资源的开发利用。

总体来讲，城市地下空间应用主要集中在地下生产设施、生活服务设施、民防工程、地下公共基础设施、轨道交通设施等方面。综合多个城市的情况，被称为城市"生命线"的电力、供水、燃气、通信、排水等地下管线和综合管廊，主要位于浅层空间(−10 m 以上)，其主干管主要分布在城市道路之下；城市民防工程、地铁区间和车站、车行隧道、人行地道、地下车库、地下水库、地下泵站、地下变电站、大型综合地下设施等主要位于浅层和中层空间(−30 m 以上)；高层建筑、高架道路和大型桥梁的桩基可分布在−30 m 以下的深层空间。其中，对城市地下空间整体布局有重大影响的是必须形成连通网络的地下轨道交通设施和市政排水设施的主干网络。

随着城市化进程的发展,城市人口不断集聚,人口密度快速增长,这加速并促进了城市地下空间建设发展的进程。为适应建设需求和土地资源不足,近年来,很多城市都加快了地下空间开发利用的速度,从北京、上海、广州、深圳、天津、南京等大城市逐步扩展到中小城市。城市地面土地资源稀缺,城市地下空间亦趋于紧张,尤其是大型城市的浅层地下空间,不仅有承担着城市血脉功能的各类地下管线设施,还有纵横城市的地下轨道交通,星罗棋布的地下停车库、地下商场、地下水库、地下变电站、地下立体交叉道路等。以上海为例,至 2017 年年底,上海轨道交通运营线路总长达 637 km,车站有 387 座。其中,占总长近 2/3 的线路和占总量 3/4 的车站位于地下;大型越江隧道有 16 处,总计长度达 60 km;分布最广的各类地下管线主干线长度超过 11 万 km。此外,还有大量的地下道路工程、地下停车场、涉及地下空间的市政设施、公共活动空间和高层建筑的地下部分等。据 2017 年统计,上海全市已建地下工程有 4 万多个,涉及地下空间的建筑面积达 1 亿多平方米,其中仅 2017 年的增量就达到 20%。

为推动新型城镇化战略向纵深发展,保持经济稳定有效地增长,2015 年,中央政府先后颁布多部引导城市集约化发展,强调"盘活存量用地""城市地上地下立体开发与综合利用"和"推进综合管廊建设"等涉及城市地下空间开发的政策文件,并将城市地下空间有序开发建设作为拉动经济有效增长、促进社会和谐发展与进步的持续动力和创新手段。为提高地下空间综合利用的效益,全国各城市普遍开展地下空间开发利用规划的编制。根据各城市规划建设公开信息显示,截至 2015 年,已有 1/3 以上的城市编制了城市地下空间专项规划,许多城市,特别是特大、超大城市的中心区结合旧城改造和新区建设已经编制完成或正在编制地下空间详细规划。

然而,我国地下空间开发在法制建设、运营管理以及拥有自主产权核心技术的地下施工装备等领域和发达国家仍有一定的差距。

1.2　城市地下空间信息化需求

在地下设施的建设和运行过程中,存在着危及城市安全的诸多隐患。在快速发展的大、中城市中,不断增加的各类地下基础设施,使城市地下空间应用逐步趋向复杂化:各类已建的地下设施逐步形成紧密依存、互相影响的整体关系,任何个体设施的改变和损坏会不可避免地直接或间接影响到周边设施的运行和安全。而在这样的基础之上,还有不少城市建设的新内容正在"叠加"和"穿越"。时时可能发生的危险隐蔽在看不见的城市地下。

地下空间是不可再生的宝贵资源。地下空间一旦开发就不易改变,其中地下设施即使废弃,绝大多数也是无法拆除的。以上海为例,中心城区已有地下设施主要分布在 −40～0 m 的中浅层,而且开发密度已经相对较高。从目前仍在增长的实际需求和进一步可持续发展的要求来看,余下的地下空间资源显得弥足珍贵,如何合理安排、指导、控制今后地下空间的开发利用,事关城市建设可持续发展的长远目标。

由此,城市地下空间的开发利用和管理面临着亟待解决以下四个方面的问题:

(1) 如何保障已有地下设施安全有效运行?

（2）如何避免涉及地下的工程建设对已有地下设施的影响和损坏？

（3）如何应对和处置危及公共安全的突发性灾害事项？

（4）如何保障有限的地下空间资源得到合理有效的利用？

要妥善解决这些问题，需要有：①执行到位的管理制度和措施；②高技术含量的施工技术；③对可能发生的灾害有针对性的处理预案；④城市空间全方位的整体规划。而其中重要的基础条件是地下空间信息化的支撑：了解城市的地下空间环境状况，掌握已有地下空间设施的总量、种类和地理分布状况等基础信息，辅助做出合理分析、科学判断和正确的应对措施。

1.3 城市地下空间信息化现状

地下空间信息化发展推动力来自两个方面：其一是各相关行业、专业信息化发展带动的地下空间信息化发展，简称为"地下空间专业信息化"；其二是以空间形态位置、基本特征为主要内容，以共享为目标的整个城市地下空间信息化的发展，简称为"地下空间基础信息化"。前者与行业、专业以及单位自身的信息化发展紧密相关，后者则需要政府部门的协调、组织和倡导才能有效开展。

综合全国城市地下空间信息化的普遍状况，目前有体系并成规模的发展，主要是由行业或专业主导的专业信息化内容，即隶属于某一专业管理对象的信息化。例如，自来水管线信息系统建设、燃气管线信息系统建设、地铁运行管理或设施信息系统建设等。各类地下空间对象信息化的范围、内容主要取决于其管理所属行业、专业，甚至是具体单位的信息化建设要求。因此，从城市整体角度看，专业涉及的地下空间相关信息存在类型不齐、内容深浅不一、完整程度不高、信息覆盖范围不全等问题，加之没有统一的标准规范，很难满足城市建设和管理的应用需求。为应对城市地下空间开发利用的需要，北京、上海、广州等大城市近年开始研究探索以满足城市整体性、综合性需求的地下空间基础信息化，目前已取得显著成效。

1.3.1 地下管线信息化现状

城市地下管线是指城市范围内供水、排水、燃气、热力、电力、通信、广播电视、工业等管线及其附属设施，是保障城市运行的重要基础设施和"生命线"。从城市地下管线的种类来看，所涉及的专业、行业较多，运营管理主要集中在对应的专业、行业管理单位。大多数专业管线基于业务需要建有管线信息管理系统，但其程度、深度有很大的差别。目前，全国已有不少城市或其部分辖区通过开展地下管线普查或通过专业管线信息汇集、地下管线工程资料收集，建立了地下综合管线数据库，服务城市建设和管理。

2014 年，国务院办公厅《关于加强城市地下管线建设管理的指导意见》以及住房和城乡建设部、工业和信息化部、新闻出版广电总局、安全监管总局和能源局《关于开展城市地下管线普查工作的通知》的发布，要求各地在 2015 年启动城市地下管线普查，建立综合管理信息系统。建设城市地下空间信息基础平台所需的地下综合管线数据，具有较好的专业基础和强大的外部推动力。国务院的发文必将进一步加快全国城市地下管线的数据建设进程,对于城市地下空间信息化建设是一个重要的推动力。

1.3.2　地下建(构)筑物信息化现状

较之于地下管线,地下建(构)筑物整体性的信息化发展要迟缓得多。基于地下空间管理的迫切需要,2000 年之后,部分城市如上海市、珠海市(香洲区),开展了地下工程普查,在此基础上建立城市地下工程管理信息系统,汇聚了地下工程的名称、类别、地址、面积、用途、权属等基本属性信息。与此同时,上海开始关注地下建(构)筑物的信息化,并以重大科研项目的形式进行地下空间信息基础平台建设的技术和方法研究,如何开展地下建(构)筑物的数据建设是其中重要的研究内容之一。由此,形成了地下建(构)筑物数据建设的部分基础。

1.3.3　地质信息化现状

城市地质调查,尤其是城市三维地质调查,能采集并建立完整、全面和丰富的地质数据库,为城市地下空间信息基础平台提供基础性、宏观性的地质数据。从全国来看,地质调查作为我国一项长期性、基础性的工作一直持续开展,积累了海量的地质基础数据。但是,满足城市地下空间信息基础平台要求的城市三维地质调查工作从 2000 年逐步开始启动,各大城市陆续开展,目前已有北京、上海、杭州、广州、天津、南京等部分大城市完成城市三维地质调查,建立了城市三维地质数据库及平台。

1.4　城市地下空间信息化应用特征

地下空间信息化涉及两方面的对象:其一是地下空间的自然环境,它对城市地下空间的应用存在至关重要的影响;其二是人工建造在地下或涉及地下空间的各类建筑或构筑设施(以下简称"地下空间设施"),其中,占数量、规模之首的是对城市安全运行和建设管理影响至关重大的各类基础设施。综合地下空间对象特性和信息化应用需求,城市地下空间信息化应用具有三方面的显著特性。

1. 对象的空间位置及形态表达

地下空间与地面空间最根本的差异是无法直观看到,处于地下空间中的设施可以在不同深度交错重叠。由于不是直观可见,地下空间设施和地下空间环境极易被忽视或者错误估计。因此,地下空间信息化首先要求做到:清晰表达对象的三维空间位置和形态。为此,需要结合测量、物探和勘察等相关的各类技术手段采集、汇聚对象空间位置和形态信息,据此建立反映地下空间三维特征的地质地层和人工设施的模型,用以模拟表达城市地下空间实际形态和整体状况。

2. 对象的基础公共特性表达

地下空间对象是基于空间位置的特殊归类。从行业或专业划分的角度来看,地下空间设施只是某一类基础设施或专业设施中的一部分,运营和管理分别归属各个不同的专业单位。

例如,位于地下的地铁设施只是轨道交通设施的一部分,高架道路的地下桩基只是高架道路的一部分,地下电缆只是电力线缆的一部分。而作为地下空间环境的主要实体对象,地质地层一般也归属相应的专业部门管理。但无论行业专业管理还是城市综合管理,都存在了解地下空间基本情况的共性需求。因此,城市地下空间信息化要求做到:汇聚、归纳对象的基础性、公共性信息。为此,需要确定包括地下空间对象特征、类型、管理属性等基础性、公共性信息的内容,厘清城市地下空间信息化与专业信息化在数据上的共性和差异,建立内容与专业信息紧密衔接的城市地下空间基础信息库。

3. 各类信息的共享综合应用

地下空间是一个连续的有形实体,从早期的各类地下管线建设到近年大力发展的地下交通设施建设,尤其在大型城市的浅层地下空间,建于其中的地下空间设施密度不断上升。所有相邻一定范围内的设施,从共栖一域开始就已经形成互相制约、互相影响的相关关系。此外,涉及或影响城市地下空间的不仅是地下空间设施的建设或损毁事故,地面设施建设时,打桩、重压和施工扰动等同样会影响到地下空间并危及已有地下空间设施的安全。因此,城市地下空间信息化还要做到的是:发展以地下空间基础信息为主线的综合性信息应用。为此需要开展地下空间基础信息的标准化、规范化工作,建立地下空间信息共享的技术体系和实体平台,用以满足城市各行业对地下空间信息的应用需求。

1.5 城市地下空间信息化发展趋势

目前,我国城市地下空间信息化发展尚处于刚刚起步的初级阶段。为满足不断上升的应用需求,未来一段时间,城市地下空间信息化的发展主要是加速开展地下空间数据建设,加快发展地下空间信息共享。

1. 加速开展以共享和综合应用为目的的地下空间基础数据建设

随着计算机及相关技术的快速发展,政府和行业对各类地下设施建设、运营和管理要求的提升,对设施检查和检测的手段更为完备,各行业专业的信息化程度迅速提高,表现为信息化范围更广、程度更高,信息的内容更细、现势性更强。专业信息化的发展将为城市地下空间信息化形成更为良好的基础条件。城市地下空间信息化一方面将汇聚、梳理、规范源自地下空间专业信息化产生的地下空间基础信息;另一方面,针对地下空间对象信息化发展不平衡的状况,拾遗补缺,补充、完善共享应用所必需的地下空间基础信息。由此使城市地下空间信息逐渐趋向标准化,地下空间数据建设的工作程序逐渐趋向规范化。在城市地下空间信息化过程中,地下空间数据建设是其中最主要且体量最大的基础性工作。三维激光扫描、实时定位制图、高光谱遥感等新技术可充分提高地下空间数据采集效率,这些能够提高地下空间数据建设效果的新技术会得到更多的关注和应用。

2. 加快建立以服务城市建设和管理为目标的地下空间数据共享环境

地下空间是按空间划分的城市组成部分,城市地下空间信息化的应用需求主要源于城市安全运行和整体建设、管理的需要,城市地下空间信息化的目标是满足包括政府管理部门、规划、设计单位和施工、管理企业等多方对象对地下空间信息应用的需求。因此,在初始阶段,建立信息共享机制和城市地下空间信息基础平台等信息共享服务环境并使之逐步趋于完善,也是城市地下空间信息化建设的一项重要工作内容。城市建设管理对地下空间信息的需求主要是结合其他信息的综合性应用。在共享环境的支持下,多种不同类别的地下空间数据可以组合应用,同时,地下空间数据横向可以结合专业信息应用,纵向可以结合地面空间信息应用。由此,地下空间信息应用将逐步趋向多元化、综合化。城市地下空间信息化最终体现的目标就是地下空间信息的应用。数据挖掘、智能监控、室内混合定位、虚拟现实等新技术可充分提高地下空间数据使用效率,这些能够提高地下空间数据应用效果的新技术会得到更多的关注和应用。

1.6 城市地下空间信息化基本构架

按照发展趋势,当前城市地下空间信息化主要关注的应是地下空间基础信息化及其应用,目标是将分散在各个单位或行业的地下空间基础性信息集成、整合为统一的、规范的、整体性的地下空间基础数据库,使不可见的地下空间变为"可见",服务城市地下空间的科学规划、合理建设和安全管理,提高城市地下空间资源的有效利用率,提高城市安全运行和可持续发展的能力。

以基础信息化为重点的城市地下空间信息化,其基本构架包括专业基础、标准规范、管理框架、共享服务等部分。各部分之间的相关关系如图 1-1 所示。

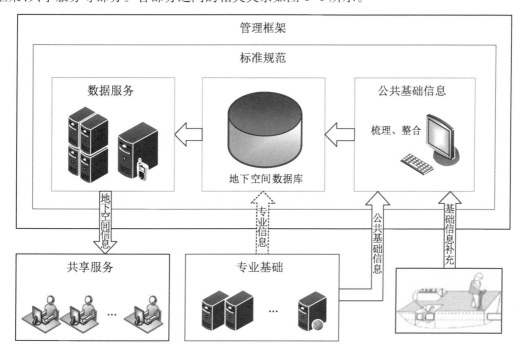

图 1-1 城市地下空间信息化基本构架

与地下空间相关的行业专业信息化是城市地下空间信息化最重要的基础,在此统一归纳为专业基础。用于共享服务的公共性基础信息应主要来自地下空间专业信息化,即专业单位的专业信息,当专业信息不能全覆盖共享需求时,相关单位应组织加以补充。标准规范是城市地下空间信息化最根本的规则,其作用包括两个方面:保证由专业信息形成基础信息的规范一致性;保证基础信息在共享应用的标准统一性。共享服务是城市地下空间信息化最基本的目的,汇聚专业数据,规范基础数据,归根结底就是为了地下空间数据的共享应用。管理框架是城市地下空间信息化最关键的保障,数据建设、数据建设的规范、数据服务都必须运作在管理框架内,只有这样,城市地下空间信息化才能建设有序,运行有效,长期健康发展。

2 城市地下空间信息基础平台

城市地下空间信息基础平台是对应地下空间基础信息化,立足整体应用需求,汇聚城市地下空间数据,实现相关行业、专业之间信息交换和共享,并能向各类用户提供综合信息服务及咨询的应用服务平台。平台名称为"城市空间信息基础平台",寓意是城市地下空间信息的基础之应用平台。

2.1 基本定位

根据城市地下空间信息化的主要需求,城市地下空间信息基础平台的基本定位如下。

1. 地下空间基础信息汇聚中心

城市地下空间信息基础平台是一个公共服务平台,平台汇聚的应是具有整体性、基础性和公共性应用特征的地下空间信息,其中主要是地下空间对象的空间特征、基本属性特征和整体性特征信息。

城市地下空间信息基础平台数据库应包括地下管线、地下建(构)筑物的空间位置信息及最基本的属性信息和宏观性、整体性的地质地层信息。

2. 地下空间综合信息服务中枢

城市地下空间信息基础平台作为地下空间基础信息的汇聚中心,必然成为地下空间信息服务的中枢,其中主要应提供地下空间基础性和综合性信息的服务。

城市地下空间信息基础平台应该面向涉及地下空间开发利用的各类相关用户,建立多方位、多层次和多形式的地下空间综合性信息服务架构。

3. 地下空间信息化建设纽带

城市地下空间信息基础平台是城市地下空间信息化建设的基础性环节之一,基于平台地下空间数据整体性、基础性和规范性特征,可以将平台数据作为行业、专业地下空间信息资源建设的基础和数据共享的纽带。

城市地下空间信息基础平台的数据建设应该建立在行业、专业地下空间信息应用和自身信息资源建设需求的基础上,通过城市地下空间信息基础平台的应用,规范并推动行业、专业地下空间信息资源的建设,进一步推动地下空间信息化应用的发展。

从基本定位出发,城市地下空间信息基础平台数据与专业信息化数据的关系,既是基础性与专业性、综合性与单一性的区分,也是互为基础、互相衔接的整体关系(图2-1)。

城市地下空间信息基础平台重点发挥数据的基础性和综合性优势,主要作用是:向专业单位提供基础性的信息服务;向政府管理部门提供地下空间综合性的信息服务。具体的专业性应用由专业单位自行研究开发。从这个基点出发,城市地下空间信息基础平台的数据建设主要侧重于地下空间占位信息和基本特征信息;平台的功能建设主要立足于数据管理和基础性、综合性服务的提供。

基于数据共享的目标,平台应与专业部门建立互为本源的数据关系。同时,建立平台和专业系统在城市规划、建设和管理工作中共同工作的机制,做到既有分工,又有互动,既有侧重,

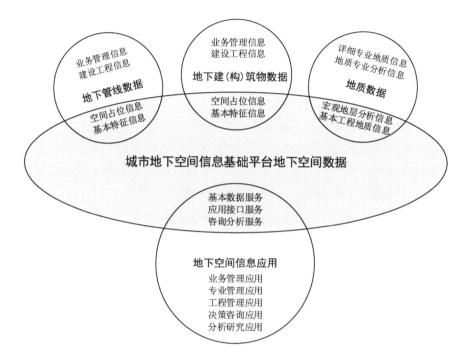

图 2-1 平台地下空间数据与专业数据间的关系

又有共管,实现地下空间信息服务便捷化、透明化。

2.2 建设需求分析

以基本定位为框架,城市地下空间信息基础平台的具体建设需求,可主要从数据建设、功能建设、软硬件及网络建设、信息安全等级保护和应用示范等方面进行分析。

2.2.1 数据建设

城市地下空间信息基础平台建设涉及的地下空间数据主要包括:地下空间环境信息——地质地层信息;地下设施信息——包括地下管线和交通、市政以及其他各类人工建(构)筑物。为便于叙述,按照形态特征和属性特征,将地下空间信息归纳为地下管线数据、地下建(构)筑物数据和地质数据三类进行描述和分析。

从城市地下空间开发利用、城市管理和安全运行保障的应用角度出发,城市地下空间信息基础平台对地下空间数据的整体需求主要是:

(1) 提供地下管线、地下建(构)筑物的现状信息,描述设施在地下空间的占位情况;

(2) 提供满足地下工程规划和初步设计的宏观工程地质信息;

(3) 地下管线、地下建(构)筑物和地质数据能满足三维展示和三维空间分析的需要;

(4) 上述地下空间数据的建设过程和成果数据符合标准化、规范化要求。

2.2.1.1 数据内容需求

平台地下空间数据着重强调空间性和基础性特征,即数据内容主要反映地下设施和环境要素的三维空间位置、形态和基本属性特征等基础信息,一般不包括设施运行的专业数据。数据内容需求分类描述如下。

1. 地下管线数据

平台地下管线数据建设的对象主要确定为市政道路下的各类地下管线。因为城市地下管线主干网主要分布在市政道路下,其中的地下管线对于城市的建设管理和安全运行影响最为突出。但从地下管线的作用和影响范围考虑,市政道路下部分小于某一管径的地下管线可以不纳入平台地下管线数据采集范围。具体筛选标准如表2-1所示。

表 2-1　　　　　　　　　　地下管线数据采集筛选标准

管线类型	平台采集的管线
给水	管径≥100 mm、连接消防栓的≥75 mm
排水	管径≥100 mm、方沟≥400 mm×400 mm、与雨水箅子相连的全测
燃气	全部采集
电力	全部采集
通信	全部采集
热力	全部采集
工业	全部采集
其他 (综合管廊、特殊管线)	全部采集

2. 地下建(构)筑物数据

地下建(构)筑物数据主要涉及地下建(构)筑物的三维空间位置、形态和基本属性特征,具体包括:除了地下管线以外的各类人工建(构)筑物的三维模型数据和类别、用途、权属单位、管理使用单位等属性特征数据。

地下建(构)筑物数据需要综合考虑不同阶段、不同类型的地下空间开发利用的应用需求。对于城市规划应用和工程前期设计而言,可通过平台了解地下建(构)筑物主体占用地下空间位置的情况,包括:地下建(构)筑物主体外部尺寸、外部形态、外围护桩和桩基等信息;对于城市建设管理、施工和运行风险控制而言,还需要进一步获取地下建(构)筑物主体的内部形态,包括:建(构)筑物主体内部内表面,以及各个分部之间连通关系和形态;对于应急抢险和实施运营管理来说,可能还需要再进一步了解地下建(构)筑物主体内部各个分部内非结构性部分的位置和形态,以及应急和运营设施的布置位置等。平台地下建(构)筑物数据应该满足上述各类不同的应用需求。

3. 地质数据

基于平台综合性的特点,平台汇集的地质数据,一般不包括野外地质数据,而主要是地质钻孔和地质综合成果数据,涵盖区域地质、工程地质、水文地质、地球化学、地面沉降、河口海岸等专业,分为地质平面专题图和三维地质图。

2.2.1.2 数据建设质量需求

城市地下空间信息基础平台对数据建设的质量要求主要从应用角度出发,并综合已有技术基础和相应建设成本提出。三类地下空间数据质量要求分别如下。

1. 地下管线数据

地下管线数据在精度上应该满足城市建设管理、设施运行管理、应急抢险以及地下工程前期设计的需要,具体应符合《城市地下管线探测技术规程》(CJJ 61—2016)的要求。

就目前的技术手段而言,地下管线数据采集,尤其是大区域地下管线普查,基本上都是采取物探加测量的方法。对于城市复杂条件下的地下管线物探,在技术上还存在不少问题。为保证数据质量,在大规模地下管线普查过程中,应采取以下两个方面的措施:

(1) 由地下管线的实际运营管理单位或地下管线权属单位共同参与查漏补缺,进行地下管线数据核对,以此提高地下管线数据的准确度;

(2) 技术上需要建立地下管线数据采集质量控制体系,避免非技术性错误的产生。

2. 地下建(构)筑物数据

地下建(构)筑物数据在精度上应满足地下空间开发利用规划、管理和工程前期可行性研究的需要。

从技术可行性和经济代价两个层面综合考虑,地下建(构)筑物数据建设宜采用根据地下建(构)筑物竣工图纸建立三维模型的方式。由此,地下建(构)筑物数据建设的质量一方面直接取决于地下建(构)筑物竣工图纸的精度和完整性,另一方面也取决于建模质量。为了保证数据质量,在地下建(构)筑物数据建设过程中,应该采取以下两个方面的措施:

(1) 通过地下建(构)筑物相关管理部门的协作参与,保障地下建(构)筑物图纸资料收集的完整度;

(2) 通过建立地下建(构)筑物数据制作全过程的质量保障体系,控制地下建(构)筑物数据建模过程中产生的错误和误差。

3. 地质数据

地质数据在精度上应满足地下空间开发利用规划和管理的基本要求,满足作为地下空间开发利用工程前期可行性研究参考依据的要求。

相较于地下管线和地下建(构)筑物数据,地质数据的采集具有更强的专业性。通常情况下,地质数据应通过专业的三维地质调查获得。部分城市可以通过数据共享方法从已建的三维地质平台获取。由此,地质数据的质量在排除数据转换过程出现差错的情况下应与源数据一致。

为保证地质数据的质量,对于专业地质数据,首先要保障数据转换处理的准确性,避免数据在传输或处理过程中产生变异,其次是少量获自其他渠道的地质数据应与平台已有数据保持形式和特征的一致性,以保障数据的可用性。

2.2.1.3　数据维护需求

根据应用定位,城市地下空间信息基础平台对数据现势性有较高的要求,因此,在数据建设过程中,应同步安排可以长久持续的数据维护工作。地下空间三大类要素的变动情况大致如下:

(1)地下管线变动最为频繁。根据部分城市的地下管线数据维护经验推断,处于建设发展高峰期的城区地下管线更新比例在总量的 $3\%\sim7\%$,处于建设发展成熟期的城区地下管线更新比例在 $1\%\sim5\%$。为保证地下管线数据的有效性,需要以较短的时间周期及时更新变动管线的信息。

(2)地下建(构)筑物的新建、改建、拆除和废弃等变动情况,与地下管线相比,每年变动的情况相对不多。在地下建(构)筑物竣工之后,人为的结构性变动极小,并且涉及地下设施新建、改建、拆除的工程周期较长,可以在相对较长的时间周期内完成对地下建(构)筑物信息的更新。此外,由于地面沉降因素的影响,部分地下建(构)筑物需要在一定时间周期后进行高程实测,以及时获取地下建(构)筑物沉降稳定之后的实际高程。

(3)地质变化是一个长期的过程,平台地质数据主要源于专业地质数据平台,因此,平台地质数据维护方面应保持与专业地质信息平台的联系和衔接,根据应用需要拓展、完善地质信息。

可以根据各类地下空间要素不同的变动状况,制订相应周期的数据维护计划。为使平台地下空间数据维护能够持续有效开展,还应通过建立有效的数据维护机制来保障平台数据的现势性。

2.2.1.4　数据标准化需求

城市地下空间信息基础平台地下空间数据涉及地下管线、地下建(构)筑物和地质信息三大类对象,跨越多个行业、专业领域,建设过程参与单位众多,而需要建设的数据内容要素包括三维空间位置、形态和基本属性特征信息,数据建设总量大,资料来源分散,建设工序各不相同,需要通过相应的标准规范界定数据建设的内容、方法、流程和指标要求,保障数据建设过程的规范性、成果内容的一致性和质量的统一性。

2.2.2　功能建设

城市地下空间信息基础平台的功能需要支撑外部和内部两类对象。外部服务对象主要是平台的各类用户,包括:

(1)通过平台数据接口访问的系统用户;

(2)通过平台门户进行浏览查询的单个用户。

内部服务对象主要是承担平台管理的工作人员,包括:

（1）进行数据入库、制作和检查维护工作的生产人员；

（2）保障平台设施、系统正常运行的技术人员；

（3）负责平台用户管理和数据应用管理的工作人员。

城市地下空间信息基础平台服务和管理所需的主要功能包括应用服务、数据管理、运行管理以及门户网站管理四个方面。

2.2.2.1 应用服务需求

城市地下空间信息基础平台的主要用户对象可以归纳为以下三类：

（1）城市规划、建设、管理等方面的政府管理部门。

（2）地下空间相关的专业或行业管理单位。

（3）工程勘察、设计与施工单位，以及高校与科研院所等研究机构。

针对不同的用户对象，城市地下空间信息基础平台的应用服务功能需求主要集中在以下几个方面：

（1）数据提供。向符合一定条件的用户直接提供所需的地下空间数据，供用户自行处理与分析应用。

（2）数据浏览。向用户提供地下空间数据在线浏览服务，用户可以查询相关对象的属性信息，并进行简单的统计分析等。

（3）咨询分析。基于平台地下空间数据综合性的优势，以数据分析统计、三维空间模拟分析等技术手段，为用户提供咨询分析。

（4）系统接入。建立可与专业系统或其他信息平台互访的数据共享接口，以此实现平台数据远程调用和应用接入服务。

2.2.2.2 数据管理需求

城市地下空间信息基础平台的核心内容是地下空间数据资源。数据管理是平台最基本的重要功能，主要涉及资料数据管理、空间数据管理和元数据管理三个方面。

1. 资料数据管理

资料数据管理的对象为各种形式的资料数据，包括资料数据或中间成果数据等。如用于地下建（构）筑物三维建模的竣工图纸、地下管线普查的核对图纸资料以及从专业单位获得的地下管线数据资料等。

资料数据管理要求实现：

（1）资料数据的存储管理。包括资料数据的入库、查询功能。

（2）资料数据的使用管理。包括资料数据的使用审批和使用记录功能。

2. 空间数据管理

空间数据管理的对象经过规范化整合、整理，对外提供服务的地下空间成果数据，还可包括作为地理背景的基础地形图和遥感图。

空间数据管理要求实现：

（1）空间数据的存储管理。包括二维、三维空间数据的入库,空间实体与相关资料数据的关联功能。

（2）空间数据的配置管理。包括空间数据显示、查询、统计等调用的基本参数设置功能。

3. 元数据管理

元数据管理的对象包括地下管线、地下建(构)筑物和地质数据在内的各类地下空间数据的元数据。元数据在录入过程中,有很多元数据要素可以在空间数据录入时自动同步录入,确保描述数据的准确性。

元数据管理要求实现：

（1）根据平台地下空间数据的建设、维护情况,进行元数据的增加、修改和删除等编辑功能。

（2）保障地下空间数据与元数据的一致性。

2.2.2.3 运行管理需求

城市地下空间信息基础平台作为地下空间综合信息的服务中枢,需要面向各类用户进行应用接入、数据提供、数据浏览和咨询服务。平台运行管理涉及用户管理、服务流程管理、应用服务管理和接入服务管理四个方面,分别需要实现：

（1）用户管理。包括平台各类用户登记、应用等级和访问权限设定等功能。

（2）服务流程管理。包括平台应用服务申请、服务内容审核、使用备案登记、数据提供记录等常规流程管理功能。

（3）应用服务管理。包括平台用户的在线记录、数据访问记录和分析操作记录等功能。

（4）接入服务管理。包括平台应用接入用户和接入时间记录,数据访问记录和数据操作记录等功能。

2.2.2.4 门户网站需求

为沟通服务渠道和加强对外宣传,城市地下空间信息基础平台应该建立对应的门户网站,用于宣传平台的服务政策、解释平台的服务规定、明确用户使用平台信息服务的权利、责任。门户网站对功能的基本需求如下：

（1）相关数据联动。网站发布内容中,部分信息内容源于对平台数据库的查询,需要在数据库层面建设相应的视图程序。

（2）网站内容管理。驱动、控制门户网站中动态内容的编辑、更新、发布,以及与用户的沟通对话。

2.2.3 软、硬件及网络建设

城市地下空间信息基础平台的实体由软件、硬件设备及网络设施组成,建设需求可归纳为产品软件、硬件设备和网络三个方面。应根据实际情况,通过合理估算城市地下空间信息基础平台的数据存储总量及增量、用户总数及最高并发用户数、应用服务流量及峰值等基本数据,确定实体平台的具体规模和构架。

2.2.3.1　产品软件

城市地下空间信息基础平台需要数据库、地理信息系统(Geographic Information System,GIS)、三维显示及计算分析等基础软件的支撑。一般需要采购部分成熟的产品软件,如关系型数据库管理软件、GIS 应用服务软件、三维显示和计算引擎软件等。可以根据城市地下空间信息基础平台的数据量和用户数,确定产品软件的性能指标,由此选择相应的产品软件。

2.2.3.2　硬件设备

实体平台的主要硬件设备是服务器和存储设备,应根据城市地下空间信息基础平台数据规模和应用服务的实际情况合理确定运算能力和存储容量。此外还应关注以下四个方面。

1. 存储扩容需求

经过一段时间的持续运行,平台数据会在原来的基础上大幅增加,需要提前考虑平台数据存储的扩容能力。

2. 服务提升需求

平台建成后,包括政府管理部门和专业单位等在内的用户会逐步增加,应用功能也会持续扩展,需要不断提高实体平台的服务能力,基于此,需要重点考虑:

(1) 可伸缩性。平台应用会随着信息的丰富而逐渐增加,平台应当提供 PaaS 级的"云服务",在保证数据安全的基础上,以集中式的服务方式向用户提供应用部署和运行服务,需要平台对用户应用的部署具有可伸缩性和可扩展性,可以随着用户应用的变化调配硬件资源。

(2) 性能。由于存在多个面向不同用户的应用,需要确保服务的性能,确保不同应用之间无相互干扰。

3. 服务保障需求

为了及时响应城市与地下空间相关的应急抢险处置,平台需要具有 24 小时不间断提供信息服务的能力。由此需要确保平台运行的可靠性,主要体现在以下两方面:

(1) 数据服务的可靠性。核心服务器(如数据库服务器)需要在硬件配置上实现冗余。

(2) 应用服务的可靠性。当运行应用的服务器发生故障时,备用机器能够在规定的时间内启动服务,保证应用持续运行。

4. 信息保护需求

为保障平台存储的海量数据的安全,平台需要具备相应的信息备份能力。备份策略需要从本地备份和异地备份两个角度综合考虑。一方面,依靠平台已建成的信息备份系统实现数据的定期备份;另一方面,应当实现重要信息的异地备份,可选择政府部门建设的安全的信息备份地点实现平台信息异地备份。

2.2.3.3 网络

城市地下空间信息基础平台是部署在网络基础上的服务平台。当选择平台运行网络时，应充分考虑其安全性和普及性。

基于地下空间设施的安全考虑，地下空间信息一般限定在规定的范围内使用。因此，城市地下空间信息基础平台所依托的网络需要具备一定的安全性。

由于地下空间信息化应用涉及多方面、多部门，不仅包括政府部门，也包括地下工程设计、建设单位和地下设施管理、运营单位，因此，城市地下空间信息基础平台所依托的网络需要具备一定的普及性。

从兼顾安全性和普及性的角度来看，城市地下空间信息基础平台比较适合基于政务外网进行部署。

在网络建设需求中，除网络带宽应根据城市地下空间信息基础平台应用需求进行常规估算外，还需要注意：

（1）对于网络环境中的重要节点进行冗余部署，如核心设备的热备以及双链路的连接等。

（2）考虑到平台今后可能进行较大规模扩容，为避免网络环境成为瓶颈，在建设中需要预留可扩展接口。

2.3 平台基本框架组成

城市地下空间信息基础平台总体结构可分为数据资源、平台实体、服务和应用维护四个层次（图 2-2）。

2.3.1 数据资源层

数据资源层主要对应城市地下空间信息基础平台中的地下空间数据，包括通过勘察探测、资料收集等手段获取的管线数据，通过竣工图纸三维数字化获取的地下建（构）筑物数据，通过野外调查获得的地质数据以及为建设这三类数据而获取的原始资料数据等。数据资源层是平台进行应用服务的基础资源。

2.3.2 平台实体层

平台实体层主要应对组成实体平台的软件、硬件、数据以及相关的规则等有形和无形的内容。具体包括以下几项：

（1）数据库。存储平台的全部数据，是城市地下空间信息基础平台的核心内容。

（2）标准规范。作为平台运行、维护、使用和管理的准则，涵盖数据类、平台管理类和共享类等方面的各种管理要求和技术规范。

（3）数据管理。在数据库的基础上，遵照平台的标准规范而建立的一整套数据管理机制，包括数据管理软件、围绕数据库构建的一系列存储过程、视图等。

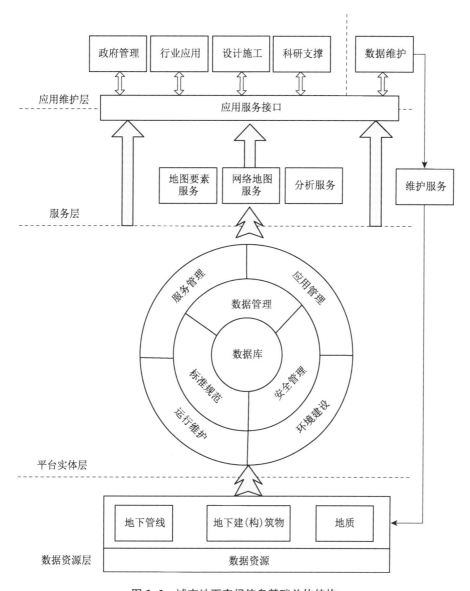

图 2-2 城市地下空间信息基础总体结构

（4）安全管理。是平台实体层的重要环节，涵盖平台从核心数据库到对外接口等各方面的安全环节，包括软件、硬件、监控、管理制度等多方面的措施。

（5）服务管理。用于掌控平台对外服务的情况，可提供对服务情况的查询和分析。

（6）应用管理。进行应用的接入管理、权限分配、性能优化、访问记录等。

（7）环境设施。泛指支撑平台运行的各种软、硬件及机房环境等的集成。

2.3.3 服务层

服务层是为平台进行对外服务建设的服务系统，其主要作用是在平台用户、应用和平台实体之间架构起一层专用于应用接入和系统服务的"隔离层"。设置服务层的用途有以下两个方面：

（1）将专用的系统资源用于服务层，便于将实体平台的管理和对外服务分开，各自的运行不会影响另一方的效率。

（2）便于将平台内部的业务对外部应用实现"透明化"。在保障平台内部安全的同时，提高外部应用访问平台的便捷性。

服务层提供服务的形式主要包括网络地图服务、地图要素服务、各种分析服务以及信息维护服务等。

2.3.4 应用维护层

应用维护层是平台应用程序所在的层，相对于平台实体，该层的系统位于"外侧"，对应的是外部的应用系统。应用维护层主要利用服务层实现对平台信息的访问，并结合各自的专业特点进行系统的定制，开发出符合自身管理需要的软件应用系统。

应用维护层还有一类特殊应用，可驻留部分具有平台地下空间数据维护功能的业务应用，如基于掘路管理的管线工程管理应用等。这类业务应用软件可设计与平台有一定的交互功能，由此可通过专用的维护服务实现平台地下空间数据的更新。

2.4 平台数据建设内容和要求

城市地下空间信息基础平台数据建设的主要对象是地下管线、地下建（构）筑物。城市地质数据因其较强的专业性，宜以地质数据平台或专业部门共享为主。

城市地下空间信息基础平台数据建设的整体原则是：从定位和应用需求出发，确定具体内容，选择当前最合适的技术方式和组织方式，按照规范要求完成平台数据建设任务。

2.4.1 地下管线数据

依据城市地下空间信息基础平台的应用需求，按地下管线普查要求采集的地下管线数据基本可以满足要求。因此，平台地下管线数据建设可以主要通过地下管线普查进行。

当前，可以结合国务院要求的地下管线普查工作，开展城市地下空间信息基础平台地下管线数据建设。未开展地下管线普查的城市和区域可按照相关要求并结合平台特点开展地下管线普查，形成平台地下管线数据；已开展地下管线普查的城市和区域可采用数据整合方式将地下管线普查数据整合形成平台地下管线数据。

地下管线数据普查工作应依托专业探测单位进行，并通过全过程监理进行监督检查，同时应有专业管线单位参与相关数据的核对工作，由此保证地下管线数据的精度和准确性。

2.4.1.1 数据建设对象和范围

通常情况下，城市市政道路下主要埋设有给水、排水、燃气、电力、通信等管线的主干管网，这部分地下管线堪称城市的生命线,对于城市建设管理和安全运行的影响最为突出。

平台地下管线数据建设的对象主要定位为市政道路下的各类地下管线,包括:给水、排水、燃气、电力、通信、工业、热力管线和综合管廊,还包括上述管线中穿越居民小区、单位或工厂等区域的主要干管。从地下管线的作用和影响范围考虑,市政道路下部分小于某一管径的地下管线可以不纳入平台数据采集范围。

2.4.1.2 数据内容要求

地下管线数据内容主要涉及地下管线的三维空间位置、形态属性、物理属性和管理属性。具体包括地下管线的平面位置、埋深(或高度)、性质、走向、规格、材质、根数(或孔数)及管线附属设施的位置、性质、建(构)筑物等信息。

地下管线数据由用于描述管井及测量点的点表、描述管段信息的线表和描述管线工作井的面表组成,其结构和相互关系如图 2-3 所示。

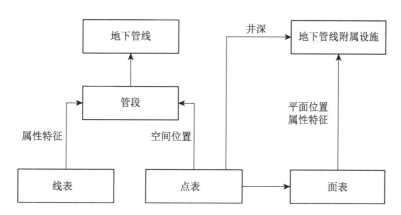

图 2-3 地下管线数据组成结构

其中,点表是管点属性表,记录地下管线管点基本属性,包括其三维坐标、井深等辅助信息(附表 A-1)。线表是管线属性表,记录地下管线段的上点和下点的管点编号,包括其埋深、探测时间等辅助信息(附表 A-2)。面表是管线建(构)筑物属性表,记录管线建(构)筑物边线的二维坐标及其深度(附表 A-3)。

2.4.1.3 数据建设方法

城市地下空间信息基础平台地下管线数据建设工作可分为地下管线数据整合和地下管线普查两部分:在已开展地下管线普查的区域主要进行地下管线数据整合;在尚未开展过地下管线普查的区域组织进行地下管线普查。

1. 地下管线普查要求

地下管线普查由项目建设单位组织,地下管线探测专业单位具体实施,地下管线管理单位配合实施,专业监理单位全过程监理。地下管线普查的主要工作流程和分工如图 2-4 所示。

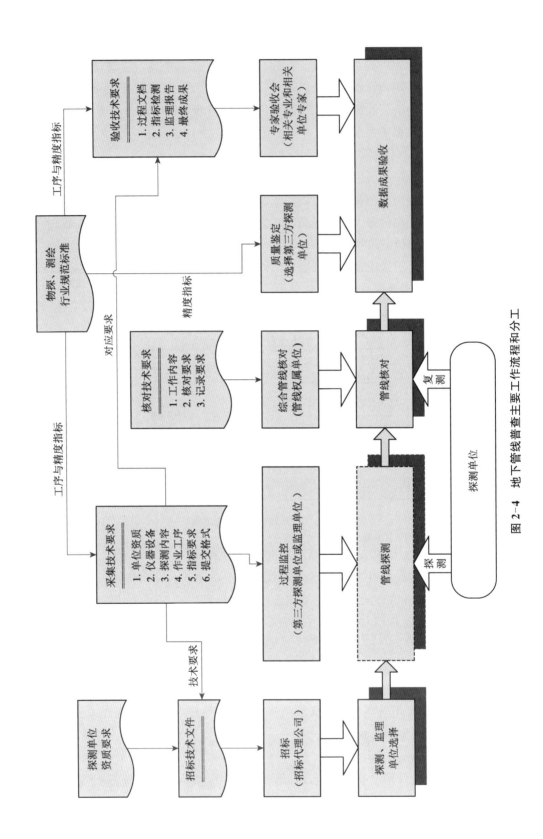

图 2-4 地下管线普查主要工作流程和分工

地下管线普查主要工作包括技术准备、管线探查、管线测量、管线核对、内业编绘、质量检验、成果验收、数据入库等。

（1）技术准备

技术准备包括资料调绘、现场踏勘、探测仪器校验、方法试验、设计与评审。

资料调绘内容应包括：

① 搜集已有地下管线资料；

② 分类、整理所搜集的已有地下管线资料；

③ 编绘地下管线现状调绘图。

现场踏勘应了解下列情况：

① 地下管线现状调绘图中特征点与实地的一致性；

② 测区内测量控制点的位置和保存情况；

③ 测区地物、地貌、交通、地球物理条件及各种可能存在的干扰因素。

探测仪器校验包括单台仪器的稳定性校验及同类多台仪器的一致性校验。

地下管线探测前要进行探测方法试验，在测区选择合适的仪器参数和有代表性的区域进行不同仪器的方法试验，通过开挖点验证、校核，确定所选用方法和仪器的有效性及精度。

地下管线探测工作开展前要编制项目设计书并评审。

（2）管线探测

地下管线探测，是在现有地下管线资料调绘工作的基础上，采用实地调查与仪器探测相结合的方法，实地查明各种地下管线的敷设状况，绘制探测草图，并在地面上设置管线点标志。

仪器探测，是根据测区地球物理条件，采用物探方法实施探测。物探方法包括电磁法、电磁波法（地质雷达）、弹性波法、井中磁梯度法、高密度电法、轨迹探测法和示踪法等。当采用现行的物探技术手段不能查明地下管线的空间位置时，要适当进行开挖或钎探探查。

地下管线探测包括探测线路特征点和附属设施（附属物）中心点，可分为明显管线点和隐蔽管线点。明显管线点可以通过实地调查和量测获取有关数据，隐蔽管线点可以利用仪器探测查明其位置及埋深。

（3）管线测量

地下管线测量包括控制测量和管线点测量。

控制测量时，基于统一测绘基准布设工程控制网，按有关行业标准和地方标准进行适当的加密，作为管线点测量的依据。管线点测量包括平面位置测量和高程测量。

地下管线探测点的平面位置一般采用实时动态测量（GNSS RTK）、图根导线串测法、极坐标法和轨迹法测量，其精度要符合规定。

地下管线探测点的高程一般采用几何水准、电磁波三角高程或 GNSS 高程测量的方法进行，其精度要符合规定。

结合管线测量，还需要进行大型工作井的三维测量。大型工作井是指双（多）井和长与宽的最大边长大于 800 mm 的单井或不规则井。大型工作井需要测量其外部轮廓点和最大井深。

（4）管线核对

与数据收集整合中的管线核对一样，管线普查中的数据核对是为了解决管线缺漏、权属不明、管线材质和埋设时间等属性不准确、管线连接关系错乱和废弃管线识别等问题。

普查中的管线核对应与管线探测穿插进行，并在成果验收前全部完成。

（5）内业编绘

内业编绘包括成果数据输出和管线图编绘。

成果数据输出的是地下管线表格数据。表格数据是由管线探测单位通过现场作业，经处理后得到的格式为 MDB 的数据库数据。

（6）质量检验

普查中的质量检验是在项目统一实施的质量管理之下的探测质量检验和测量质量检验。

地下管线探测质量检验，包括明显管线点和隐蔽管线点的检查。根据检查结果，可计算出相应的中误差，形成探测质量检验报告。

地下管线测量质量检验，包括平面控制质量检查、高程控制质量检查和管线点测量质量检查。根据检查结果，可计算出相应的中误差，形成探测质量检验报告。

（7）成果验收

在质量检验合格的基础上，一般还要进行成果验收。成果验收不仅包括数据的验收，也包括文档的验收。

（8）数据入库

数据入库由项目承担单位实施。通过数据入库工作，将地下管线表格数据转换成地下管线 GIS 数据。此外，数据入库还包括相应元数据和有关源资料（相关文档资料等）的入库工作。

2. 地下管线数据整合要求

地下管线数据收集整合工作由项目建设单位组织实施，地下管线探测专业单位、地下管线管理单位配合实施。地下管线数据收集整合的主要工作流程和分工如图 2-5 所示。

地下管线数据收集整合主要工作包括：数据提交、数据检查、管线核对、补充探测、内业整合、数据入库。

（1）数据提交

数据提交的内容主要是从有关部门获取已有的地下管线普查数据资料，具体包括数据库成果、管线图、相关项目文档等。

（2）数据检查

对收集到的地下管线数据进行数据检查，主要判断其内容的完整性、格式的正确性和内在逻辑的合理性。数据检查既包括对数据本身的分析，也包括与其他来源（如专业管线公司）数据的比对。通过数据检查，不仅要实现数据"外在形式上"的统一，而且要发现数据内容中存在的问题，以便在后续工作中可以有针对性地进行数据检查。

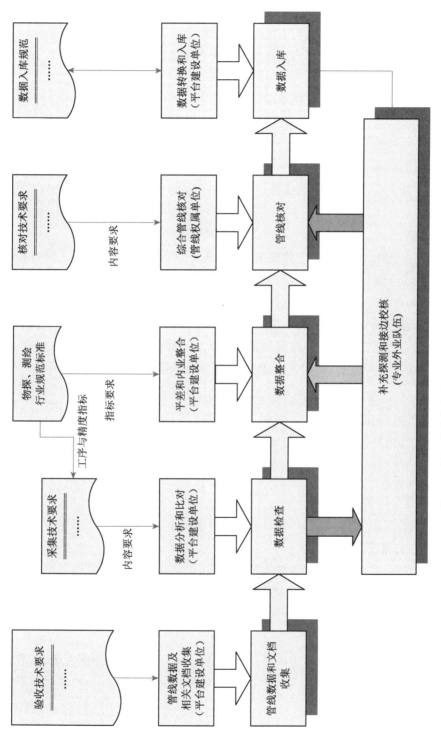

图 2-5 地下管线数据收集整合的主要工作流程和分工

数据检查中数据分析的要点包括：

① 数据精度分析：数据是否符合相关行业标准、地方标准和平台地下管线数据标准；

② 数据属性完整性分析：数据与应用紧密相关的地下管线重要属性是否缺失；

③ 数据格式分析：数据的组织方式和格式转换方式等。

（3）管线核对

对于尚未经地下管线管理单位核对的地下管线数据，组织地下管线管理单位进行数据核对，这在一定程度上可以解决管线缺漏、权属不明、管线材质和埋设年代等属性不准确、管线连接关系错乱和废弃管线识别等问题。

核对和完善的内容主要包括：

①管线的连接关系；②管线缺漏或废弃状况；③管线的权属信息；④管线的材质信息；⑤管线的埋设时间。

（4）补充探测

补充探测是主要针对数据检查和管线核对中发现的部分问题而进行的实地调查和探测。补充探测的技术要求与地下管线普查相同，补充探测的结果最终应得到管线权属单位的确认核实。

（5）内业整合

内业整合工作包括管线核对整合、接边整合、平差整合和格式整合。

管线核对整合、接边整合、平差整合分别依据前面开展的管线核对、接边校核工作开展内业整合，格式整合是依据城市地下空间信息基础平台地下管线数据库格式进行地下管线数据的格式调整。

（6）数据入库

数据入库工作既包括经内业整合数据的入库，也包括相应元数据和有关源资料（相关文档资料等）的入库工作。

2.4.1.4 数据质量控制要求

对地下管线数据建设整体质量控制具体通过以下三个方面实现。

1. 实施统一的质量及安全管理

实施统一的质量管理是为了确保城市地下空间信息基础平台地下管线数据建设的整体质量。地下管线数据建设统一的质量管理是以管线普查过程中的探测质量检验和测量质量检验为基础，以数据收集整合和管线普查中的成果验收为核心，由此形成与项目管理紧密结合的全过程质量管理。

地下管线数据建设涉及大量外业的物探和测量工作，需要在市政道路上进行，部分还可能需要在夜间进行，因此，需要加强相关安全管理，既包括制定安全作业规范，也包括提供必需的安全防护设备和设施。

统一的质量管理和安全管理，可以结合项目管理方法，建立质量管理体系和安全管理责任制，逐级分解质量管理和安全管理目标，落实质量管理和安全管理措施。

2. 进行整体全过程监理

为保证统一的质量及安全管理的落实,要求对地下管线数据建设实施整体全过程监理。

全过程监理包括:项目管理监理、工程进度监理、工程准备监理、探测监理、测量监理、数据监理和档案资料监理等。

参照《城市地下管线探测工程监理导则》(RISN-TG011—2010),根据各地区地下管线数据建设的特点,提出监理工作的指导思想、工作目标、组织方式、技术要求和实施方法。

根据城市的不同情况分区域进行地下管线普查,但全过程监理宜以整体城市为主。

3. 遵循统一规范标准

平台地下管线数据建设需要遵循统一的规范标准,既包括国家、地方性的标准规范,也包括平台建设统一的技术要求。其中,国家和行业标准主要有:

(1) 城市地下空间设施分类与代码(GB/T 28590—2012);

(2) 城市地下管线探测技术规程(CJJ 61—2016);

(3) 城市地下管线探测工程监理导则(RISN-TG011—2010)。

平台建设统一的技术要求见本书"5.2 标准规范主要内容"。

2.4.2 地下建(构)筑物数据

城市地下空间信息基础平台地下建(构)筑物数据建设主要通过开展地下工程普查,掌握地下建(构)筑物基本信息,然后收集地下建(构)筑物竣工图,根据建(构)筑物平面、剖面和标高数据建立三维数字模型,经地理位置匹配,形成平台地下建(构)筑物数据。

2.4.2.1 数据建设对象和范围

城市地下空间信息基础平台地下建(构)筑物数据建设的主要对象可以根据其用途大致分为五类:居住类建筑地下部分;公共基础设施地下部分;工业类设施地下部分;农业类设施地下部分以及民防类设施地下部分。

2.4.2.2 数据建设内容要求

1. 数据组成

地下建(构)筑物数据是描述地下建(构)筑物空间位置和形态,并能够支持三维空间分析的模型数据,由二维平面数据、三维模型数据及属性数据组成(图2-6)。

二维平面数据,是由地下建(构)筑物外部轮廓在地面反向投影形成的数据,用于表述地下建(构)筑物平面位置和形态。

三维模型数据,是根据地下建(构)筑物竣工图纸或施工图纸反映的实际

图 2-6 地下建(构)筑物数据组成

尺寸,按照平台标准制作的模型数据,用于表达地下建(构)筑物内外三维空间位置和形态。

属性数据,一般由地下建(构)筑物基本属性信息和模型属性信息两部分内容组成。地下建(构)筑物基本属性信息主要包括名称、编号、地址、权属单位、管理使用单位等内容,地下建(构)筑物模型属性信息主要包括组成模型的点(面)特征、点(面)编号及点(面)类型等内容。

2. 数据内容

为适应不同客户对地下建(构)筑物信息不同的应用需求,城市地下空间信息基础平台可将地下建(构)筑物模型数据内容分为基础层、连通层和扩展层三个层次。各层的组成内容如图 2-7 所示。

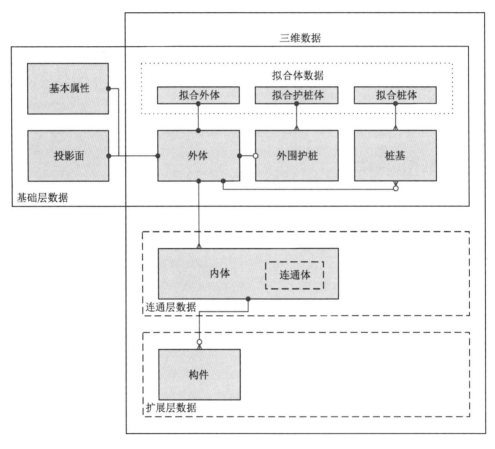

图 2-7　地下建(构)筑物数据内容组成

基础层数据由外体、外围护桩、桩基础、拟合外体、拟合护桩体、拟合桩体、投影面及相应的属性数据构成,用以全面反映地下建(构)筑物在地下空间的位置和空间形态,满足地下空间规划、建设和使用管理的应用需求。

连通层数据是在基础层数据的内容中再增加内体、连通体及连通面等元素,用以反映地下建(构)筑物内部空间的形态和划分,内部的结构和连通状况,满足对地下建(构)筑物内部空间使用管理的应用需求。

扩展层数据主要以点、线、面符号方式构成。扩展层是为地下设施应用管理单位在基础层、连通层数据基础上进一步添加专业应用数据预留的扩展数据结构。

按照平台建设要求，项目所有地下建(构)筑物要求完成基础层数据内容建设，其中，所有具备公共场所空间特征的地下建(构)筑物，如地铁、商场等地下建(构)筑物要求完成连通层数据内容的建设。

2.4.2.3 数据建设方法要求

城市地下空间信息基础平台地下建(构)筑物数据建设的主要方法是依据设施相关竣工(设计、施工)图纸资料标示的尺寸，按照平台规定的技术方法和要求，制作完成地下建(构)筑物三维模型数据。

按照工序，地下建(构)筑物模型数据建设包括三个步骤：资料收集、模型制作和数据入库。

1. 资料收集

地下建(构)筑物资料是平台地下建(构)筑物数据的源，也是平台地下建(构)筑物模型数据制作的基础。从城市涉及的地下建(构)筑物来看，对象类型多，并且数量也多。因此，资料收集涉及的相关单位很多，资料收集的工作量很大。从上海的经验看，要做好此项工作，一方面需要充分依靠相关单位的协助与支持，另一方面可在计划安排上采取合适的方法和策略。

开展地下建(构)筑物数据建设，掌握对象总量和清单是首先需要解决的问题。可参考上海的方法，通过开展地下工程普查，掌握全市地下建(构)筑物的数量、类型、分布和大致状况。上海市地下工程普查登记表样式如图 2-8 所示。

上海市地下工程信息登记表

(地下生产、生活服务设施及其他地下工程)

工程信息登记号: ________ 档案著录号 ________ 民防工程编号: ________

基本信息

工程名称			工程地址		
所在区县	长宁区		街道(乡镇)	天山路街道	
建设单位			上级主管单位		
法定代表人		联系人		联系电话	
建设单位类型	○机关 ○事业 ○企业 ○社会团体 ○个人 ⊙其他				
所有者名称			是否有产权证	○是 ⊙否	
法定代表人		联系人		联系电话	
所有者类型	○机关 ○事业 ○企业 ○社会团体 ○个人 ⊙其他				
管理者名称			上级主管单位名称		
法定代表人		联系人		联系电话	
管理者类型	○机关 ○事业 ○企业 ○社会团体 ○个人 ⊙其他				

图 2-8 上海市地下工程普查登记表样式

地下工程普查的对象为行政区域内已建成、位于设计相对标高＋0.000 m以下的所有建(构)筑物[含半地下建(构)筑物,不含地下管线和地下军事设施]。普查的范围大致包括:地下车库(含地下自行车库)、地下餐厅、地下旅馆、地下娱乐场所、地下医院、地下仓储间、地下生产车间等地下生产、生活服务设施及地铁、隧道、地下道路、地下变电站、地下过街道、地下泵站、综合管廊等地下公共基础设施。普查的内容包括:工程地址和位置、面积、类型、用途、使用状态、产权单位、管理单位等。

依据地下工程普查数据,整理并形成城市地下空间信息基础平台地下建(构)筑物数据建设清单。依据清单制订地下建(构)筑物资料收集的工作计划。

对于交通、基础类地下公共基础设施,首先可以选择竣工资料相对集中的单位,如地铁公司、市政工程部门等合作开展资料收集工作。对于其中无法从上述单位收集到的交通和基础类地下设施,则分别向其养护单位、建设单位和设计单位收集资料。

对于其他类型的地下生产、生活服务设施,首先可以从民防档案部门和城建档案部门收集资料。其中资料缺乏的部分,可以向管理单位、建设单位和设计单位收集。

地下建(构)筑物图纸收集的对象一般包括:总平面图、地下层平面图、地下层剖面图、桩位图、设计说明、各类详图等。不同的地下建(构)筑物类型图纸资料略有差别,具体如下:

(1) 1949年前结建类地下建(构)筑物竣工资料收集细目:

① 地籍图;②桩基平面布置图;③地窖平面图;④纵向剖面图;⑤立面图;⑥相关修改图。

(2) 1949年后结建类地下建(构)筑物竣工资料收集细目:

① 建筑(结构)竣工目录;②总平面图;③外围连续墙(护桩)布置图;④桩位平面布置图;⑤桩基结构详图;⑥地下室各层平面图;⑦地下室局部详图;⑧纵向剖面图;⑨立面图;⑩相关修改图。

(3) 地铁车站类地下建(构)筑物资料收集细目:

① 建筑(结构)竣工目录;②总平面图;③站厅层平面图;④站台层平面图;⑤站台下平面图(包含地铁进出口图纸);⑥地下夹层平面图;⑦各层剖面图;⑧通风井平面和剖面图;⑨相关修改图。

(4) 隧(地)道类地下建(构)筑物资料收集细目:

① 隧(地)道主体结构设计说明(包括地铁隧道);②隧(地)道结构总平面图;③隧(地)道各段建筑平面图;④隧(地)道各段横、竖剖面图;⑤隧(地)道泵房配电间建筑平面图;⑥隧(地)道出口平面图;⑦相关修改图。

(5) 防汛工程类地下建(构)筑物资料收集细目:

① 防汛墙建筑图纸(地下部分);②含进出口的地下水务干管(线)资料;③泵房(水库)地下层平面图;④相关修改图。

(6) 水库泵房类地下建(构)筑物资料收集细目:

①建筑(结构)竣工目录;②总平面图;③外围连续墙(护桩)布置图;④桩位平面布置图;⑤桩基结构详图;⑥泵房(水库)地下层平面图;⑦地下层局部详图;⑧纵向剖面图;⑨相关修改图。

（7）高架道路类地下建（构）筑物资料收集细目：

①建筑（结构）竣工目录；②高架各标段总平面图；③桩基平面布置图；④桩基结构详图；⑤配套附属设施地下部分建筑结构图；⑥相关修改图。

（8）民防工程类地下建（构）筑物资料收集细目：

①建筑（结构）竣工目录；②总平面图；③外围连续墙（护桩）布置图；④桩位平面布置图；⑤桩基结构详图；⑥民防地下室各层平面图；⑦民防地下室局部详图；⑧纵向剖面图；⑨相关修改图。

2. 模型制作

模型制作是地下建（构）筑物数据建设的核心，也是工作量最大的部分。

模型制作的工序主要分为图纸分析、具体模型制作和数据检查三个部分。

（1）图纸分析

图纸分析的目的是为模型制作做准备工作，同时也作为模型完成后检验、检查的参考依据。图纸分析的主要工作内容包括：

①分析地下建（构）筑物竣工资料的完整度；②确定模型制作的层次（基础层或者连通层）；③记录地下建（构）筑物深度、基本地理位置等关键数据值，填写分析报告。

（2）具体模型制作

模型制作的主要工作内容包括：

①按照图纸分析确定的模型数据层次，制作模型数据；②加入模型的特征属性；③进行模型的平面地理定位和深度空间定位；④记录模型制作过程信息，如表2-2所示。

表2-2 模型制作过程记录

需要记录的主要项	主要内容
图纸完整度	关键性图纸是否齐备，图纸缺失情况统计
制作过程中的问题	记录在模型制作过程中图纸清晰度不足或者图纸数据冲突等问题和最终采用的解决方法
建（构）筑物模型精度	完成模型后对建（构）筑物模型准确度的完整评价

（3）数据检查

地下建（构）筑物模型制作完成后，需进行数据检查。数据检查中发现不符合要求的内容须返回制作人员进行修改，修改后重新提交检查。

数据检查应分别记录每一项的检查结果，并完成最终的检查报告。

3. 数据入库

数据入库包括下列工作：①按平台建设要求将经检查无误的模型数据导入数据库；②完善相应的元数据内容；③整理并录入所有过程信息，包括图纸分析记录、过程检查记录、检查报告等文档。

2.4.2.4 数据建设质量控制方法

城市地下空间信息基础平台地下建(构)筑物数据的质量精度主要取决于两个方面：

其一是作为地下建(构)筑物模型制作依据的工程竣工资料的完整性和准确性。地下建(构)筑物数据建设的主要依据是建(构)筑物的竣工档案,竣工档案的清晰和内容的完整程度直接影响并制约地下建(构)筑物数据的质量精度。在竣工资料完整、图纸内容清晰的基础上,地下建(构)筑物模型数据应该可以如实反映出地下建(构)筑物的空间形态。如竣工资料不完整或图纸内容模糊不清,则地下建(构)筑物模型数据的质量精度会依资料的不完整程度而下降。

其二是地下建(构)筑物模型数据在平台坐标系中空间定位的准确性。地下建(构)筑物数据在城市空间中定位的准确性是影响地下建(构)筑物数据质量精度的又一项主要因素。空间定位主要采取的方式是通过竣工资料中的总平面图与地形图中建筑物的相同特征点进行平面定位,再根据竣工资料记载的高程数据进行深度定位。经验证,这种空间定位方法可以基本保障地下建(构)筑物相对位置的准确性。

地下建(构)筑物数据制作流程相对比较复杂,为保证数据的准确性,在数据建设过程中,需要建立一套完善的质量控制体系。可通过标准与规范约束、过程控制、数据检查与验证三方面的措施,对地下建(构)筑物数据进行总体质量控制。

1. 标准与规范

与地下管线数据普查不同,地下建(构)筑物数据建设尚无国家和行业标准,因此需要建立城市地下空间信息基础平台的地下建(构)筑物数据建设标准。

城市地下空间信息基础平台的地下建(构)筑物数据建设大致需要 6 项标准,如表 2-3 所示。(具体内容详见本书"5.2 标准规范主要内容")。

表 2-3 地下建(构)筑物数据建设标准

	标准规范名称	作用
1	信息分类与代码	规范地下建(构)筑物类别、生成建(构)筑物编码依据
2	图纸资料的收集、处理和归档	规范地下建(构)筑物资料收集、处理及归档中的各项操作
3	模型数据标准	规范地下建(构)筑物模型各要素含义及内容
4	数据处理	规范地下建(构)筑物模型制作过程中的各项操作
5	数据表示	规范地下建(构)筑物在软件中的显示
6	数据入库规范	规范地下建(构)筑物数据入库中的各项操作

2. 过程控制

为保障地下建(构)筑物模型制作的完整性和准确性,要求记载制作过程中的各道工序,以及各道工序中涉及的关键数据,并以此作为下一道工序检查控制的依据。

3. 数据检查与验证

数据检查与验证包括过程自查、专项质检和第三方验证。

（1）过程自查

过程自查是指数据制作者为保证数据成果准确性,对数据成果进行核对检查,应安排以下两方面的内容:

① 人工自查:要求数据制作人员在提交每一个地下建(构)筑物数据成果文件前,根据标准及要求对各项数据进行检查并填写检查记录,最终完成地下建(构)筑物模型情况记录报告。

② 程序查验:为提高检查效率,减少人工查验的疏漏,应安排通过辅助检查软件工具对地下建(构)筑物数据成果进行合法性校验。

（2）专项质检

专项质检应包括以下三方面的内容:

① 单一数据的整体检查:对数据成果中的各项数值逐一与图纸进行比对,检查制作的流程是否符合标准规范,并检查各项记录是否完整,有无遗漏。

② 同源数据的检查:对单一建(构)筑物数据与其周边的建(构)筑物数据进行检查分析,查看连通情况及空间交叉建筑,关注连接处是否重复或者遗漏,关注空间交叉建筑之间的关系及距离。

③ 非同源数据比对验证:为了验证模型数据与实际建(构)筑物位置和尺寸的差异,提交之前与相关资料进行比对验证,如相邻建(构)筑物、地形图、管线等。

（3）第三方验证

第三方验证可由监理单位或其他第三方单位进行,主要工作包括以下两方面的内容:

① 对数据成果进行抽样检查;

② 对数据成果进行分析评价。

2.4.3 地质数据

与地下管线和地下建(构)筑物数据采集相比,地质数据的采集具有更强的专业性和特殊性。因此,城市地下空间信息基础平台地质数据主要来自专业地质平台。由相关地质调查专业单位提供城市地质数据,建立城市地下空间信息基础平台和专业地质平台之间综合与专业、宏观与微观的数据共享与交换机制,以及相应的数据接口及标准。

2.4.3.1 数据建设对象和范围

地质数据主要有钻孔数据和地质成果图两大类。

1. 地质钻孔数据

地质钻孔数据分为工程地质钻孔、基岩地质钻孔、第四纪地质钻孔和水文地质钻孔四大类数据。工程地质数据主要描述各类工程场区的地质条件,直接为各类工程的设计、施工提供地质依据,与城市发展及建设紧密相关;基岩地质数据主要描述处于地下深处或零星露出地表的基岩岩石的岩性、厚度和倾伏状况,反映地层的构造运动;第四纪地质数据主要描述第四纪时期地质条件;水文地质数据主要描述地质环境下地下水的分布情况和运移规律。

2. 地质成果图

地质成果图主要由符号、色谱、花纹等来表示地壳某部分各种地质体及其相互关系。根据每个钻孔中土层在垂向上的分布情况,主要分为三大类:工程地质图、基岩地质图和水文地质图。

2.4.3.2 地质数据转换及入库

1. 数据格式转换

将专业地质数据按照城市地下空间信息基础平台的地质数据库要求,进行格式转换,形成平台地质数据。

2. 地质数据入库

经格式转换后的平台地质数据按照平台入库要求入库,并录入相关的元数据等辅助信息。

2.5 数据库设计

城市地下空间信息基础平台数据库是所有数据汇聚之处,是平台管理的主要对象和对外服务的数据基础,因此,可以毫不夸张地说,数据库是城市地下空间平台运行的核心组件。建设好平台核心数据库,是有效保障平台运行、提供对外信息服务的基础条件,其信息收集的完整性、维护的及时性和描述的正确性是数据库得以发挥作用的三大前提。

2.5.1 数据库设计要点

数据库设计时,重点要考虑信息的完整性、信息维护的及时性和信息描述的准确性。

1. 信息的完整性

信息收集的完整性主要包括三点:首先,信息种类要齐全。开展地下空间管理和综合开发利用,关心的是区域内管线、地下建(构)筑物的分布情况,有时还关心地质地层情况,当上述信息缺失或部分缺失时,都会给项目规划设计带来困难,有时还会为了摸清数据状况使用工程手段,使投资大幅增加。因此,信息种类的齐全是评价城市地下空间信息平台数据库建设成果的重要标准。其次,空间覆盖范围要齐全。应当结合政府与社会对于地下空间管理、开发利用的总体需求,合理确定信息覆盖范围,最大限度满足管理和工程的需求。以地铁线路规划为例,城市地下空间信息基础平台应当能够提供规划线路沿线所有的地下空间信息,而非其中部分区域的信息,否则会大幅降低用户使用平台的积极性。最后,信息的时间覆盖度要尽量齐全。针对很多管理需求,城市地下空间信息基础平台应当能够提供一定时间范围内地下空间信息变化情况,例如,分析某时间跨度较长的工程(如地铁车站)区域管线搬迁情况等。

2. 信息维护的及时性

各类地下空间信息中,管线信息的变动量最大,地下建(构)筑物也随着城市建设进程不断增加,如不及时对城市地下空间信息基础平台数据库进行信息更新,数据库很快就将失去作用。因此,在数据库设计时就必须考虑完善的信息维护方案,这不仅要考虑技术问题,更要结合政府和相关企业的管理、工作流程,细致推敲而定。以上海地区为例,地下空间信息库中,管线信息的维护与城市道路掘路管理工作相结合,并将掘路管理作为管线信息维护的抓手;地下建(构)筑物则与施工设计文件审查、地下工程使用备案等政府工作流程相结合,可以在第一时间内知晓地下工程变化情况;地质信息则实现了与城市地质专业平台的联动。信息得以维护,城市地下空间信息基础平台的生命力也就得以体现。

3. 信息描述的正确性

地下空间信息的重要性源于地下空间的不可见性,然而,恰恰也是这种不可见性,增加了城市地下空间信息基础平台中信息使用的风险——有时信息的正确性无法得到验证,仅当使用过程中发生了问题甚至造成了事故,才会发现原有信息的问题。因此,在提供信息服务的同时,还应一并附上信息的描述文档,以说明地下空间信息的适用范围。例如,提供某区域地下空间信息服务时,应当尽可能说明管线信息的来源,通过管线工程跟踪测量获得的信息远比普查获得的信息准确,适用范围也更广。通过工程物探获得的地下建(构)筑物信息也比根据工程施工设计图纸得到的信息更加可信。因此可见,描述信息可以起到帮助用户甄别的作用,应当作为地下空间信息库中不可或缺的一部分。

2.5.2 数据库基本内容

城市地下空间信息基础平台数据库基本内容应包括图 2-9 所示的几个部分。

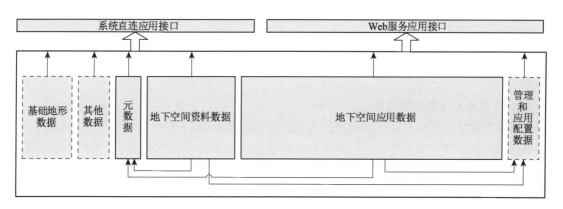

图 2-9 城市地下空间信息基础平台数据库基本内容

其中,地下空间应用数据库、地下空间资料数据库、地下空间信息元数据库是平台数据库的核心内容;基础地形数据库、应用配置与管理数据库及其他内容数据库是平台数据库的辅助性内容,可以根据实际情况合理配置。

2.5.2.1 核心内容

1. 地下空间应用数据库

地下空间应用数据库是平台的主体应用数据。内容为所有直接支撑地下空间应用,包括地下管线、地下建(构)筑物、地质的 GIS 平面数据、三维模型在内的地下空间数据。地下空间应用数据库以空间信息实体方式保存地下空间信息,每个空间信息实体包括图形实体和属性特征信息,可以与地下空间信息资料库中的相关资料关联。地下空间信息库还包括地下空间的分类信息、实体三维模型和属性特征的描述。地下空间应用数据库的详细设计在本书后续章节还将做详细介绍。

2. 地下空间资料数据库

地下空间资料数据库内容为平台中地下空间信息建设要素的原始资料或相关资料。这些资料一方面用于存档,另一方面可能会在进一步深化平台应用中发挥作用。地下空间资料数据库主要存储纸质设计文档的扫描数据和计算机设计文档数据,以及这些资料数据的说明性信息文件。

3. 地下空间信息元数据库

地下空间信息元数据库记录两部分内容:一是平台空间数据的描述信息,包括基本信息、质量信息、分发交换信息、属性信息等;二是平台空间数据在平台内部存储的分类性、结构性、限制性等信息。地下空间信息元数据库对象涵盖地下空间应用数据和地下空间资料数据。

2.5.2.2 辅助内容

1. 基础地形数据库

基础地形数据库为平台提供城市基础地理背景信息。内容可包括:基础地形信息、遥感资料和其他信息,如道路、基础地形框架范围、各级行政边界等。根据各个城市的不同情况,可以选择建立城市地下空间信息基础平台的基础地形数据库或选用城市统一共享的基础地形信息服务。

2. 应用配置与管理数据库

应用配置与管理数据库是平台进行地下空间应用数据、地下空间资料数据应用配置,并与地下空间信息元数据紧密关联的应用服务工作数据库。其存储内容包括:平台用户及权限的控制、数据访问记录、系统运行日志等。

3. 其他数据库

一般指原则上不属于城市地下空间信息基础平台,但因应用上存在紧密关系而存放在平台上的部分专业数据。这部分数据可以根据实际需要进行内容和调用规则的设定。

2.5.3 地下空间数据结构和关系

本书主要介绍地下管线和地下建(构)筑物数据的结构关系。

2.5.3.1 地下管线数据

1. 基本构成

地下管线基本数据的记录单元是管段和管点。

（1）管段。数据以直线构成，是管线线状数据的最小单元，也是管线数据的基本构成。

（2）管点。数据以点构成，加上符号，用于表达管线的阀门、三通等设施。

2. 辅助信息

地下管线辅助信息包括管线数据说明、管线数据处理说明等。

（1）管线数据说明，主要针对批量数据，内容包括：时间、来源、主要采集方法、采集单位、提供单位、整体状况描述等。

（2）管线数据处理说明，主要针对经内部处理的数据，内容包括：工作处理要求、采用方法、操作人员、存在问题及解决方式等。

3. 分类组织

从地下管线数据内容来看，主体就是管段和管点，比较简单。但从数据建设、维护和工作过程来看，平台数据是多源的。同是地下管线数据，因来源、时效性不同，会有重叠、重复和差异，为保障数据源头的可追溯性，还应记录数据建设的过程文档，并保存经变化而被替换下来的历史数据等。

逻辑上可以采用图 2-10 所示的分类方法组织地下管线数据。

（1）现状数据

现状数据是指平台常规使用的数据，包括综合管线数据和专业管线数据。综合管线数据是平台数据建设的成果，综合各类地下管线数据，也是平台使用和不断维护的主体数据。专业管线数据直接来自专业管线公司，主要是专业管线公司业务管理范围内的管线数据（同类管线可以有多个不重合范围的数据集）。

（2）工程数据

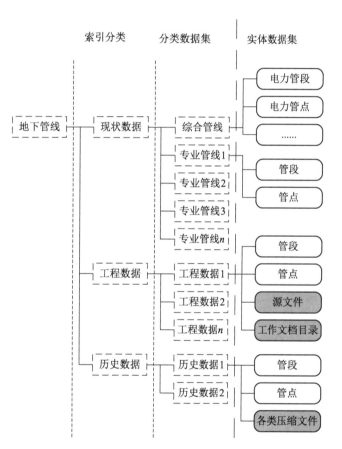

图 2-10 地下管线数据分类组织

工程数据是指通过某种方式，如收集、普查、维护获得的一次性批量数据。工程数据是现状综合管线数据增加和修改的源头。

根据不同情况，工程数据可能是第一次从某个区域收集或普查得到的综合管线数据，也可能是由管线数据维护单位提交的某区、某年、某季度的一次维护数据，或某条道路的一次维护数据等。

（3）历史数据

历史数据是指因地下管线变动而被替换下来的原有的综合管线数据。

4. 数据关系

地下管线数据及相关内容和关系如图 2-11 所示。

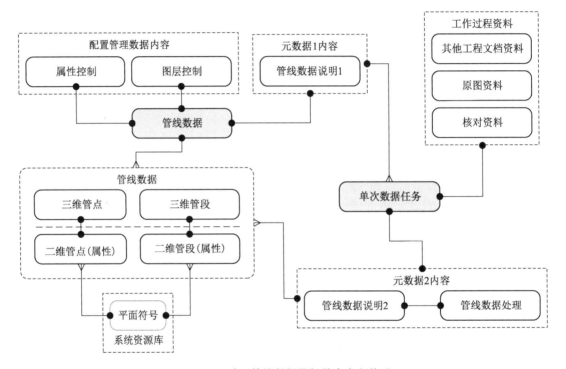

图 2-11　地下管线数据及相关内容和关系

其中,图 2-11 中所示的管线数据是指现状数据,单次数据任务指的是工程数据。

地下管线数据的属性变化过程如图 2-12 所示。

每一管线现状数据的最小单元,需要记录与数据来源相关的工程数据编号;每一管线历史数据的最小单元,还需要记录与数据废弃相关的工程数据编号。

2.5.3.2　地下建(构)筑物数据

1. 基本构成

地下建(构)筑物基本数据指单个地下建(构)筑物整套模型数据的内容,包括:外体、内体、平面投影和基本属性。

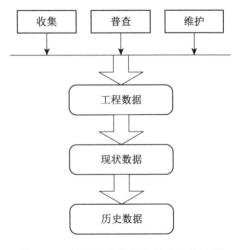

图 2-12　地下管线数据的属性变化过程

2. 辅助信息

地下建(构)筑物辅助数据包括：设计竣工资料、元数据和工作过程数据。

3. 分类组织

地下建(构)筑物数据分类主要由属性特征记载。从实际应用角度出发，可以在 GIS 图层中考虑将地铁、高架道路等分为单独的层。

从数据调用的角度看，地下建(构)筑物三维模型数据可以考虑不同详细程度数据的组织存放。

逻辑上可以采用图 2-13 所示的分类方法组织地下建(构)筑物数据。

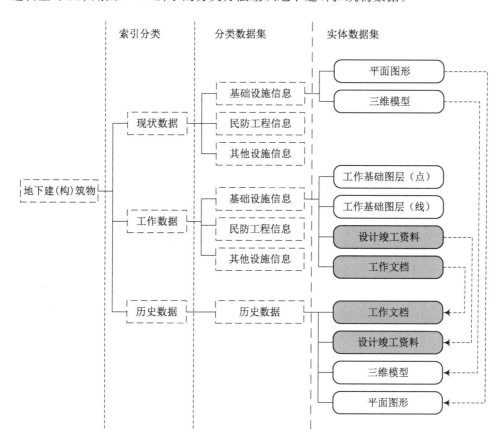

图 2-13 地下建(构)筑物数据分类组织

（1）现状数据

同地下管线一样，地下建(构)筑物现状数据是指平台常规使用的数据，从数据形态上分为平面和三维两类。其中，三维数据分为三个层次，详细可见标准规定。根据应用需要可以再通过平面图层进行分类。数据单元为一个地下建(构)筑物。

（2）工作数据

地下建(构)筑物工作数据同现状数据一样，根据应用特点进行分类，数据内容分为：

① 工作基础图层(点、线),来自或依据民防工程信息或其他专业信息生成;
② 设计竣工资料,收集、处理形成的 CAD 文件或扫描电子文档;
③ 工作文档,制作过程中的原始模型、记录工作过程和质量的文档(内容需要整理清楚)。
(3) 历史数据

与地下管线不同,地下建(构)筑物的废弃情况较少,而且废弃以后不一定会或能拆除。因此,地下建(构)筑物历史数据所指的是废弃并被拆除的对象。具体主要将模型数据、竣工资料和工作文档列入历史数据。

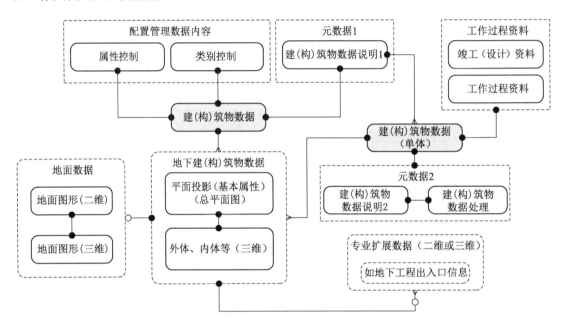

图 2-14 地下建(构)筑物数据及相关内容和关系

4. 数据关系

地下建(构)筑物数据及相关内容和关系如图2-14所示。

其中,图 2-14 所示的建(构)筑物数据是指现状数据集,建(构)筑物数据(单体)指的是单个地下建(构)筑物;元数据 1 描述现状数据集,元数据 2 描述单个地下建(构)筑物数据。

单个地下建(构)筑物数据的属性变化过程如图2-15所示。

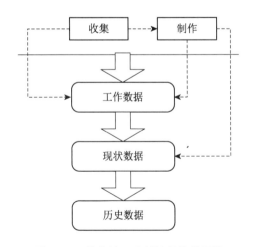

图 2-15 单个地下建(构)筑物数据的属性变化过程

2.6　主要管理和服务功能

城市地下空间信息基础平台的功能主要归结为管理和服务两个方面。

2.6.1　平台主要管理功能

城市地下空间信息基础平台需要具备自我管理的能力,这些能力主要包括:对数据的管理能力、对平台用户的管理能力、对平台事件的管理能力、对平台运行状况进行监控的能力以及对平台各种情况进行统计分析的能力。

2.6.1.1　数据管理功能

平台存储了大量甚至海量地下空间数据,对数据的管理是平台最重要、最基本的功能。一般情况下,建设城市地下空间信息基础平台,数据管理至少应包括资料数据管理、空间数据管理和元数据管理功能。

1. 资料数据管理功能

平台存储了大量不同格式的矢量数据和栅格数据,形式可以有文字、图形、图片和视频等,资料数据管理功能主要包括:

(1) 可以根据具体的资料数据量,用文件形式或者二进制形式对资料数据进行存储,并且提供资料查询和统计模块,用于资料的定位和内容分析。此外,由于资料数据数量多,分类繁杂,其存储设计应当结合硬件架构进行优化。例如,以文件形式存储海量资料数据,可考虑将文件放置在 NAS 磁盘阵列上。

(2) 可以根据资料管理人员、制作人员、应用人员等不同角色对资料的使用要求、资料访问权限进行设置,并在资料访问过程中对资料访问行为进行控制。

2. 空间数据管理

空间数据是平台最核心的数据,包括管线、地下建(构)筑物等在内的,以二维、三维等形式存储的各种数据。空间数据管理的主要功能包括:

(1) 数据查询和调用能力。该能力是平台管理用户浏览数据的基础。

(2) 数据副本制作的能力。用于将数据从数据库中导出使用。

(3) 数据维护的能力。城市地下空间信息基础平台数据的持续维护,是平台生存的基本条件,需要平台能够从技术上做好数据维护工作。

(4) 数据版本管理的能力。由于数据维护过程的存在,数据会产生很多历史版本,平台应当具备版本管理甚至版本回溯功能。

3. 元数据管理

平台元数据的管理功能主要包括:元数据的添加、删除、修改属性、变更、查询、统计、使用情况分析等。

2.6.1.2 用户管理功能

城市地下空间信息平台用户按照应用特征和访问方式大致可分为平台管理用户、应用访问用户和接口服务用户三类。对每一类用户都需配备不同的管理功能。

1. 平台管理用户

平台管理用户是平台内部用户，具体身份为平台的各级管理人员，一般承担数据的调配、维护职责和数据应用审批及用户身份审核等职能，整体而言，权限较高。平台对于该类用户配置的操作功能应当严格对应具体的职能权限，并有严格的约束措施。

2. 应用访问用户

应用访问用户是指直接通过平台提供的服务功能访问平台的外部用户。服务功能一般分对象、分级别定制，并且这类用户的数据应用都有规定的范围和内容。一般情况下，应用访问用户的信息必须录入平台进行统一管理。

3. 接口服务用户

接口服务用户一般为通过接口或服务访问平台的应用系统（或程序），最终用户信息一般由应用系统（或程序）运行管理单位管理。对此类由第三方开发的应用系统（或程序），应考虑从访问平台接口和服务的应用程序标准上加以规范，可以要求应用系统（或程序）访问平台时携带最终用户信息，以便备案和统一管理。

2.6.1.3 事件管理功能

事件管理最核心的功能就是记录"何人何时从何地登入系统，做了何事"。平台应当具备自动监控并记录用户行为的机制，并且确保这些记录可查、可分析。

2.6.1.4 运行监控功能

所谓运行状况监控，主要是对平台运行服务过程中硬件、网络等资源状况进行监控，及时发现问题并触发预警机制。有条件的还应根据监控结果提供可伸缩的硬件和网络资源。

2.6.1.5 统计分析功能

城市地下空间信息基础平台应当具备针对上述四类管理进行多种统计、生成各式分析报表的能力，向平台管理人员提供决策支撑。

2.6.2 平台主要服务功能

应用的建设是一个长期的过程，在这个过程中，必须时刻遵循面向用户需求的原则，才能保证应用接口建设的成果。从目前情况来看，绝大部分的应用需求还停留在信息获取上，然而，随着地下空间开发利用和管理水平的不断提高，单纯的信息查询终将无法满足需要，应以平台应用建设为契机，梳理行业需求，整合信息资源，不断完善平台数据与软件架构，提高满足平台应用业务需要的能力。在此基础上，平台应用接口建设结合业务需要，由适应管理信息系统建设逐步过渡到适应决策支持系统建设,增强平台辅助决策的支持功能,提高平台辅助科学规划、有效利用地下空间的能力,提高平台辅助处置地下空间突发事件的能力。

2.6.2.1 平台应用重点领域

城市地下空间信息基础平台的应用重点主要是在行业、专业的综合性领域,就目前而言,有以下几个方面。

1. 城市管理与应急处置

城市地下空间信息平台能够支撑城市地下空间事故发生时的应急处置。例如,当燃气发生泄漏时,帮助现场处置人员定位最近的阀门;当城市地下公共场所发生火灾时能够帮助处置人员开展紧急疏散工作。对于政府管理部门,这些功能是其需求最为迫切的功能。这要求平台能够面向城市管理和应急处置提供多种信息应用服务和专题分析功能,同时还应满足处置人员现场查询、分析的需求。

2. 地下综合管线建设与管理

地下综合管线建设和管理对平台应用的功能需求包括:建立分布式的管线数据库,构建共享的城市级管线综合平台以及充分满足特性管理需求的专业数据库、专业业务信息库,实现城市、专业管线单位两级数据库之间的信息融合,完善专业管网信息系统的社会服务功能。

（1）能够在平台上提前了解道路施工规划和计划,便于安排管线改造施工,便于采集管线数据,减少管线公司的资金投入。同样对道路施工可能影响的设施提前做好定位和保护工作,避免设施的埋没。

（2）通过平台中现势性较高的数据了解管线施工时,是否会对其他管线造成影响,提供城市地下管线工程对其他管线的查询与避让、地下空间利用率的查询等功能,从而减少外力损坏事故的发生。

（3）建设平台的数据提供和查阅者的身份确认及管网数据的安全保障体系,实现对各大管网公司资产的保护。

针对地下综合管线数据的平台应用接口应当满足以下几点:

（1）允许根据应用的用户特征制订数据访问权限,防止越权使用;

（2）原则上不允许专业管线公司之间互相访问数据,但是平台可以统一开发排管应用服务,处理各专业管线公司管线敷设计划合理性问题;

（3）道路施工信息调用,平台允许各专业管线公司将各自的道路施工信息上传至平台,共享给其他专业单位,以合理安排掘路申请。

3. 地下工程建设管理

面对城市地下空间开发向综合化、规模化、集约化、深层化和一体化方向发展的趋势,在地下空间综合管理工作逐步深入的背景下,从加强地下工程综合管理,提高地下空间安全使用水平,推动地下空间可持续发展的角度出发,可以对城市地下空间信息基础平台建设提出新的需求。城市地下空间信息基础平台的应用对象包括政府管理部门、涉及地下空间开发利用的设计、建设单位以及有关的科研院所。在政府管理部门中,各个部门出于管理职责的不同,对地下空间信息的需求也有所不同。因此,平台可根据不同的信息应用对象,提供通用和专用两类信息。

通用信息主要指地下空间的物理属性信息,包括地下空间基本信息、地质情况信息等,这些信息适用于大多数地下空间管理部门,也是地下空间管理信息的基础。对于这些信息,要求信息采集口径统一,信息更新及时,信息查询方便,对数据的精度要求不是很高。

专用信息主要指各部门根据职责对地下空间进行专业管理时所需要的信息。对于这方面的数据,信息平台不需要全部提供,只要提供数据接口和信息连接。信息使用者可以通过接口和连接找到所需的数据,满足管理的需要。因此,信息基础平台需要对这些专业数据的格式进行必要的统一,便于数据的交换。

此外,由于地下工程的信息数据部分涉及国家机密,甚至关系到国家安全,因此,地下空间信息基础平台在信息数据的使用和交换时要特别注意数据的保密。信息基础平台可以采用多种方法对地下空间信息的应用对象、使用方式等进行必要的控制。一是对应用对象进行分类,采取权限控制的方法对不同用户的信息访问权限进行控制;二是对数据信息进行物理隔绝,对部分保密要求高的信息采用系统中另行存放的方式,使用这些信息访问需要特别的授权。

因此,面向地下工程管理的平台应用接口应当满足以下几点:

(1) 提供访问平台三维地下建(构)筑物信息的应用接口,根据用户的不同级别或不同需求,可以调用不同层次的数据;

(2) 提供专业管理信息访问接口;

(3) 应特别注重安全建设,对于重要的涉密地下工程信息,不应通过接口向应用开放。

4. 地下空间规划与设计

为更好地支撑地下空间规划与设计工作,平台应当涵盖表2-4所示的信息资源。

表 2-4　　　　　　　　　　平台信息资源

信息资源	分类	内容	备注
地质资料	水文地质		根据水文地质和工程地质两方面因素作出地下空间适建性评价
	工程地质		
现状建(构)筑物(包括大型市政工程设施、交通设施等)		建(构)筑物位置	区位、周边环境、土地使用性质、地面建筑概况
		建(构)筑物范围	连通方式、连通位置
		使用性质	内部功能分布
		建设深度(层数)	各层底面标高
		建筑状况	建设年限、建筑质量、桩基形式和深度、基坑围护结构等
		权属及管理者	开发投资人、建筑承包商、现状所有人、物业管理公司等

续　表

信息资源	分类	内容	备注
市政设施	场站	类型	
		位置及范围	
		埋深	
		权属	
	管线	类型	
		位置及走向	
		埋深及管径	
		权属	
建设动态		在建和已批项目的建设情况,对周边环境和建(构)筑物的影响	对在建项目以竣工图或施工图的形式纳入信息库备查,对已批项目单独建立规划动态数据库,进行实时追踪

城市地下空间信息基础平台建设的主要任务之一是构建一个真三维的城市地下空间可视模型,并实现三维空间分析,这点对于地下空间规划来说十分重要。但是对于城市规划管理来说,地下建(构)筑物三维模型以外的其他附属信息同样重要,同时三维模型在建立的过程中,由于技术或其他原因难免存在误差,在信息平台三维可视化的基础上可以建立相关附属数据库(档案类、索引等),保留原始完整的项目资料,主要是指形态以外的权属、管理者、使用性质、建设年限、建(构)筑物质量等资料。

因此,面向地下空间规划与设计行业,平台接口的设计应着重考虑如下因素:

(1)提供按区域访问地下空间各种信息数据的接口,加强接口调用的安全控制,如引入高级别身份认证等;

(2)提供访问地下空间对象属性表的接口;

(3)在规划和设计中,对分析的要求比较高,而且分析种类繁多,因此,开展分析服务接口建设势在必行,平台应提供地下空间三维分析服务接口和功能接口,如隧道分析、地质切片分析等,用户在自行开发的应用中可直接调用这些接口,获取分析结果。

2.6.2.2　平台信息共享与服务体系

城市地下空间信息基础平台是地下空间综合信息的服务中枢,应面向涉及地下空间开发利用的各类用户,建立多方位、多层次和多形式的地下空间综合性信息服务架构。

根据平台用户不同权限和对服务的不同需求,平台在信息服务方式和服务范围上均存在区别,如何合理规划平台信息共享服务体系,在用户权限范围内提供最优化的服务,是平台建设的一个重要课题。基于用户特征,可以按照其不同的应用需求分层次地提供应用接入服务、数据提供服务、数据浏览服务、咨询服务和科普知识宣传服务。各类用户对应服务内容如图 2-16 所示。

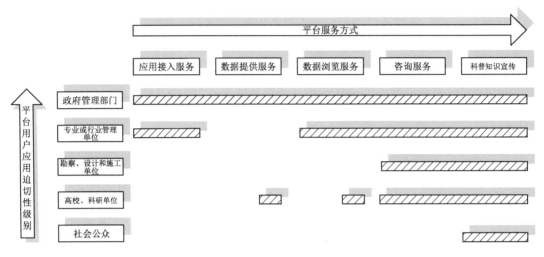

图 2-16 平台服务体系示意图

1. 应用接入服务

应用接入服务是一种平台向政府管理部门和行业、专业管理单位提供服务的重要形式。用户可根据本行业的需求，自行开发针对本行业业务的信息系统，其中对地下空间的数据访问或数据分析需求，可通过平台应用接口，按照相应的规范进行"间接"访问。应用接入服务的构建，既保证了平台数据的安全，同时也最大程度地满足了用户的需求，是平台今后服务的主要形式。

2. 数据提供服务

数据提供服务主要指用户通过光盘或 U 盘等介质从平台直接获得复制数据的服务。用户可以将获得的数据应用于自行开发的系统。数据提供需要经过服务申请、审批和签订用户使用协议等手续。通常只有政府管理部门或为政府科研项目开展研究的机构才可以获得此类型的服务。

3. 数据浏览服务

数据浏览服务主要通过设置在平台共享服务系统中实现浏览功能。用户可以在规定的网络环境中浏览系统定制的地下空间数据专题图，如综合管线分布图、工程地质钻孔分布等，并且可以在权限范围内查询信息。

4. 咨询服务

城市地下空间信息平台是一个具有分析功能的系统。通过平台的分析功能可以对地下空间海量信息进行分析处理，从而提供间接的基于平台数据的综合分析成果，为管理部门提供决策的依据。例如：通过叠加分析不同地质要素或图层，辅助生成专业地质图件；根据拟建工程线路自动生成工程地质剖面图，分析对周边地下建(构)筑物和管线的影响，统计拟建工程沿线地质参数，生成各类地质等值线图、综合要素图等；提供方便的空间查询、统计功能，自动生成各类图表和图件;建立各年份地形数字高程模型(Digital Elevation Model，DEM),模拟地面沉降对城市防汛、轨道交通运营等方面的影响过程。

5. 科普知识宣传

平台还可以基于科学知识普及的需要,向社会和市民宣传地下空间开发利用的重要性和紧迫性,提高全社会对地下空间开发利用的认识水平。

2.6.2.3 平台信息共享服务技术路线

平台信息共享服务主要通过平台共享应用和共享应用接口两种方式进行。

1. 平台共享应用

平台共享应用是由平台建设单位建设的,是用于城市地下空间信息浏览、查询、统计和分析的应用系统。用户可以通过网络直接访问共享应用,获取地下空间信息。对于用户来说,使用共享应用,理论上仅需一台可以上网且安装浏览器的电脑即可。因此,对平台用户来说,使用共享应用是一种成本低、操作便捷的获取地下空间信息的方式。但是这类系统一般比较通用,主要面向用户反映地下空间占位、地质信息等,在不进行定制的情况下,这类系统很难直接用于专业应用。可以在平台服务的过程中,一方面不断征集用户意见、建议,另一方面通过平台应用服务的记录分析,逐步扩充定制功能,对数据进行深度挖掘。

2. 共享应用接口

近年来,信息共享应用在开发方法上比较注重二次开发接口,由此可供最终用户增加定制功能,也便于共享信息与用户原有业务系统的结合,一定程度上扩大了共享信息的应用范围。

应用接口是平台对外服务的高级形式,是建设公共数据平台的最终目的。其主要手段是借助信息化工具,将地下空间信息平台的数据安全地、高效地、有针对性地发布给第三方应用,由用户自行决定数据的使用方式,在这里有必要对应用接口的三个特性作一下介绍:

(1) 安全性。建设数据平台是为了共享数据,但是共享数据必须循规蹈矩,对于涉及地下空间的信息更是如此。接口是访问数据的渠道,其安全控制关系到整个平台的安全,需要切实保障用户对数据资源的权限内访问,需要努力清除接口开发时存在的软件漏洞,需要通过各种硬件安全措施监控、审计和阻断黑客攻击。

(2) 高效性。从本质上讲,应用接口向用户提供的服务,其计算压力将停留在平台服务器上,因此,平台在一定意义上也可以说是提供了"云计算"的能力。这就要求平台在计算效率上能够跟上第三方应用程序的速度,这对平台的建设是一个不小的挑战。

(3) 有针对性。用户对平台提供信息服务的要求是个性化的,不同的用户需要的数据可能不同,或对数据的精度要求不同,或对数据的使用形式不同。城市地下空间信息平台的建设应当针对这些"不同"而开展定制化、个性化的接口服务。

2.7　平台建设的基本模式

城市地下空间信息基础平台是以整个城市为覆盖范围进行数据建设和应用服务的综合性平台,其综合性体现在:汇聚信息内容的多样性;信息建设的多渠道;信息应用的多主体。由此,增加了城市地下空间信息基础平台的建设难度。总体来讲,城市地下空间信息基础平台的参与主体主要包括两类:政府部门和专业单位。

1. 政府部门

在国内,政府管理部门是综合性信息平台建设"天然"的主导单位。一方面,政府管理部门对于综合性信息平台的应用需求最迫切。例如,规划管理部门希望具备支撑城市地下空间规划的各类综合信息;市政管理部门安排掘路计划时需要同时安排管线入地计划,发生重大管线事故时应急处置部门需要根据管线情况及时采取措施;等等。这些需求是政府管理部门参与建设城市地下空间信息平台的主要动力。另一方面,政府管理部门具备相应的管理资源,与之结合可以保障地下空间信息维护工作顺利开展。此外,政府管理部门可以协调平台建设相关单位之间的关系。因此,政府管理部门领导或主导建设城市地下空间信息基础平台是国内最常见的模式。

2. 专业单位

专业单位统指包括给水、排水、燃气、通信、电力、热力等在内的各专业管线单位和城市建设档案及地质资料管理等与地下空间设施、地下空间环境相关的单位,包括地下空间相关资料的管理单位。这些单位管理城市地下空间某一类或几类要素或者要素的资料,是城市地下空间信息平台建设不可或缺的参与主体。在平台建设中,专业单位一方面可以发挥专业优势,提供相关地下空间数据的资料,并给予地下空间数据建设必要的专业支撑,另一方面,可以协助建立城市与城市地下空间专业平台与信息基础平台之间的衔接,从而满足专业数据与平台数据的一致性和互通需要。

城市地下空间信息基础平台如何建立,与城市的管理体制和机制有很大关系。如日本大阪、美国纽约由政府部门主导建设综合性或单要素城市性地下空间信息平台;在加拿大、中国香港地区,由专业单位联合构建城市地下空间信息平台。从包含的地下空间要素来看,多数涵盖的主要是地下综合管线,而目前国内城市中地下空间信息平台的建设也主要集中在地下综合管线方面。

根据我国现行的管理体制和机制,由政府部门主导,有专业单位参与的建设模式具有一定的优越性,国内多个城市由政府主导建立地下综合管线数据库的事例可以证明这一点。目前状况下,建设城市地下空间相关信息平台需要关注的问题有以下几个:

(1) 改变要素系统建设居多,应用综合性不强的状况

主导城市地下空间信息平台建设的政府管理部门从自身职责出发,可能会更加关注地下空间开发利用的某个要素,因而,平台可能主要围绕该要素建设,从而忽略其他信息。目前,国

内地下空间信息平台的建设基本上都是单要素的建设,如重庆市地下综合管线系统、厦门市地下管线管理信息系统、武汉市 GIS 管网信息系统、珠海市地下管线数据共享等都只对地下管线进行信息化管理。

政府部门已经意识到面向综合应用的必要性。不管是政府决策、专业单位的业务办理还是社会大众对地下空间信息的要求,都不只是单要素的需要,而是众多信息的有效综合。国内许多城市已开始建立综合信息平台,未来面向综合应用。即便如此,这种综合性依然是不够的,需要进一步加强统筹管理。尤其是城市地下空间规划、建设和管理更加需要全面整体的综合性信息的支撑。

（2）完善相关政策法规

国内在保障地下空间信息共享方面制定有相应的政策和法规,但缺乏完整的政策法规体系。在政策方面应形成保障信息共享的完整的政策体系,包括投资政策、经营政策、价格政策、安全保密政策、信息保护政策、鼓励竞争政策、认证和质量监督政策、责权协调政策和分类管理政策等内容。完整的法规体系则应包括投资市场法规、地理信息著作权管理法规、数据使用责任管理法规、共享安全管理法规和技术层面法规等。

（3）制定平台数据建设的统一规范

地下空间数据建设并使其保持现势性是一项长期任务。要想保证数据内容、质量的前后一致性,必须有统一的标准进行规范。基于基础条件不同,城市各空间数据权属单位对其数据的管理方法和管理水平不同,有的建立了本专业的数据管理系统,有的还没有建立本专业的数据管理系统。已有系统因建立时间先后不同,采用的技术方法及遵循标准不一样,不同系统之间数据信息共享困难。作为综合信息平台,有必要制定数据建设的统一标准规范,一方面用于平台数据建设,另一方面用于以平台为中间媒介的专业基础数据交流。

（4）改革相关管理体制

地下空间信息化需要合适的管理体制支撑,从城市地下空间信息基础平台建设和应用的角度看,相关管理体制是缺乏或不完善的。例如,在地下管线数据建设和应用方面,国内有近百个城市通过地下管线普查的方式建立了综合地下管线信息管理系统,但在地下管线普查之后,由于缺少系统规划、缺少约束机制、动态更新方式存在缺陷、没有考虑各管线权属单位的利益、动态更新的资金没有保障等原因,致使真正做到对地下管线进行动态有效更新的城市很少。因此,在建设城市地下空间信息基础平台时,应该同时考虑相关管理体制的建设,从而保障平台建成后可以持续有效地运行。

2.8 运行管理机制设计

在城市地下空间信息基础平台基本建成之后,为确保平台科学、有序、健康、高效和可持续地运行和管理,运行管理机制设计的要点如下:

（1）理顺地下空间信息基础平台管理机制和体制,建立地下空间信息基础平台运行和管理的高层协调机构、办事机构和运行与维护机构,明确各级机构的职能,实现平台运行维护的科学管理。

(2)确立地下空间基础信息安全保密原则,制定地下空间数据共享政策,建立地下空间数据安全使用制度,明确地下空间信息基础平台相关主体的义务和权利。

(3)明确地下空间基础数据采集和维护流程,制定相应的政策和制度,做好平台的数据管理,保障平台数据的准确性和现势性。

(4)建立地下空间信息基础平台应用和服务政策、规范和流程,面向政府管理部门、行业及专业应用单位以及普通社会公众开展数据共享和信息咨询服务。

2.8.1 平台运行管理的目标、原则和任务

2.8.1.1 管理目标

从城市地下空间信息基础平台的建设目标来看,管理目标非常明确。具体来说就是,通过管理机制创新与法规建设,构建健全的城市地下空间信息基础平台运行管理体系,明确管理职能,完善协调机制,建立与城市地下空间开发利用需求相匹配的信息化平台管理机制以及基础运行环境,确保平台的正常运行与服务。

2.8.1.2 管理原则

为了保障管理目标的顺利实现,城市地下空间信息基础平台的管理应该体现"统一规范,协同管理,分工负责,保证安全"的原则。

1. 统一规范

为了保障平台科学、有序、健康、高效和可持续地运行,必须建立平台完整的管理和技术规范体系,不仅包括管理上的规章制度,也包括技术上的标准规范。要保障平台在统一规范要求的指导和约束下运行维护。

2. 协同管理

平台管理是多方位、多层次的,其中包括管理层的监督管理、运行层的维护管理、应用层的服务管理,需要平台主管部门、运行维护机构、数据提供单位、服务提供单位和用户单位协同配合,建立平台协同管理的机制,做好平台的管理工作。

3. 分工负责

平台管理涉及多个层次、多个方面,需要协调多个利益主体,平台的管理需跨越行政、技术、服务多个领域,这就决定了平台的管理不可能是一家大包大揽,必然是多层次分工负责的管理体系,需要在明确管理内容、管理对象的基础上,明确参与平台管理的各相关单位和部门的管理职责,分工负责、共同管理,保证平台的正常运行。

4. 保证安全

为了保障平台科学、有序、健康、高效和可持续地运行,必须加强平台运行安全和信息安全的管理工作,保障平台在安全可靠的环境中运行。

2.8.1.3 主要任务

城市地下空间信息基础平台运行管理的主要任务是:协调平台运行管理中的组织机构、数据、安全、应用服务之间的关系,确保各个环节的顺利推行。

平台运行管理协调的主体有:建设主管部门、城市规划部门、城市测绘管理部门、城建档案部门、民防部门、房屋管理部门、地下管线权属单位、地质专业部门、建设勘察设计单位以及通信、电力等全国性国有控股公司等。

平台运行管理需要明确这些主体之间的责、权、利关系,如数据提供单位和数据使用单位之间的权利和义务以及利益分配等。

2.8.1.4 主要内容

平台运行和管理的主要内容归纳总结为平台数据管理、平台运行维护管理和平台应用服务管理。

数据是平台的核心,数据的现势性是平台的生命力。平台的数据管理就是针对平台地下管线、地下建(构)筑物和地质数据,明确管理内容,制订管理措施,保证平台数据的准确性、现势性,从而保障平台持续有效地运行。

运行维护是平台正常运行的基本保证。平台运行维护管理主要是针对实体平台,对平台数据库和软、硬件运行环境等,明确管理内容,制订管理措施,保障平台运行的可靠性和维护的及时性,从而保障平台健康有序地运行。

应用服务是平台运行的最终目的。平台的应用服务管理就是针对平台的服务和应用扩展,明确管理内容,制订管理措施,保障平台应用服务的有效性和安全性,从而保障平台科学高效地运行。

为了做好平台的运行和管理,落实上述三项管理内容,必须研究建立相应的平台运行管理机制,包括平台的运行管理办法和一系列有针对性的制度、规定等,作为平台日常运行管理的依据。主要包括以下几个方面的内容:

(1)平台数据维护机制。研究建立切实可行的数据维护机制和流程,保证数据的现势性;同时合理划分数据的保密级别,制定数据的价格政策,促进数据的共享和交换。

(2)平台运行和维护工作制度。研究制定平台运行维护的工作制度和技术标准规范,确保平台有序、健康运行。

(3)平台应用服务和信息共享机制。研究确定平台服务的内容、范围、流程和方式等,制定相应的信息共享政策和规定,推进平台的应用扩展。

(4)平台管理体制。研究制定平台管理体制,建立多层次的、多方参与的平台管理、协调、监督体制,明确职责,确保平台的正常运行与服务。

(5)平台安全机制。研究确定平台数据的安全等级以及平台安全保障措施,制定平台数据共享和应用服务中的安全规定等。

2.8.2 平台数据管理

数据是城市空间信息基础平台运行管理的核心,平台数据管理的对象主要是地下管线、地下建(构)筑物和地质三类地下空间数据。平台数据管理的范围涵盖平台的核心数据库和各分支数据库,而平台数据管理的要素主要包括标准、技术、质量和安全等内容。

数据管理是平台管理的核心问题,必须重视和加强数据管理,建立相应的数据管理机制、具有操作性的数据管理办法以及相应的管理流程。数据管理的重点是数据质量管理和数据安全管理。

2.8.2.1 数据质量管理

数据质量是数据的生命。平台建设维护中涉及的数据或资料持有单位,应保障所提供数据和资料的准确性、完整性和精确性。平台应确立数据质量审核评估制度来保障数据质量。数据质量管理主要包括以下几个方面:

(1) 几何精度,指地下空间数据的坐标数据与真实位置的接近程度,常以空间三维坐标数据精度表示。包括数据基础精度、平面精度、高程精度、接边精度、形状再现精度(形状保真度大小)、像元定位精度(分辨率)等,其中平面精度和高程精度又可分为相对精度和绝对精度。

(2) 属性精度,指地下空间数据的属性值与其真值接近的程度或属性值的正确性,包括要素分类与代码的正确性、要素属性值的正确性及名称的正确性等。属性精度通常取决于数据的类型,且常常与位置精度有关。

(3) 逻辑一致性,指数据关系上的可靠性,包括数据结构、数据内容、空间属性和专题属性,尤其是拓扑性质上的内在一致性。

(4) 时间精度,即数据的现势性。可以通过数据采集时间和数据更新的时间与频度来表示。

(5) 数据完整性,指存储在数据库中的数据的一致性和准确性,元数据完整性、参照完整性、域完整性、用户定义的完整性等。

针对以上质量管理的内容,需要建立质量审核和评估制度。平台运行管理单位应对数据采集、数据使用、数据更新、数据分发服务等整个数据管理过程进行数据质量的控制。

平台运行管理单位应对各单位提供的数据进行质量审核和定期评估,质量审核不通过或评估较差的,应要求其重新提供。参与平台数据调查、整合制作的单位应保证所承担工作符合规定的质量和精度要求,组织单位应对数据调查、整合制作的关键环节进行质量审核,并对整体质量进行评估。质量审核不过关或评估较差的不能通过最终验收。

2.8.2.2 数据安全管理

数据安全是平台的基本保障。只有具备了完善的数据安全机制,才能开展平台数据维护更新和应用。数据安全机制主要涉及平台数据安全密级划分、平台数据安全应用等。

1. 平台数据安全密级划分

城市地下空间信息基础平台的数据包括地下管线、地下建(构)筑物和地质数据。地下建

(构)筑物数据的密级可以按照《城乡建设档案密级划分暂行规定》进行划定,未作明确规定的数据视为内部数据。

对于数据而言,保密和应用是对立统一的一对矛盾体。从防止泄密的角度出发,平台不应当涉及任何保密的数据;但是从应用的角度出发,平台应当拥有尽可能完整和详尽的地下空间数据。

经过应用需求调研和分析,建议采取下列既满足平台基础应用和服务的需求,又满足平台数据保密要求的数据应用方式:城市地下空间信息基础平台采集、存储、管理"内部"及"秘密"级别的地下建(构)筑物数据,"机密"及"绝密"的地下建(构)筑物数据由数据权属单位负责采集、存储和管理,平台仅收录其元数据。城市地下空间信息基础平台采集、存储、管理全市的地下管线数据和基础地质数据。

2. 平台数据安全总体要求

平台数据安全的总体要求从存储、应用的角度出发,主要包括以下三项:

（1）存储环境要求

上述"内部"数据应存储于内部网络中,"秘密"数据应存储于与外部物理隔绝的独立局域网中。

（2）数据保密要求

在上述数据的采集、存储、管理、使用及其应用扩展过程中,应按照《中华人民共和国保守国家秘密法》等法律法规的要求,做好相应的安全及保密工作。

按照《中华人民共和国保守国家秘密法》,对不同密级的地下空间基础数据规定使用范围和应采取的保密技术措施。

（3）数据应用服务安全要求

应采用用户身份认证制度和访问授权提供网络数据服务。应合理限制用户权限,只有合法授权用户才可以有效地访问权限范围内的数据。

应严格数据服务的审核备案制度。数据使用单位应填写数据使用申请、签订数据使用协议,并按照承诺使用数据。

应制定平台内部的管理规定和制度。操作人员在日常运行管理中应严格遵守数据操作规章制度,按计划进行数据备份。

2.8.3 平台运行维护管理

平台运行维护管理主要指对平台运行和维护过程的日常管理,包括平台运行维护技术管理和安全管理两项内容。与之相应,必须建立平台运行维护日常工作制度和平台运行维护安全机制,来保障平台运行维护管理的顺利、有序实施,进而保证平台的稳定、安全运行。

2.8.3.1 运行维护日常工作制度

城市地下空间信息基础平台是地下空间信息资源汇聚的无形平台,同时也是由软件、硬件集成的有形平台。平台运行维护的技术管理是针对有形平台在信息技术方面的管理。

平台运行维护管理可以划分为两个方面,一是技术层面的内容,二是工作制度层面的内容。平台运行维护管理技术层面的内容,在平台标准和规范建设中已经有所涉及,这里主要从工作制度的角度出发,探讨如何建立平台运行维护的工作制度。

平台运行维护日常工作制度可以分为数据库管理制度、空间数据操作制度、版本升级制度和备份制度。

1. 数据库管理制度

由于数据管理制度在"2.8.2 平台数据管理"中已阐述,这里主要从另外一个角度,补充叙述元数据、数据入库和数据库管理制度。

（1）元数据管理

平台元数据是记录平台数据实体集数据质量、更新时间、属性内容等各项基本特征的数据,也是了解平台数据的重要途径。元数据管理主要包括:编目管理、内容管理、版本管理和元数据校验等。为保障平台元数据与所描述内容的一致性,应在平台数据维护时,同步进行元数据的更新。

（2）数据入库管理

数据入库是连接数据采集和数据应用的重要环节。地下管线数据、地下建（构）筑物数据、地质地层数据应当依据平台建立的标准体系中对应的内容,转换成标准数据统一入库,统一管理。

（3）数据库管理

数据库是平台的核心,应按照平台标准,组织、存储和管理平台数据库。

2. 空间数据操作管理制度

空间数据操作是进行平台数据管理和提供数据服务的基本操作。为安全使用数据,平台应采取相应措施对空间数据操作进行约束和管理:设定用户权限,用户只能在规定的权限内访问和使用空间数据;由指定的专人进行空间数据的管理操作;在平台应用和管理系统中加入操作日志功能,记录空间数据的操作人、操作日期、操作内容等。

3. 平台版本升级制度

城市地下空间信息基础平台结构复杂,技术先进,数据密级不同,随着平台应用需求的不断变化及平台自身性质的不断变化,需要对平台进行不断的完善。因此,需要进行平台的版本升级。由于平台的功能或版本升级既要满足应用服务的需要,也要满足平台运行管理上的要求,平台版本升级必须由平台运行维护单位来负责完成,并保证技术上的先进性和可操作性。

4. 数据备份制度

数据备份有如下三种方式:

（1）完全备份（Full Backup）,即对系统文件或数据库进行完整备份,包括系统的设定、NDS、Registing Data 等,对这种方式适合存量地下空间数据的备份。

（2）增量备份（Increment Backup）,针对上一次备份后所增加的数据进行备份,这种方式比较适合新增地下空间数据的备份。

（3）差分备份(Differential Backup)，针对上一次备份后所修改的数据进行备份，这种方式比较适合经常变动的地下空间数据的备份。

数据是平台运行的核心和基础，因此数据备份就成为运行维护中非常重要的环节。数据备份必须保证完整可靠，一旦出现故障或灾难时，恢复方便快捷。平台管理者可以在此原则基础上，根据数据的总量和变化量，制订备份策略，根据地下空间数据的不同特性采用不同的方式进行数据备份。

2.8.3.2 平台运行维护安全管理

保障平台始终处于安全的环境中运行，是对平台运行维护的基本要求。总体而言，平台运行维护安全机制主要包括，建立整体安全管理体系，明确安全管理机构，制订安全管理制度、物理安全管理制度、网络安全管理制度以及数据库安全管理制度。

1. 系统整体安全管理体系

城市地下空间信息基础平台是一个综合集成系统，需要建立系统的总体安全体系，并在此基础上建立完整的组织制度和安全保障措施。安全管理体系是组织机构、人员、安全制度、安全技术的有机结合。

2. 安全管理机构

为确保城市地下空间信息基础平台正常、安全地运行，在平台安全体系中应配套建立安全管理机构，负责平台所有日常安全管理活动。其主要职责为：平台运行和安全警告信息、网络审计信息的常规分析、安全设备的常规设置和维护，根据安全策略提出具体的安全措施和实施方案，向平台管理机构报告重大的安全事件等。

3. 安全管理制度

城市地下空间信息基础平台的正常运行是依靠相关工作人员来具体保障实施的，他们既是平台安全的主体，也是平台安全管理的对象。要确保平台的安全，首先要加强平台安全相关人员的管理。

具体到城市地下空间信息基础平台中，安全管理人员包括：安全管理员、系统管理员、安全分析员、系统维护操作人员、安全设备操作员以及软、硬件维修人员等，对这些平台相关安全人员管理，要明确各自的职责，同时建立专门的安全管理组织，配备必要的专职(或兼职)安全员。安全管理组织的领导应由平台运行维护单位主要负责人担任，并报平台主管部门备案。系统的安全员由平台运行维护单位人事部门遴选，报平台主管部门备案。担任与信息安全有关职务的工作人员要保持相对稳定，必须保证时时有人在岗。根据人员安全管理制度，对工作调动和离职人员及时调整相应的授权。在工作人员调离岗位后，应对其所涉及的权限及口令等进行重新设定。每一项与安全有关的活动，都必须有两人或多人在场，一为互相监督，二为互相替补，一旦出现擅自离职的情况，仍可以保证系统的正常运行。

4. 物理安全管理

物理安全管理制度主要涉及设备安全和环境安全两个方面的内容。

(1) 设备安全

计算机硬件设备是平台运行的物质载体。因此,设备安全是平台运行安全的基础和保障。设备安全管理是最基础也是最重要的工作,可从以下几个方面来保障设备的安全:

① 为保证设备的完好率,计算机房管理人员应定期对计算机等设备做好除尘、检修等保养工作。

② 建立健全所有设备的维修档案,确保设备得到全面的修理和保养。同时,对各类计算机等设备的技术资料、图纸实行归档管理。

③ 遵循先检查处理、后考虑外出维修的原则。凡需外出修理的计算机等设备均应填写外出修理设备申请单,并提交平台管理单位审核。

(2) 环境安全

环境安全是指平台运行所处环境的安全,主要是机房安全,涉及安全防盗、安全防火等问题,要注意以下几点:

① 保持机房干净整洁,不准将易燃、易爆物品和杂物带入机房。

② 使用计算机的各类人员,要严格遵守操作规程。

③ 任何人不得在计算机房吸烟和动用明火。

5. 网络安全管理

平台网络安全管理制度,主要涉及网络设备安全和病毒防治两方面的内容。

(1) 网络设备安全

网络设备可以分为两大类:以连接功能为主的互联设备,包括集线器、网桥、路由器、交换机、网关等;以安全防护为主的设备,包括防火墙、入侵检测设备等。在实际应用中这些功能往往是集成的、不可分的。城市地下空间信息基础平台是一个复杂的网络系统,拥有上述两大类网络设备,为此首先需要对独立的网络设备进行安全配置,其次要建立针对攻防技术的设备安全与协同配置策略,以保证网络运行环境的高可靠性。

(2) 病毒防治

针对目前日益增多的计算机病毒和恶意代码,根据所掌握的这些病毒的特点和病毒未来的发展趋势,为了更好地防治病毒,平台运行维护单位应该根据具体情况制订病毒防治策略,做好病毒防治工作,具体包括以下内容:

① 建立病毒防治的规章制度,严格管理;

② 建立病毒防治和应急体系;

③ 进行计算机安全教育,提高安全防范意识;

④ 对系统进行风险评估;

⑤ 选择经过公安部认证的病毒防治产品;

⑥ 正确配置、使用病毒防治产品;

⑦ 正确配置系统,减少病毒侵害事件;

⑧ 定期检查敏感文件;

⑨ 适时进行安全评估,调整各种病毒防治策略;

⑩ 建立病毒事故分析制度。

6. 数据库安全管理

数据管理是平台运行管理的核心,因此,数据库的安全是平台运行安全管理的重中之重。数据库安全管理主要包括数据操作安全和数据网络安全。数据操作安全是指平台运行管理和操作人员在数据操作过程中的安全管理问题,如数据修改、数据误操作、数据泄漏、数据误删等一系列数据安全问题;而数据的网络安全是指数据库的网络运行安全问题,如数据传输泄密、数据被盗等。数据库安全管理主要包括防火墙技术、用户安全管理、信息加密技术的应用等。

7. 用户安全管理

为了实现数据库的安全管理,保证地下空间信息的安全共享,平台设置用户管理功能,针对不同的用户,提供不同的信息访问权限。可考虑通过以下的功能实现来保证数据库的安全管理:

(1) 用户身份认证功能。系统实时动态地对用户的账号、IP 地址、MAC 地址、交换机端口、交换机位置五元素进行捆绑认证,支持用户漫游及固定地点上网认证。

(2) 用户日志审计功能。记录用户每次登录的地点、用户计算机的 MAC 地址、IP 地址、用户上网的起始与结束时间、产生的流量等日志。记录用户上网期间访问的 IP、端口、每次访问的流量等信息,并提供事后审计功能。

2.8.4 平台应用服务管理

应用服务是平台的建设目的。为了保障平台应用服务的有序、稳定、健康运行,必须建立科学、合理、切实可行的平台应用服务和信息共享机制。平台应用服务和信息共享机制主要包括用户权限及服务内容审核管理、应用服务流程和应用服务制度等内容。

2.8.4.1 内容审核管理

1. 用户权限管理

平台服务的主要对象为各级政府管理部门和相关的规划、设计和工程单位。

数据保密要求较低的数据,其用户对象为各级政府管理部门及与地下空间开发利用相关的规划、设计和工程单位。数据保密要求较高的数据,其用户对象为各级政府管理部门和经平台主管部门确认的规划、设计和工程单位。

平台管理单位应负责平台的用户管理,包括用户注册、批准注销和权限管理等。

2. 服务内容审核管理

为保证平台数据安全合理的使用,平台应对服务内容进行审核。用户提出数据使用申请时,应提供相关规划、建设或工程批文等文件资料作为依据。

内容审核依据平台管理办法实施细则,一般由平台运行管理机构承担,如需提供共享应用接口服务或数据提供服务并涉及范围较大时,还需获得地下空间信息化办公室的批准同意,并另行签署数据使用协议。

2.8.4.2　服务责任管理

平台数据应用的安全责任是指在数据信息共享服务过程中,不同角色应承担的安全责任。下面从数据应用的提供者、管理者和使用者三个方面分别阐述。

1. 数据提供者责任

数据提供者是一个整体概念,包括地下空间信息基础平台数据采集、制作、集成过程中每一环节的责任主体。

对于数据提供者的安全责任,着重强调的是保证所提交数据的真实性和完整性,主要包括以下四个方面:

(1) 保障约定区域范围内数据的完整性;

(2) 保证约定数据种类和内容的完整性;

(3) 保证提交数据来源、制作方式和数据精度评价的真实性和完整性;

(4) 保证提交数据与平台约定格式的一致性。

2. 数据管理者责任

数据管理者主要指的是平台运行维护机构。

数据管理者具体责任如下:

(1) 在线数据:对于浏览、下载数据的用户信息做好备案和日志记录工作。

(2) 离线数据:对于需要邮寄的数据资料,为了避免邮寄过程中出现数据遗失或者涉及安全等问题,邮寄单位由平台指定,并且签订协议,保证数据的安全;对于直接到单位领取的数据,及时做好备案(何时何地由谁领取数据等)。

(3) 高保密级别数据:必须明确该类数据的使用条件、使用流程以及相关操作方法,在数据调用过程中必须加入人工安全干预的机制,确保高保密级别数据的使用安全;存储这类数据的系统必须与公众网络实现物理隔离。

(4) 用户操作管理:应用密码技术,建立数字认证系统,以数字认证方式统一应用系统的用户身份认证,保障信息传输、存储的完整性和机密性。

数据管理者应在规定的权限范围内从事有关作业,未经允许,不得复制或通过公开网络向外发布平台数据。

3. 数据使用者责任

数据使用者指的是平台所有的用户,包括在线和离线、直接和间接的用户。

数据使用者具体责任如下:

(1) 未经允许不得以任何方式将平台数据或者由平台数据经单位换算、介质转换或者量度变换后形成的新文件有偿或无偿向他人提供。

(2) 必须根据数据的密级,按有关保密法律法规的要求使用,并采取有效的保密措施,严防泄密。

（3）在使用数据所形成的成果的显著位置注明数据版权的所有者。

此外，数据使用者有权对数据共享服务质量进行监督，并向平台或其上级主管部门提出意见和建议。

2.8.4.3 平台服务价格管理

目前世界各个国家地理信息共享主要有市场化运作模式、公益模式及这两种模式的综合模式。城市地下空间信息基础平台主要采取非营利目的的数据共享模式，即公益模式，建议实行基本数据服务和综合数据服务分类管理。

1. 基本数据服务价格

基本数据是表达地下管线、地下建（构）筑物和地质基本特征的数据，指由平台直接收集或加工制作的数据。基本数据实行公益使用政策，对政府管理部门、科研部门实行"完全公开，无偿共享"，免费共享平台基本数据；对有正当数据需求的公司或个人则实行"按需公开，成本共享"，仅收取数据服务成本费。

2. 综合数据服务价格

综合数据是按照应用需要，对单项或多项基本数据进行统计、综合、计算加工处理后衍生出来的数据。对综合数据实行"有偿共享，保护性公开"。"有偿共享"是指在国家价格法的框架内，由数据拥有单位和用户按市场规律定价，依靠市场机制运作。"保护性公开"是指对数据的持有单位或个人，给予其一定的保护期限，在确保国家安全、数据产权和数据保护期内的权益下，由数据拥有单位决定公开的程度，数据保护期限过期后未申请延期的，则依据其数据密级由平台确定其公开方式。

2.8.5 平台运行管理保障机制

城市地下空间信息基础平台的正常运行管理，除了以上技术和管理措施，还需要组织机制、法规政策和资金的保障。

2.8.5.1 组织机制的保障

1. 平台组织机制建立的必要性

平台组织机制建立的必要性，可以从以下两个方面来阐述：

其一，城市地下空间信息基础平台是立足于地下空间基础信息共享的应用服务系统。发达国家在实施空间信息共享与服务时，都组织了由社会各阶层参与的合作伙伴关系或联盟机制，确定严密可行的整体计划和权威的协调机构，明确各组成成员的职责，从而保障空间信息共享与服务的实施。

其二，从我国的现实情况来看，地下空间的管理和地下空间信息化的管理都尚处于分散的条线管理阶段，不同的行政管理部门履行不同管理职责。由于地下空间开发利用管理的条线化，地下空间信息化应用和管理也仅停留在专业管理功能需要层面，缺少综合完整的信息资源,各相关单位和部门根据自己的需要获取信息资源,建立数据库和平台,相互间不连通,数据共享的程度也很低。

信息化的本质要求是集中、统一的资源汇聚和全面、灵活的共享服务。在实施地下空间信息共享与服务时,在城市地下空间信息基础平台的运行管理上,尤其需要实现部门间的统筹协调,打破部门间信息壁垒,统一管理、统一标准,建立统一的平台管理体制,明确管理机构及其职责,为地下空间数据共享实施提供保障。

2. 平台组织机制的总体构想

在地下空间信息基础平台试点项目的建设实践中,遇到的很多问题和难点都可以归结为一个主要原因:缺少一个明确的地下空间信息化的责任主体。平台组织机制既要能解决平台运行管理遇到的问题,也必须适应当前地下空间管理的现状、地下空间领域的现行技术水平。只有建立一个科学、合理、切合实际的平台管理体制,才能保障平台长期、高效、稳定和可持续地运行。

由于目前地下空间管理尚处在由分散的条线管理阶段逐步转变为综合协调管理的过程中,为了确保平台的建设以及之后的运行管理,首先需要明确地下空间信息化的责任主体,即地下空间信息基础平台管理的责任主体。从管理内容而言,平台管理涉及多层次、多方面的利益协调和组织管理,既涉及部门协调、法规及政策制定、资金筹措等行政方面的事项,也涉及标准规范制定、安全保密、应用系统和接口等技术方面的事项,同时还涉及日常运行和维护、提供基本的应用服务等具体事务。由于在管理内容上存在多层次的需求,平台管理责任主体的结构可以划分为行政协调、具体管理和日常运行维护三个层次。

结合实际情况,建议地下空间信息基础平台的管理责任主体由以下三个层次组成:最高层是城市地下空间信息化领导小组,主要负责确立平台运行管理的目标、方向、战略;中间层是城市地下空间信息化管理办公室,依据领导小组确定的目标、方向、战略,负责平台综合管理、关系协调和监督指导工作,在运行管理过程中协调各个单位之间的关系;底层是平台运行维护机构,具体展开平台的日常运行管理,如数据维护、平台建设、平台维护、提供服务、平台安全保障等管理。平台组织管理模式如图 2-17 所示。

(1) 城市地下空间信息化工作领导小组

地下空间信息平台的运行和维护涉及多个领域、多个单位以及多个部门,需要许多相关单位的协调合作。为了更好地促进各个不同行政部门、专业单位的协调合作,建议成立城市地下空间信息化工作领导小组来实现部门间的统筹协调和统一管理,以打破部门间的信息壁垒,保障平台顺利运行和科学管理,更好地为城市规划、建设和管理服务。

为了便于协调指导工作的落实和进行,根据行政职能部门的设置和管理职能,建议城市地下空间信息化工作领导小组由城市建设管理部门牵头,规划管理部门、民防管理部门等行政及相关专业管理部门共同参加。

平台领导小组作为平台运行管理组织中的最高层次,主要职能是:定期听取平台运行和管理情况的汇报;进行重大事项的决策和协调。

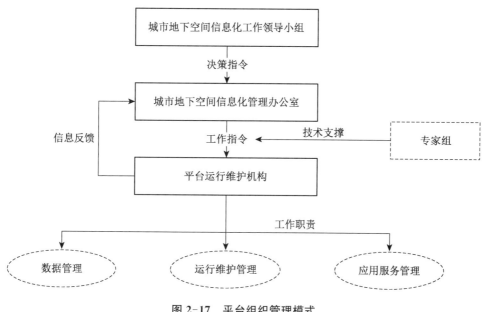

图 2-17   平台组织管理模式

（2）城市地下空间信息化管理办公室

城市地下空间信息化管理办公室是城市地下空间信息化工作领导小组的具体执行机构，承担平台综合管理、关系协调和监督指导工作。城市地下空间信息化管理办公室主要职能为：

① 批准、颁布关于平台管理的相关政策、法规和标准规范；

② 协调各级政府管理部门解决平台管理中遇到的问题；

③ 监督检查平台的管理和服务工作；

④ 筹措落实平台的运行维护资金；

⑤ 协调平台与专业平台之间的数据提供、数据共享等方面的重要事项；

⑥ 贯彻执行平台信息化工作领导小组在数据管理、运行维护管理、应用服务管理等重要环节的管理目标、管理任务、管理内容；

⑦ 组织编制保障平台运行的标准、规范，确保平台运行的资金保障，并进行平台运行维护财政预决算；

⑧ 组织编制平台运行日常管理相关制度；

⑨ 具体编制平台应用服务的内容、方式、实施办法和实施制度；

⑩ 确定平台运行维护机构，组织编制平台绩效考核制度，并定期对平台运行维护机构进行考核。

此外，城市地下空间信息化管理办公室可以成立专家组作为管理工作过程中的技术支撑。专家组可以由国内相关技术专家组成，承担项目实施过程中重大技术方案的论证、评审和验收等技术把关工作。

（3）平台运行维护机构

平台运行维护机构是城市地下空间信息基础平台的直接管理单位,具体负责平台的数据管理、运行维护管理和应用服务管理。其职责为:

① 负责平台的运行维护和日常管理;

② 组织、落实平台数据的维护更新;

③ 组织平台相关标准、规范的研究编制;

④ 承担平台对外的应用服务;

⑤ 具体实施数据采集、存储、分析、维护、质量控制和安全管理;

⑥ 制定运行过程中技术更新、人员管理、设备维护及日常管理条例。

（4）相关行业及专业部门

城市地下空间信息平台的运行维护和管理涉及许多行政管理单位、专业单位、数据生产建设单位等。平台建设和运行的最终目的是更好地为城市规划、建设和管理提供信息服务,实现地下空间信息的共享。地下空间资源是社会公共性资源,无论是什么单位,在开发和使用地下空间资源的同时,都是占有社会公共性资源,因此,这些单位有责任和义务也有能力提供地下空间占用的相关数据,促进地下空间信息的共享。

地下管线、地下建（构）筑物权属单位应按照有关的规定和各自的职责,提供地下空间数据或协助地下空间数据的收（采）集。

城市建设档案部门、工程建设管理职能部门、地质专业管理部门应对平台的数据更新和维护提供必要支持和配合。

相关行业、专业管理部门以及各地下管线、地下建（构）筑物权属单位既是平台的服务对象,也是平台维护管理的重要支撑,应积极配合平台建设,同步加强本行业、专业地下空间相关信息的积累,深化发展本行业、本专业地下空间信息的应用,成为平台发展的支撑和外延。

2.8.5.2 法规政策的保障

1. 法规体系的完善

目前,城市地下空间开发利用尚在起步阶段,在地下空间信息平台共享过程中,责、权、利划分不明确。为使城市地下空间信息平台有效地运行,地下空间信息平台共享做到有法可依、有章可循,建立一整套内容上相互衔接、体系上配套、效力上相互补充的城市地下空间信息平台共享政策、法规体系已成为当务之急。

因此,为了促进城市地下空间信息平台安全、有序地运行,应制定地下空间信息平台的相关法规和措施:

第一,在国家相关的法律、法规的基础上,结合平台建设和信息共享的实际,制定专门面向地下空间信息平台建设与运行管理的法规条款,同时也对现有相关法规进行修订,增加地下空间信息管理的条款,从而使平台运行管理有法可依。

第二,制定城市地下空间信息平台基本的管理措施,包括制定《信息共享管理规定》《数据共享工作流程》《共享数据提供协议》《数据共享用户协议》等。通过这些管理措施,保障平台数据共享安全、有序进行。

2. 相关政策的制定及落实

在与国家政策相一致的基础上,制定城市地下空间相关政策,主要可以考虑以下方面的政策:

(1)投资政策

地下空间信息化建设和地下空间信息基础平台应当主要由政府来投资。但是面对政府预算有限等实际情况,可以在政府宏观调控下,鼓励多元集资,开辟国家投资、部门投资、企业投资、个人投资、"联盟"集资等多种形式的投资渠道,界定各种投资的责权关系。

(2)认证和质量监督政策

建立地下空间基础数据生产、制作的资质审查、认证制度,规定凭许可证从事地下空间基础数据生产和制作的活动,主管部门制定完善的地下空间基础数据采集、加工处理规范标准,建立地下空间共享数据的检查和质量认证制度,不合格的数据不准共享。同时建立对地下空间共享数据进行定期抽查、定期更新和周期清除失效数据的制度。

(3)责权协调政策

主要界定和协调政府、企事业单位和社会公众在地下空间信息共享上的责任和权利,主管部门要界定相应的信息持有者和信息用户的权利与义务。

2.8.5.3 资金保障

城市地下空间信息基础平台定位是基础性、公共性和公益性的服务平台,因此,平台建设阶段考虑主要由政府出资。平台进入运行阶段后,维护资金还需要政府予以保障,但保障的方式应有所不同,应通过多渠道保障维护资金的落实。

3 地下空间信息基础平台相关技术基础

3.1 地理信息系统

3.1.1 地理信息系统基本概念与历史发展

地理信息系统(Geographic Information System 或 Geo-Information System，GIS)有时又称为"地学信息系统"。它是在计算机硬、软件系统支持下，对整个或部分地球表层(包括大气层)空间中的有关地理分布数据进行采集、储存、管理、运算、分析、显示和描述的技术系统。GIS 是一种基于计算机的工具，它将地图这种独特的视觉化效果和地理分析功能与一般数据库操作(例如查询和统计分析等)集成在一起，可以对空间信息进行分析和处理，简而言之，是对地球上存在的现象和发生的事件进行成图和分析。

地理信息系统也是一门综合性学科，结合地理学、地图学、遥感和计算机科学，已经广泛地应用在不同的领域。随着 GIS 的发展，有称 GIS 为"地理信息科学"(Geographic Information Science)，也有称 GIS 为"地理信息服务"(Geographic Information Service)。

18 世纪，绘制地形图的现代勘测技术出现，同时还出现了专题绘图的早期版本，如科学方面资料或人口普查资料。约翰·斯诺在 1854 年用点来代表个例，描绘了伦敦的霍乱疫情，这可能是最早描述地理位置的方法。他对霍乱分布的研究指出了疾病的来源——位于霍乱疫情爆发中心区域百老汇街的一个被污染的公共水泵。约翰·斯诺将泵断开，最终阻止了疫情蔓延。

20 世纪初期，可将图片分成层的"照片石印术"得以发展。它可将地图分成多个图层，例如一个层表示植被，一个层表示水。这项技术需要描刻轮廓，这是一项劳动力集中的工作，但单独的图层意味着某一图层可以不被其他图层干扰。这项工作最初是在玻璃板上绘制，后来，塑料薄膜被引入，它具有更轻、占用空间更少、柔韧等优势。当所有的图层完成后，再由一个巨型摄像机将其结合成一个图像。彩色印刷引进后，层的概念也被用于创建每种颜色单独的印版。尽管后来层的使用成为当代地理信息系统的典型特征之一，但上文所描述的由摄像机将所有图层结合成的地图并不被认为是一个地理信息系统，因为这个地图只有图像而没有附加的属性数据库。

20 世纪 60 年代早期，计算机硬件的发展促进了通用计算机"绘图"的应用。

1967 年，世界上第一个真正投入应用的地理信息系统由加拿大联邦林业和农村发展部在安大略省的渥太华研发。罗杰·汤姆林森博士开发的这个系统被称为加拿大地理信息系统(CGIS)，用于存储和分析加拿大土地统计局收集的数据，利用关于土壤、农业、休闲、野生动物、水禽、林业和土地利用的地理信息，以确定加拿大农村的土地能力，并增设了等级分类因素来进行分析。

CGIS 是"计算机制图"应用的改进版，它提供了覆盖、资料数字化/扫描功能。它支持横跨大陆的国家坐标系统，将线编码为具有真实的嵌入拓扑结构的"弧"，并在单独的文件中存储属性信息和区位信息。由于这一成果，汤姆林森被称为"地理信息系统之父"，尤其是因为他在促进收敛地理数据的空间分析中对覆盖的应用。

CGIS 一直持续到 20 世纪 70 年代才完成,耗时较长,因此在其发展初期,不能与如 Intergraph 这样的销售各种商业地图应用软件的供应商竞争。CGIS 一直使用到 20 世纪 90 年代,并在加拿大建立了一个庞大的数字化的土地资源数据库。它被开发为基于大型机的系统,以支持加拿大的资源规划和管理,其功能是大陆范围内的复杂数据分析,未被应用于商业。微型计算机硬件的发展使得像 ESRI 和 CARIS 这样的供应商成功地兼并了 CGIS 的大多数特征,其数据库结构结合了对空间和属性信息分离的第一种世代方法和对组织的属性数据的第二种世代方法。20 世纪 80 年代和 90 年代,产业成长刺激了应用 GIS 的 UNIX 工作站和个人计算机的飞速增长。至 20 世纪末,GIS 在各种系统中迅速增长,使其在相关的少量平台已经得到了巩固和规范,并且用户开始提出在互联网上查看 GIS 数据的需求,这要求 GIS 数据的格式和传输向标准化发展。

3.1.2 地理信息系统主要功能

3.1.2.1 地形地貌模拟

地形地貌模拟是地理信息系统非常重要的一项功能。通常情况下,这种模拟是通过数字地形模型(Digital Terrain Model,DTM)实现的。数字地形模型最初是为了高速公路的自动设计提出来的。此后,它被用于各种线路选线(铁路、公路、输电线)的设计以及各种工程的面积、体积、坡度计算,任意两点间的通视判断及任意断面图绘制。它还是地理信息系统的基础数据,可用于土地利用现状的分析、合理规划及洪水险情预报等。在测绘中被用于绘制等高线、坡度坡向图、立体透视图,制作正射影像图以及地图的修测。在遥感应用中可作为分类的辅助数据。在军事上可用于导航及导弹制导、作战电子沙盘等。当数字地形模型中地形属性为高程时称为数字高程模型(Digital Elevation Model,DEM)。高程是地理空间中的第三维坐标,由于传统的地理信息系统的数据结构都是二维的,数字高程模型的建立是一个必要的补充。DEM 通常用地表规则网格单元构成的高程矩阵表示,广义的 DEM 还包括等高线、三角网等所有表达地面高程的数字表示。在地理信息系统中,DEM 是建立 DTM 的基础数据,其他的地形要素可由 DEM 直接或间接导出,称为"派生数据",如坡度、坡向等。

建立数字地形模型所需的原始数据点,可以来自摄影测量的立体模型、地面测量成果或已有的地形图。使用立体测图仪测取数据点是应用比较普遍的一种方法,用以对数据点进行记录和存储,可以有规律地进行或任意选择(如选用地貌特征点)。其中很重要的一种测取数据点的方法是在进行正射像片断面扫描晒像的同时,获得数字地形模型所需要的数据。为了提高质量,也可以在按断面方式测得的地形点的基础上,补充额外测得的地貌特征线,或代表地貌特征的一些独立高程点,这样做可以提高内插求点的精度。另一种方式是在立体测图仪上记录用数字表示的等高线,然后通过计算取得数据点规则分布的数字地形模型。

实测的数据点,即使已经达到了相当的密度,一般也不足以表示复杂的地面形态。所以,在具备了一定数量的数据点后,往往还需要通过内插法增补数字地形模型所需要的点。所谓内插是指根据周围点的数据和某一函数关系式,求出待定点的高程。内插方法可以根据所使用的内插函数是一个整体函数还是局部函数区分。因数字地形模型中所用的数据点较多,一般都使用局部函数内插(分块内插),即把参考空间划分为若干分块,对各分块使用不同的函数。典型的局部内插有线性内插、局部多项式内插、双线性内插或样条函数,以及拟合推估(配置法)、多层二次曲面法和有限元法等。还有一种是逐点内插法,即对每一个待定点定义一个新的内插函数。逐点内插法的使用十分灵活,精度较高,计算简单,不需要计算机有很大的内存容量,只是运算的时间较长。典型的逐点内插法有加权平均法、移动拟合法等。内插方法的选用要考虑到数据点的结构、所要求的精度、计算速度和对计算机内存的要求等因素。

DEM 有很多描述模型,其中最常用的为规则格网模型、等高线模型和不规则三角网模型。

1. 规则格网模型

规则格网,通常是正方形,也可以是矩形、三角形等。规则网格将区域空间切分为规则的格网单元,每个格网单元对应一个数值。数学上可以表示为一个矩阵,在计算机中实现时则是一个二维数组。每个格网单元或数组的一个元素,对应一个高程值。

对于每个格网的数值有两种不同的解释。第一种是格网栅格观点,认为该格网单元的数值是其中所有点的高程值,即格网单元对应的地面面积内高程是均一的高度,这种数字高程模型是一个不连续的函数。第二种是点栅格观点,认为该网格单元的数值是网格中心点的高程或该网格单元的平均高程值,这样就需要用一种插值方法计算每个点的高程:计算任何不是网格中心的数据点的高程值,使用周围 4 个中心点的高程值,采用距离加权平均方法进行计算,当然也可使用样条函数和克里金插值算法。

规则格网的高程矩阵,可以很容易地用计算机进行处理,特别是栅格数据结构的地理信息系统,还可以很容易地计算等高线、坡度坡向、山坡阴影和自动提取流域地形,使其成为 DEM最广泛使用的格式,目前许多国家提供的 DEM 数据都是以规则格网的数据矩阵形式提供的。格网 DEM 的缺点是不能准确表示地形的结构和细部,为避免这些问题,可附加地形特征数据,如地形特征点、山脊线、谷底线、断裂线,以描述地形结构。格网 DEM 的另一个缺点是数据量过大,给数据管理带来不便,通常需要进行压缩存储。DEM 数据的无损压缩可以采用普通的栅格数据压缩方式,如游程编码、块码等,但是由于 DEM 数据反映了地形的连续起伏变化,通常比较"破碎",普通压缩方式难以达到很好的效果。因此,对于网格 DEM 数据,可以采用哈夫曼编码进行无损压缩。有时,在牺牲细节信息的前提下,可以对网格 DEM 进行有损压缩,通常的有损压缩大都是基于离散余弦变换(Discrete Cosine Transformation,DCT)或小波变换(Wavelet Transformation,WT),由于小波变换具有较好的保持细节的特性,将小波变换应用于 DEM 数据处理的研究较多。

2. 等高线模型

等高线模型表示高程,高程值的集合是已知的,每一条等高线对应一个已知的高程值,这样一系列等高线集合和它们的高程值一起构成了一种地面高程模型。

等高线通常被存成一个有序的坐标点对序列,可以认为是一条带有高程值属性的简单多边形或多边形弧段。由于等高线模型只表达了区域的部分高程值,往往需要一种插值方法计算落在等高线外的其他点的高程,又因为这些点是落在两条等高线包围的区域内,所以,通常只使用外包的两条等高线的高程进行插值。

等高线通常可以用二维的链表存储。还有一种方法是用图表示等高线的拓扑关系,将等高线之间的区域表示成图的节点,用边表示等高线本身。此方法满足等高线闭合或与边界闭合、等高线互不相交两条拓扑约束。这类图可以改造成一种无圈的自由树。其他还有多种基于图论的表示方法。

3. 不规则三角网模型

尽管规则格网 DEM 在计算和应用方面有许多优点,但也存在许多难以克服的缺陷:

(1) 在地形平坦的地方,存在大量的数据冗余;

(2) 在不改变格网大小的情况下,难以表达复杂地形的突变现象;

(3) 某些计算,如通视问题,过分强调网格的轴方向。

不规则三角网(Triangulated Irregular Network,TIN)是另外一种表示数字高程模型的方法,它既可减少规则格网方法带来的数据冗余,同时在计算效率方面又优于纯粹基于等高线的方法。TIN 模型根据区域内有限个点集将区域划分为相连的三角面网络,区域中任意点落在三角面的顶点、边上或三角形内。如果点不在顶点上,该点的高程值通常通过线性插值法得到(在边上用边的两个顶点的高程,在三角形内则用三个顶点的高程)。所以 TIN 是一个三维空间的分段线性模型,在整个区域内连续但不可微。TIN 的数据存储方式比网格 DEM 复杂,它不仅要存储每个点的高程,还要存储其平面坐标、节点连接的拓扑关系、三角形及邻接三角形等关系。TIN 模型在概念上类似于多边形网络的矢量拓扑结构,只是 TIN 模型不需要定义"岛"和"洞"的拓扑关系。

不规则三角网数字高程由连续的三角面组成,三角面的形状和大小取决于不规则分布的测点,或节点的位置和密度。不规则三角网与高程矩阵方法不同之处是随地形起伏变化的复杂性而改变采样点的密度和决定采样点的位置,因而它能够避免地形平坦时的数据冗余,又能按地形特征点如山脊、山谷线、地形变化线等表示数字高程特征。

3.1.2.2 空间计算与分析

自从有了地图,人们就自觉或者不自觉地进行着各种类型的空间分析。比如,在地图上测量地理要素之间的距离、面积,以及利用地图进行战术研究和战略决策等。随着现代科学技术,尤其是计算机技术引入地图学和地理学,地理信息系统开始孕育、发展。以数字形式存在于计算机中的地图,向人们展示了更为广阔的应用领域。利用计算机分析地图、获取信息,支持空间决策,成为地理信息系统的重要研究内容,"空间分析"这个词汇也成为该领域的一个专业术语。

空间分析是 GIS 的核心和灵魂,是 GIS 区别于一般的信息系统、CAD 或者电子地图系统的主要标志之一。空间分析,配合空间数据的属性信息,能提供强大、丰富的空间数据查询功能。因此,空间分析在 GIS 中的地位不言而喻。

空间分析是为了解决地理空间问题而进行的数据分析与数据挖掘,是从 GIS 目标之间的空间关系中获取派生的信息和新的知识,是从一个或多个空间数据图层中获取信息的过程。空间分析通过地理计算和空间表达挖掘潜在的空间信息,其本质包括探测空间数据中的模式,研究数据间的关系并建立空间数据模型,使得空间数据更为直观地表达出其潜在含义,改进地理空间事件的预测和控制能力。

空间分析主要通过空间数据和空间模型的联合分析来挖掘空间目标的潜在信息,而这些空间目标的基本信息,无非是其空间位置、分布、形态、距离、方位、拓扑关系等,其中距离、方位、拓扑关系组成了空间目标的空间关系,它是地理实体之间的空间特性,可以作为数据组织、查询、分析和推理的基础。通过将地理空间目标划分为点、线、面不同的类型,可以获得这些不同类型目标的形态结构。将空间目标的空间数据和属性数据结合起来,可以进行许多特定任务的空间计算与分析。

空间分析的基本方法主要包括以下五种。

1. 空间信息量算

空间信息量算是空间分析的定量化基础。空间实体间存在着多种空间关系,包括拓扑、顺序、距离、方位等关系。通过空间关系查询和定位空间实体是地理信息系统不同于一般数据库系统的功能之一。如查询满足下列条件的城市:在京九线的东部,距京九线不超过 200 km,城市人口大于 100 万并且居民人均年收入超过 1 万元。整个查询计算涉及了空间顺序方位关系(京九线东部),空间距离关系(距离京九线不超过 200 km),甚至还有属性信息查询(城市人口大于 100 万并且居民人均年收入超过 1 万元)。

2. 缓冲区分析

所谓缓冲区是指地理空间目标的一种影响范围或服务范围,可以用邻近度表示。邻近度描述了地理空间中两个地物距离相近的程度,邻近度的确定是空间分析的一个重要手段。交通沿线或河流沿线的地物有其独特的重要性,公共设施的服务半径,大型水库建设引起的搬迁,铁路、公路以及航运河道对其所穿过区域经济发展的重要性等,均是邻近度的问题。缓冲区分析是针对点、线、面等地理实体,自动在其周围建立一定宽度范围的缓冲区多边形进行空间分析的一种方法,是解决邻近度问题的空间分析工具之一。

3. 叠加分析

大部分 GIS 软件以分层的方式组织地理景观,将地理景观按主题分层提取,同一地区的整个数据层集表达了该地区地理景观的内容。地理信息系统的叠加分析将有关主题层组成的数据层面进行叠加产生一个新数据层面的操作,其结果综合了原来两层或多层要素所具有的属性。叠加分析不仅包含空间关系的比较,还包含属性关系的比较。

叠加分析可以分为以下几类:视觉信息叠加、点与多边形叠加、线与多边形叠加、多边形叠加、栅格图层叠加等。

4. 网络分析

对地理网络(如交通网络)、城市基础设施网络(如各种网线、电力线、电话线、给排水管线等)进行地理分析和模型化,是地理信息系统中网络分析功能的主要目的。网络分析是运筹学模型中的一个基本模型,它的根本目的是研究、筹划一项网络工程如何安排,并使其运行效果最好,如一定资源的最佳分配,从一地到另一地的运输费用最低等。

网络分析包括:路径分析(寻求最佳路径)、地址匹配(实质是对地理位置的查询)以及资源分配。

5. 空间统计分析

GIS 得以广泛应用的重要技术支撑之一就是空间统计与分析。例如,在区域环境质量现状评价工作中,可将地理信息与大气、土壤、水、噪声等环境要素的监测数据结合在一起,利用 GIS 软件的空间分析模块,对整个区域的环境质量现状进行客观、全面的评价,以反映出区域中受污染的程度以及空间分布情况。通过叠加分析,可以提取该区域内大气污染分布图、噪声分布图;通过缓冲区分析,可显示污染源影响范围等。可以预见,在构建和谐社会的过程中,GIS 和空间分析技术必将发挥越来越广泛和深远的作用。

常用的空间统计分析方法有:常规统计分析、空间自相关分析、回归分析、趋势分析及专家打分模型等。

3.1.2.3 空间数据显示与制图

"电子地图"是伴随着 GIS 技术发展起来的。早期,由于市场需求小,从生产成本的角度来看,电子地图集的生产成本要比印刷地图集高得多。然而,随着信息技术的不断发展,当电脑、平板电脑和手机技术的飞跃发展后,大量的市场需求产生了,批量化生产电子地图集的成本优势也逐渐显现出来。相较于印刷地图,电子地图的表达更加紧凑和便捷,仅需在终端设备的屏幕上可以浏览各种地图产品。此外,还可以结合 GIS 的数据管理和分析功能,实现很多印刷地图无法做到的事情,例如,自动查找地名功能。因此,概括地说,以 GIS 技术为基础的电子地图技术在使用的方便性、产品的物理特征以及生产成本等方面都比传统印刷地图更有优势。同时,借助 GIS,电子地图数据的更新也将更加频繁和便捷,这是传统印刷地图无法比拟的。

除一般制图外,将 GIS 的地图展示功能与其强大的数据分析功能相结合,还可以制作出各种专题地图。很多 GIS 软件都具备了强大的专题地图制作功能,可以将数据通过不同的颜色、阴影、样式、点密度或分级图例来显示。例如,在点密度图中,点随机地分布在多边形中,点的总数可以表达属性值的综合;在分级图例的地图中,图例的尺寸是和属性值的大小相关的。一些专题地图制作软件还包括制作等值线图、三维阴影地貌图和棱柱地图的能力。一些强大的专题图制作软件还可以将对象的多属性值或多属性计算值作为制图元素。利用 GIS 软件制作专题地图,可以根据属性的变化即时生成新的专题图,这在传统印刷地图中是无法想象的。

3.1.3 主要地理信息系统产品

根据笔者的使用经历,本书将重点介绍两套优秀的地理信息系统产品,一是美国 ESRI 公司的 ArcGIS 系列产品,二是中国超图公司生产的 SuperMap 系列产品。

3.1.3.1 ArcGIS 系列产品

ArcGIS 产品线为用户提供了一个可伸缩的、全面的 GIS 平台。ArcObjects 包含了大量的可编程组件,从细粒度的对象(例如单个的几何对象)到粗粒度的对象(例如与现有 ArcMap 文档交互的地图对象),涉及面极广,这些对象为开发者集成了全面的 GIS 功能。每一个使用 ArcObjects 建成的 ArcGIS 产品都为开发者提供了一个应用开发的容器,包括桌面 GIS (ArcGIS Desktop),嵌入式 GIS(ArcGIS Engine)以及服务端 GIS(ArcGIS Server)。

在 GIS 发展的早期,专业人士主要关注于数据编辑或者集中于应用工程,以及把精力主要花费在创建 GIS 数据库并构造地理信息和知识。慢慢地,GIS 的专业人士开始在大量的 GIS 应用中使用这些知识信息库。用户应用功能全面的 GIS 工作站编辑地理数据集,建立数据编辑和质量控制的工作流,创建地图和分析模型并将这些工作和方法记录成文档。这加强了 GIS 用户的传统观念,这些用户往往拥有连接在数据集和数据库上的专业工作站。这种工作站拥有复杂的 GIS 应用以及用来实现几乎所有 GIS 任务的逻辑和工具。

但是,GIS 的概念也在不断地扩展。随着数据库管理系统技术的长足进步,面向对象编程语言的发展,移动设备以及 GIS 的广泛使用为 GIS 带来了更加开阔的前景,并将发挥更加重要的作用。除了 GIS 桌面产品,GIS 软件可以集中在应用服务器上和 Web 服务器上,把 GIS 的功能通过网络传递给任意多的用户;可以集中某些 GIS 逻辑,将其嵌入和部署在用户定制的应用中;为野外 GIS 业务在移动设备上部署 GIS 软件的应用。企业 GIS 用户使用传统高级的 GIS 桌面软件,使用浏览器、专门的应用程序、移动计算设备以及其他数字化设备连接中心 GIS 服务器。GIS 平台涉及的范围在不断扩展,而 ESRI 的 ArcGIS 产品几乎可以满足 GIS 用户所有的需求。ArcGIS 作为可伸缩的平台,无论是在计算机桌面,在服务器,还是在野外通过网络,为个人用户也为群体用户提供 GIS 的功能。ArcGIS 是一个建设完整的 GIS 软件集合,它包含了一系列部署 GIS 的框架:

(1) 桌面 GIS——一个专业 GIS 应用的完整套件;

(2) 嵌入式 GIS——为定制开发 GIS 应用的嵌入式开发组件;

(3) 服务端 GIS——包括 ArcSDE,ArcIMS 和 ArcGIS Server;

(4) 移动 GIS——ArcPad 以及平板电脑使用的 ArcGIS Desktop 和 ArcGIS Engine。

ArcGIS 是通过一套由共享 GIS 组件组成的通用组件库实现的,这些组件被称为 ArcObjects TM。

1981 年 10 月至 1982 年 6 月,ESRI 开发出了 ARC/INFO 1.0,这是世界上第一个现代意义上的 GIS 软件,第一个商品化的 GIS 软件。1986 年,PC ARC/INFO 的出现是 ESRI 软件发展史上的又一个里程碑,它是为基于 PC 的 GIS 工作站设计的。1992 年,ESRI 推出了 ArcView 软件,它使人们用更少的投资就可以获得一套简单易用的桌面制图工具。在 20 世纪 90 年代中期,ESRI 公司的产品线继续增长,推出了基于 Windows NT 的 ArcInfo 产品,为用户的 GIS 和制图需求提供多样的选择。ESRI 公司也在世界 GIS 市场中占据了领先地位。
1999 年,ESRI 发布 ArcInfo 8,同时也推出了 ArcIMS,这是当时第一个只要运用简单的浏览
器界面就可以将本地数据和英特网上的数据结合起来的 GIS 软件。2004 年 4 月,ESRI 推出
了新一代 ArcGIS 9 软件,为构建完善的 GIS 系统提供了一套完整的软件产品。2010 年,
ESRI 推出 ArcGIS 10,这是全球首款支持云架构的 GIS 平台,在 Web2.0 时代实现了 GIS 由
共享向协同的飞跃。同时 ArcGIS 10 具备了真正的 3D 建模、编辑和分析能力,并实现了由三
维空间向四维时空的飞跃,真正的遥感与 GIS 一体化让 RS+GIS 价值凸显。美国时间 2013
年 7 月 30 日,ESRI 正式发布了最新版产品——ArcGIS 10.2,该产品的发布,标志着 ESRI 又
进入了一个新的里程碑。在 ArcGIS 10.2 中,ESRI 充分利用 IT 技术的重大变革来扩大 GIS
的影响力和适用性。新产品在易用性、对实时数据的访问,以及与现有基础设施的集成等方面
都得到了极大的改善。用户可以更加轻松地部署自己的 WebGIS 应用,大大简化地理信息探
索、访问、分享和协作的过程,感受新一代 WebGIS 所带来的高效与便捷。

1. 桌面 GIS

对于那些利用 GIS 信息进行编辑、设计的 GIS 专业人士来说,桌面 GIS 占有主导地位。
GIS 专业人士使用标准桌面作为工具来设计、共享、管理和发布地理信息。

ArcGIS Desktop 是一个集成了众多高级 GIS 应用的软件套件,它包含了一套带有用户界
面组件的 Windows 桌面应用(例如,ArcMap,ArcCatalog,ArcToobox 以及 ArcGlobe)。
ArcGIS Desktop 具有三种功能级别——ArcView,ArcEditor 和 ArcInfo,都可以使用各自软
件包中包含的 ArcGIS Desktop 开发包进行客户化和扩展。

2. 服务端 GIS

GIS 用户通过部署一个集中式的 GIS 服务器在大型组织之内以及网络用户之间发布和共
享地理信息。服务端的 GIS 软件适用于任何集中执行 GIS 计算,并计划扩展支持 GIS 数据管
理和空间处理的场合。除了为客户端提供地图和数据服务,GIS 服务器还在一个共享的中心
服务器上支持 GIS 工作站的所有功能,包括制图、空间分析、复杂空间查询、高级数据编辑、分
布式数据管理、批量空间处理、空间几何完整性规则的实施等。

ArcGIS 服务器产品符合信息技术的标准规范,可以和其他企业级的软件完美地合作,例
如 Web 服务器、数据库管理系统(DBMS)以及企业级的应用开发框架,包括.NET 和 Java2 企
业级平台(J2EE),这促使了 GIS 和其他大量的信息系统技术的整合。

3. 嵌入式 GIS

用户可以使用嵌入式的 GIS,在所关注的应用中增加所选择的 GIS 组件,从而为组织的任
何部门提供 GIS 的功能,这使得许多需要在日常工作中应用 GIS 作为一种工具的用户,可以
通过简单的、集中于某些方面的界面来获取 GIS 功能。例如,嵌入式的 GIS 应用帮助用户支
持远程数据采集的工作,在管理者的桌面上实现 GIS,为系统操作人员实现定制界面,以及面
向数据编辑的应用等。

ArcGIS Engine 提供了一套应用于 ArcGIS Desktop 应用框架之外(例如制图对象作为

ArcGIS Engine 的一部分，而不是 ArcMap 的一部分）的嵌入式 ArcGIS 组件。使用 ArcGIS Engine，开发者在 C++、COM、.NET 和 Java 环境中使用简单的接口获取任意 GIS 功能的组合来构建专门的 GIS 应用解决方案。

开发者通过 ArcGIS Engine 构建完整的客户化应用或者在现存的应用中（例如微软的 Word 或者 Excel）嵌入 GIS 逻辑来部署定制的 GIS 应用，为多个用户分发面向 GIS 的解决方案。

4. 移动 GIS

依靠移动计算设备上的专业应用系统，GIS 越来越多地从办公室中转移到野外。目前拥有 GPS 功能的无线移动设备常常被使用于野外专题数据获取和野外信息获取。消防员、垃圾收集员、工程检修员、测量员、公用设施施工工人、士兵、统计调查员、警察以及野外生物学家是使用移动 GIS 的野外工作者的代表。

一些野外工作任务需要相对简单的 GIS 工具，但也有些工作涉及需要高级 GIS 工具的复杂操作。ArcGIS 包含了能够满足两方面需求的应用。ArcPad 是 ArcGIS 实现移动 GIS 和野外计算（如需要记录和登记突发性事故的空间信息）的解决方案，这些类型的工作可以在手持计算机设备或者平板电脑上完成。ArcGIS Desktop 和 ArcGIS Engine 集中于需要 GIS 分析和决策分析的野外工作任务，这种典型的任务往往在高端平板电脑上执行。

近年来，随着 IT 技术的发展，ArcGIS 又推出了一系列产品和服务，包括 ArcGIS 云计算、ArcGIS 三维、ArcGIS 大数据分析等。对于城市地下空间信息基础平台建设，这些产品都是可以应用的工具。

3.1.3.2 SuperMap 系列产品

SuperMap GIS 是北京超图软件股份有限公司开发的，具有完全自主知识产权的大型地理信息系统软件平台，包括组件式 GIS 开发平台、服务式 GIS 开发平台、嵌入式 GIS 开发平台、桌面 GIS 平台、导航应用开发平台以及相关的空间数据生产、加工和管理工具。经过不断技术创新、市场开拓和多年技术与经验的积累，SuperMap GIS 已经成为产品门类齐全、功能强大、覆盖行业范围广泛、满足各类信息系统建设的 GIS 软件品牌，并深入到国内各个 GIS 行业应用，拥有大批的二次开发商。在日本超图株式会社的推动下，SuperMap GIS 已经成为日本著名的 GIS 品牌，并成功发展了一千多个用户，开创了国产 GIS 软件的国际市场先河。同时 SuperMap GIS 也在我国香港、澳门和台湾地区以及东南亚、北欧、印度、南非等地大力开拓市场，获得越来越多的政府和企业用户的认可。在开发者和用户的共同支持下，SuperMap 已经成为亚洲最大的 GIS 软件平台提供商。下面以 SuperMap GIS 7C 为例，介绍软件的各部分组成。

1. 云 GIS 平台

SuperMap GIS 7C 产品系列中的云 GIS 平台软件包括 SuperMap iPortal，SuperMap iServer 和 SuperMap iExpress 三个产品，可以协同工作构建功能强大、跨平台的云 GIS 服务应用系统，也可以独立构建 GIS 服务器满足轻量级应用需要。

（1）SuperMap iPortal：云 GIS 门户平台，可提供对各种 GIS 资源进行整合、管理、协同创作与分享的服务，并提供可定制的 GIS 服务门户平台，支撑 GIS 云系统。

（2）SuperMap iServer：云 GIS 应用服务器，是基于跨平台 GIS 内核和云计算技术的企业级大型 GIS 服务开发平台，采用面向服务的地理信息共享方式，用于构建 SOA 应用系统和 GIS 专有云系统。

（3）SuperMap iExpress：云 GIS 分发服务器，可作为 GIS 云和端的中介，通过代理远程服务与发布本地缓存数据，向网络客户端提供完整一致的 GIS 服务，并可快速构建轻量级的面向服务的 B/S 应用系统。

在协同构建的云 GIS 服务应用中，SuperMap iServer 提供服务发布与聚合能力，是提供 GIS 服务的基本单元；SuperMap iPortal 可通过定制形成行业 GIS 门户，提供服务发现、协同制图等功能，管理整个 GIS 系统；SuperMap iExpress 可作为前置机，部署在靠近终端用户的分支机构，通过代理全功能的 GIS 服务为 GIS 服务器加速。

2. 组件 GIS 平台

SuperMap iObjects Java/. NET 7C 是基于二维、三维一体化技术、高性能、跨平台的大型组件式 GIS 开发平台，功能完备，开发便捷，易于构建通用 GIS 平台以及基于地理空间信息的行业应用系统。

3. 移动 GIS 开发平台

SuperMap iMobile 是一款专业的移动 GIS 开发平台，支持基于 Android 和 iOS 操作系统的智能移动终端，可以快速开发在线的和离线的移动 GIS 应用。

4. 桌面 GIS 平台

SuperMap iDesktop 7C 是插件式桌面 GIS 平台，提供企业版、高级版和标准版三个版本，具备二维、三维一体化的数据处理、制图和分析等功能，支持访问在线地图数据服务，支持发布数据服务到 Web 服务器，支持. NET 环境的插件式扩展开发，可快速定制行业应用系统。

5. 制图软件

iMapEditor 7C 是一款二维、三维一体化制图软件，具备二维、三维一体化的数据处理、制图等功能，支持访问在线地图数据服务，支持发布数据服务到 Web 服务器，供 iMapReader 浏览阅读。

6. 移动地图浏览器

iMapReader 7C 作为一款全新的、免费移动端产品，集超图云、地图汇、应用商店于一体，用户可以通过访问内置的地图商店轻松获取并浏览云端丰富的地图资源，真正体现"端"到"端"带来的技术变革，不仅改变大家认知地理世界的形式，更改变大家认知地理世界的方式。

3.1.4　地理信息系统二次开发

传统的 GIS 开发主要有三种模式。

1. 独立开发

独立开发指不依赖于任何 GIS 工具软件,从空间数据的采集、编辑到数据的处理分析及结果输出,所有的算法都由开发者独立设计,然后选用某种程序设计语言,如 Visual C++,Delphi 等,在一定的操作系统平台上编程实现。这种方式的好处在于无须依赖任何商业 GIS 工具软件,可减少开发成本,但一方面对于大多数开发者来说,能力、时间、财力方面的限制使其开发出来的产品很难在功能上与商业化 GIS 工具软件相比,而且在购买 GIS 工具软件上省下的费用可能还抵不上开发者在开发过程中绞尽脑汁所花的代价。

2. 宿主型二次开发

宿主型二次开发指基于 GIS 平台软件进行应用系统开发。大多数 GIS 平台软件提供了可供用户进行二次开发的脚本语言,如 ESRI 的 ArcView 提供了 Avenue 语言,MapInfo 公司的 MapInfo Professional 提供了 MapBasic 语言等。用户可以利用这些脚本语言,以原 GIS 软件为开发平台,开发出自己的针对不同应用对象的应用程序。这种方式省时省心,但进行二次开发的脚本语言,作为编程语言,功能极弱,用它们开发应用程序仍然不尽如人意,并且所开发的系统不能脱离 GIS 平台软件,是解释执行的,效率不高。

3. 基于 GIS 组件的二次开发

大多数 GIS 软件生产商都提供商业化的 GIS 组件,如 ESRI 公司的 MapObjects、MapInfo 公司的 MapX 等,这些组件都具备 GIS 的基本功能,开发人员可以基于通用软件开发工具尤其是可视化开发工具,如 Delphi,Visual C++,Visual Basic,Power Builder 等为开发平台,进行二次开发。利用 GIS 工具软件生产厂家提供的建立在 OCX 技术基础上的 GIS 功能控件,如 ESRI 的 MapObjects、MapInfo 公司的 MapX 等,可在 Delphi 等编程工具编制的应用程序中,直接将 GIS 功能嵌入其中,实现地理信息系统的各种功能。

上述三种方法中,组件式 GIS 开发的好处是显而易见的。因此,在过去 10～15 年的时间内,组件式 GIS 开发一度成为我国 GIS 应用开发的主要方法,近年来,随着互联网技术的发展,出现了越来越多的基于云服务的二次开发。很多地图供应商将地图数据打包成网络地图服务(Web Map Service,WMS),并配套发布一系列使用此服务的应用程序接口,为第三方应用的建设提供了一套完整的解决方案。

3.1.5 地理信息系统技术发展趋势

IT 技术的发展是 GIS 软件技术的强大驱动力,面向服务架构已经成为当前主要的软件工程方法。因此,GIS 技术最重要的趋势是"服务化",即以服务的方式,提供全面的 GIS 功能,并围绕 GIS 平台提供的服务面向企业或者公众构建 GIS 的应用。服务化的 GIS 有三个重要的趋势:

(1) 服务全面化。不仅能够通过服务提供基本的查询、浏览等传统 WebGIS 实现的 GIS 功能,还能够通过地址编码、空间分析、数据编辑处理、网络分析、公交换乘等网络服务,以及基于这些基础服务开发专业的服务、如空间分析模型、位置服务等。

（2）服务标准化。为了实现各种服务的集成应用,也为了实现异构平台服务的共享与互操作,以满足应用系统开发的需求,服务标准化已经越来越受重视。服务标准化有两层含义,一是服务开发技术的标准化,如原生服务的 RMI 和 WCF,Web 服务的 SOAP 服务和 Restful 服务等,服务开发技术的标准化是基础。二是服务协议的标准化,如 OGC 的相关服务标准,W3C 和 ISO 的相关标准等,只有服务协议的标准化,才能实现服务的共享和互操作。

（3）终端多样化。服务只有通过终端才能展现出来,能够展现服务的客户端也不再局限于浏览器,多终端的类型包括浏览器、富客户端、移动终端以及胖客户端。其中富客户端技术,如 Ajax,微软的 Silverlight,Adobe 的 Flex,以及 JavaFX 等,以其流畅的用户体验,正成为更多应用开发的选择。

三维化是当前 GIS 技术发展的重要趋势,将现实世界数字化搬到计算机中,给予现代人无限的想象空间,无数人为此投入聪明才智,甚至为此付出毕生的精力。基于现代计算机图形学的重要成果而形成的三维和虚拟现实技术,已经可以完成很多以前绝无可能做到的事情。近年来,三维的软、硬件技术发展迅猛,软、硬件的成本持续降低,显卡的计算能力甚至出现了富余,显卡厂商考虑利用强大的处理能力在通用计算方面发挥作用,实现了基于图形处理器（Graphic Processor Unit,GPU）的显示技术。地理信息是关于空间的信息,采用三维手段处理是必不可少的。三维技术的发展为地理信息技术的发展注入了强大的活力。目前,三维技术的发展已经较好地解决了全球尺度的"三维可视化"问题,随着应用的深入,要求三维 GIS 能够用于管理,即能够用于对地理空间内置规律的探索和实际业务系统的决策支持,这都需要更深的视角和新的思路来考虑三维 GIS 的发展。

3.2 数据库技术

3.2.1 数据库定义和发展简史

1. 数据库定义

数据库（Database）是按照数据结构组织、存储和管理数据的仓库,它产生于距今 60 多年前。随着信息技术和市场的发展,特别是 20 世纪 90 年代以后,数据管理不再仅仅是存储和管理数据,而转变成用户所需要的各种数据管理的方式。数据库有很多种类型,从最简单的存储有各种数据的表格到能够进行海量数据存储的大型数据库系统都在各个方面得到了广泛的应用。在信息化社会,充分有效地管理和利用各类信息资源,是进行科学研究和决策管理的前提条件。数据库技术是管理信息系统、办公自动化系统、决策支持系统等各类信息系统的核心部分,是进行科学研究和决策管理的重要技术手段。

一般来讲,数据库应当具有以下六个特点:

（1）实现数据共享

数据共享包含所有用户可同时存取数据库中的数据,也包括用户可以用各种方式通过接口使用数据库,并提供数据共享。

（2）减少数据的冗余度

同文件系统相比,由于数据库实现了数据共享,从而避免了用户各自建立应用文件,减少了大量重复数据,减少了数据冗余,维护了数据的一致性。

（3）数据的独立性

数据的独立性包括逻辑独立性(数据库中数据的逻辑结构和应用程序相互独立)和物理独立性(数据物理结构的变化不影响数据的逻辑结构)。

（4）数据实现集中控制

在文件管理方式中,数据处于一种分散的状态,不同的用户或同一用户在不同处理过程中其文件之间毫无关系。利用数据库可对数据进行集中控制和管理,并通过数据模型表示各种数据的组织以及数据间的联系。

（5）数据的一致性和可维护性

数据的一致性和可维护性主要用以确保数据的安全性和可靠性。主要包括：①安全性控制：防止数据丢失、错误更新和越权使用；②完整性控制：保证数据的正确性、有效性和相容性；③并发控制：使在同一时间周期内允许对数据实现多路存取,又能防止用户之间的不正常交互作用。

（6）故障恢复

由数据库管理系统提供一套方法,可及时发现故障和修复故障,从而防止数据被破坏。数据库系统能尽快恢复系统运行时出现的故障,可能是物理上或是逻辑上的错误,比如对系统的误操作造成的数据错误等。

2. 数据库发展简史

（1）数据库发展的早期阶段

数据库的起始可以追溯到 50 年前,那时的数据管理非常简单,通过大量的分类、比较和表格绘制的机器运行数百万穿孔卡片进行数据的处理,其运行结果在纸上打印出来或者制成新的穿孔卡片,而数据管理就是对所有这些穿孔卡片进行物理的储存和处理。然而,1950 年,雷明顿兰德公司(Remington Rand Inc.)的 Univac I 计算机推出了一种一秒钟可以输入数百条记录的磁带驱动器,从而引发数据管理的革命。1956 年,IBM 生产出第一个磁盘驱动器——the Model 305 RAMAC,此驱动器有 50 个盘片,每个盘片直径是 2 ft(约 61 cm),可以储存 5 MB 的数据。使用磁盘最大的好处是可以随机存取数据,而穿孔卡片和磁带只能按顺序存取数据。

数据库系统的萌芽出现于 20 世纪 60 年代,当时计算机开始广泛地应用于数据管理,对数据的共享提出了越来越高的要求。传统的文件系统已经不能满足人们的需要,能够统一管理和共享数据的数据库管理系统(Database Management System,DBMS)应运而生。数据模型是数据库系统的核心和基础,各种 DBMS 软件都是基于某种数据模型,所以通常也按照数据模型的特点将传统数据库系统分成网状数据库、层次数据库和关系数据库三类。

（2）网状数据库发展阶段

最早出现的网状 DBMS，是美国通用电气公司（General Electric Co.）Bachman 等人在 1961 年开发的集成数据存储（Integrated Data Store，IDS）。1964 年，通用电气公司的 Charles Bachman 成功地开发出世界上第一个网状 DBMS，也即第一个数据库管理系统——集成数据存储（Integrated Data Store，IDS），奠定了网状数据库的基础，并在当时得到了广泛的发行和应用。IDS 具有数据模式和日志的特征，但它只能在 GE 主机上运行，并且数据库只有一个文件，数据库所有的表必须通过手工编码生成。之后，通用电气公司一个客户——BF Goodrich Chemical 公司最终不得不重写整个系统，并将重写后的系统命名为集成数据管理系统（IDMS）。网状数据库模型对于层次和非层次结构的数据库都能比较自然地模拟，在关系数据库出现之前网状 DBMS 要比层次 DBMS 用得普遍。在数据库发展史上，网状数据库占有重要地位。

（3）层次型数据库的发展阶段

层次型 DBMS 是紧随网络型数据库而出现的，最著名最典型的层次数据库系统是 IBM 公司在 1968 年开发的 IMS（Information Management System），一种适合其主机的层次数据库。这是 IBM 公司研制的最早的大型数据库系统程序产品，提供群集、N 路数据共享、消息队列共享等先进特性的支持。该数据库产品在如今的商务智能应用中扮演着新的角色。1973 年，Cullinane 公司（即 Cullinet 软件公司）开始出售 Goodrich 公司的 IDMS 改进版本，逐渐成为当时世界上最大的软件公司。

网状数据库和层次数据库已经很好地解决了数据的集中和共享问题，但在数据独立性和抽象级别上仍有很大欠缺。用户在对这两种数据库进行存取时，仍然需要明确数据的存储结构，指出存取路径。而后来出现的关系数据库较好地解决了这些问题。

（4）关系数据库发展阶段

1970 年，IBM 的研究员 E. F. Codd 博士在刊物 Communication of the ACM 上发表了一篇名为 A Relational Model of Data for Large Shared Data Banks 的论文，提出了关系模型的概念，奠定了关系模型的理论基础。尽管之前在 1968 年，Childs 已经提出了面向集合的模型，但这篇论文被普遍认为是数据库系统历史上具有划时代意义的里程碑。Codd 的心愿是为数据库建立一个优美的数据模型。后来 Codd 又陆续发表多篇文章，论述了范式理论和衡量关系系统的 12 条标准，用数学理论奠定了关系数据库的基础。关系模型有严格的数学基础，抽象级别比较高，而且简单清晰，便于理解和使用。但是当时也有人认为关系模型是理想化的数据模型，用来实现 DBMS 是不现实的，尤其担心关系数据库的性能难以接受，更有人视其为当时正在进行中的网状数据库规范化工作的严重威胁。为了促进对问题的理解，1974 年，ACM 牵头组织了一次研讨会，会上开展了一场分别以 Codd 和 Bachman 为首的支持和反对关系数据库两派之间的辩论。这次著名的辩论推动了关系数据库的发展，使其最终成为现代数据库产品的主流。

1970 年，关系模型建立之后，IBM 公司在 San Jose 实验室增加了更多的研究人员研究这个项目,该项目就是著名的 System R。其目标是论证一个全功能关系 DBMS 的可行性。该项目结束于 1979 年,完成了第一个实现结构代查询语言(Structured Query Language,SQL)的 DBMS。然而 IBM 对 IMS 的承诺阻止了 System R 的投产,一直到 1980 年,System R 才作为一个产品正式推向市场。IBM 产品化步伐缓慢的原因是:IBM 重视信誉,重视质量,尽量减少故障;IBM 是个大公司,官僚体系庞大,内部已经有层次数据库产品,相关人员不积极,甚至反对。然而同时,1973 年,加州大学伯克利分校的 Michael Stonebraker 和 Eugene Wong 利用 System R 已发布的信息开始开发自己的关系数据库系统 Ingres。他们开发的 Ingres 项目最后由 Oracle 公司、Ingres 公司以及硅谷的其他厂商进行商品化。后来,System R 和 Ingres 系统双双获得 ACM 的 1988 年"软件系统奖"。1976 年,霍尼韦尔公司(Honeywell)开发了第一个商用关系数据库系统——Multics Relational Data Store。关系数据库系统以关系代数为坚实的理论基础,经过几十年的发展和实际应用,技术越来越成熟和完善。其代表产品有 Oracle、IBM 公司的 DB2、微软公司的 MS SQL Server 以及 Informix 等。

随着信息技术和市场的发展,人们发现关系数据库系统虽然技术很成熟,但其局限性也是显而易见的:它能很好地处理所谓的"表格型数据",却对技术界出现的越来越多的复杂类型的数据无能为力。20 世纪 90 年代后,技术界一直在探究和寻求新型数据库系统。但在新型数据库系统的发展方向问题上,产业界一度是相当困惑的。受当时技术风潮的影响,在相当一段时间内,人们花大量的精力研究"面向对象的数据库系统(Object Oriented Database,OOD)"或简称"OO 数据库系统"。美国 Stonebraker 教授提出的面向对象的关系数据库理论曾一度受到产业界的青睐,而 Stonebraker 本人也在当时被 Informix 高薪聘为技术总负责人。然而,数年的发展表明,面向对象的关系数据库系统产品的市场发展情况并不理想。理论上的完美性并没有带来市场的热烈反应。其不成功的主要原因在于,这种数据库产品的主要设计思想是企图用新型数据库系统来取代现有的数据库系统。这对许多已经运用数据库系统多年并积累了大量工作数据的客户,尤其是对大客户,无法承受新旧数据间的转换而带来的巨大工作量及巨额开支。此外,面向对象的关系数据库系统使查询语言变得极其复杂,从而使得无论是数据库的开发商家还是应用客户都视其复杂的应用技术为畏途。

3.2.2　数据库管理系统

数据库管理系统(Database Management System,DBMS)是一种操纵和管理数据库的大型软件,用于建立、使用和维护数据库。它对数据库进行统一的管理和控制,保证数据库的安全性和完整性。用户通过 DBMS 访问数据库中的数据,数据库管理员也通过 DBMS 进行数据库的维护工作。它可使多个应用程序和用户用不同的方法在同时刻或不同时刻去建立、修改和询问数据库。大部分 DBMS 提供数据定义语言(Data Definition Language,DDL)和数据操作语言(Data Manipulation Language,DML),供用户定义数据库的模式结构与权限约束,实现对数据的添加、删除等操作。

数据库管理系统是数据库系统的核心,是管理数据库的软件。数据库管理系统就是将用户意义下抽象的逻辑数据处理,转换成计算机中具体的物理数据处理的软件。有了数据库管理系统,用户可以在抽象意义下处理数据,而不必顾及这些数据在计算机中的布局和物理位置。

3.2.2.1 DBMS 主要功能

作为 DBMS,应当具备以下几点基本功能。

1. 数据定义

DBMS 提供数据定义语言(Data Definition Language,DDL),供用户定义数据库的三级模式结构、两级映像以及完整性约束和保密限制等约束。DDL 主要用于建立、修改数据库的库结构。DDL 所描述的库结构仅仅给出了数据库的框架,数据库的框架信息被存放在数据字典(Data Dictionary)中。

2. 数据操作

DBMS 提供数据操作语言(Data Manipulation Language,DML),供用户实现对数据的添加、删除、更新、查询等操作。

3. 数据库的运行管理

数据库的运行管理功能是 DBMS 的运行控制、管理功能,包括多用户环境下的并发控制、安全性检查和存取限制控制、完整性检查和执行、运行日志的组织管理、事务的管理和自动恢复,即保证事务的原子性。这些功能保证了数据库系统的正常运行。

4. 数据组织、存储与管理

DBMS 需要分类组织、存储和管理各种数据,包括数据字典、用户数据、存取路径等,需确定以何种文件结构和存取方式在存储级上组织这些数据,如何实现数据之间的联系。数据组织和存储的基本目标是提高存储空间利用率,选择合适的存取方法提高存取效率。

5. 数据库的保护

数据库中的数据是信息社会的战略资源,所以数据的保护至关重要。DBMS 对数据库的保护通过四个方面来实现:数据库的恢复、数据库的并发控制、数据库的完整性控制和数据库安全性控制。DBMS 的其他保护功能还有系统缓冲区的管理以及数据存储的某些自适应调节机制等。

6. 数据库的维护

数据库的维护包括数据库的数据载入、转换、转储、数据库的重组合重构以及性能监控等功能,这些功能分别由各个使用程序完成。

7. 通信

DBMS 具有与操作系统的联机处理、分时系统及远程作业输入的相关接口,负责处理数据的传送。对网络环境下的数据库系统,还应该包括 DBMS 与网络中其他软件系统的通信功能以及数据库之间的互操作功能。

3.2.2.2　DBMS 选取原则

目前,市面上主要的 DBMS 包括:Oracle,DB2,SQL Server,MySQL,Informix 等,每个 DBMS 都具有自己的特点和优势,在构建城市地下空间信息基础平台时,主要根据以下因素选取 DBMS。

1. 构造数据库的难易程度

需要分析:①数据库管理系统有没有范式的要求,即是否必须按照系统所规定的数据模型分析现实世界,建立相应的模型;②数据库管理语句是否符合国际标准,若符合国际标准则便于系统的维护、开发、移植;③有没有面向用户的易用的开发工具;④所支持的数据库容量,数据库的容量特性决定了数据库管理系统的使用范围。

2. 程序开发的难易程度

主要考虑:①有无计算机辅助软件工程工具 CASE,计算机辅助软件工程工具可以帮助开发者根据软件工程的方法提供开发阶段的维护、编码环境,便于复杂软件的开发、维护;②有无第四代语言的开发平台,第四代语言具有非过程语言的设计方法,用户不需编写复杂的过程性代码,易学、易懂、易维护;③有无面向对象的设计平台,面向对象的设计思想十分接近人类的逻辑思维方式,便于开发和维护;④对多媒体数据类型的支持,多媒体数据需求是今后发展的趋势,支持多媒体数据类型的数据库管理系统必将减少应用程序的开发和维护工作。

3. 数据库管理系统的性能分析

包括性能评估(响应时间、数据单位时间吞吐量)、性能监控(内外存使用情况、系统输入/输出速率、SQL 语句的执行、数据库元组控制)、性能管理(参数设定与调整)。

4. 对分布式应用的支持

包括数据透明与网络透明程度。数据透明是指用户在应用中无须指出数据在网络中的什么节点上,数据库管理系统可以自动搜索网络,提取所需数据;网络透明是指用户在应用中无须指出网络所采用的协议,数据库管理系统自动将数据包转换成相应的协议数据。

5. 并行处理能力

主要考虑:①支持多 CPU 模式的系统(SMP,CLUSTER,MPP);②负载的分配形式;③并行处理的颗粒度、范围。

6. 可移植性和可扩展性

可移植性指垂直扩展和水平扩展能力。垂直扩展要求新平台能够支持低版本的平台,数据库客户机/服务器机制支持集中式管理模式,这样可保证用户以前的投资和系统;水平扩展要求满足硬件上的扩展,支持从单 CPU 模式转换成多 CPU 并行机模式(SMP,CLUSTER,MPP)。

7. 数据完整性约束

数据完整性指数据的正确性和一致性保护,包括实体完整性、参照完整性和复杂的事务规则。

8. 并发控制功能

对于分布式数据库管理系统,并发控制功能是必不可少的。因为它面临的是多任务分布环境,可能会有多个用户点在同一时刻对同一数据进行读或写操作,为了保证数据的一致性,需要由数据库管理系统的并发控制功能完成。评价并发控制的标准应从以下几方面加以考虑:

(1) 保证查询结果一致性方法;

(2) 数据锁的颗粒度(数据锁的控制范围,表、页、元组等);

(3) 数据锁的升级管理功能。

9. 容错能力

异常情况下对数据的容错处理。评价标准:硬件的容错,有无磁盘镜像处理,功能软件的容错,有无软件方法。

10. 安全性控制

安全性控制指安全保密的程度(账户管理、用户权限、网络安全控制、数据约束)。

11. 支持多种文字处理能力

包括数据库描述语言的多种文字处理能力(表名、域名、数据)和数据库开发工具对多种文字的支持能力。

12. 数据恢复的能力

当发生突然停电、硬件故障、软件失效、病毒入侵或严重操作错误时,系统自身能提供恢复数据库的功能,如定期转存、恢复备份、回滚等,使系统有能力将数据库恢复到损坏前的状态。

3.2.3 空间数据库

空间数据库指的是地理信息系统在计算机物理存储介质上存储的与应用相关的地理空间数据的总和,一般是以一系列特定结构的文件形式组织在存储介质之上。空间数据库的研究始于 20 世纪 70 年代的地图制图与遥感图像处理领域,其目的是为了有效地利用卫星遥感资源迅速绘制出各种经济专题地图。由于传统的关系数据库在空间数据的表示、存储、管理、检索上存在许多缺陷,从而形成了空间数据库这一数据库研究领域,而传统数据库系统只针对简单对象,无法有效地支持复杂对象(如图形、图像)。

空间数据库的主要特点包括:

(1) 数据量庞大。空间数据库面向地理学及其相关对象,而在客观世界中它们所涉及的往往都是地球表面信息、地质信息、大气信息等极其复杂的现象和信息,所以描述这些信息的数据容量很大,容量通常达到 GB 级。

(2) 具有高可访问性。空间信息系统要求具有强大的信息检索和分析能力,这是建立在空间数据库基础上的,需要高效访问大量数据。

(3) 空间数据模型复杂。空间数据库存储的不是单一性质的数据,而是涵盖了几乎所有与地理相关的数据类型,这些数据类型主要可以分为三类:

① 属性数据:与通用数据库基本一致,主要用来描述地学现象的各种属性,一般包括数字、文本、日期类型。

② 图形图像数据:与通用数据库不同,空间数据库系统中大量的数据借助于图形图像来描述。

③ 空间关系数据:存储拓扑关系的数据,通常与图形数据合二为一。

(4) 属性数据和空间数据联合管理。

(5) 空间实体的属性数据和空间数据可随时间而发生相应变化。

(6) 空间数据的数据项长度可变,包含一个或多个对象,需要嵌套记录。

(7) 一种地物类型对应一个属性数据表文件,多种地物类型共用一个属性数据表文件。

(8) 具有空间多尺度性和时间多尺度性。

(9) 应用范围广泛。

由以上特点不难看出,空间数据库本质上属于面向对象的数据库。然而,关系数据库的广泛应用,使得用户很难抛弃原有的数据,或花费大量精力将原有数据从关系数据库迁移到面向对象的数据库中。因此,目前得到应用的空间数据库一般仍以关系数据库为依托,例如 ESRI 的 ArcSDE,Oracle Spatial 等。

3.3 系统集成

3.3.1 系统集成定义

系统集成作为一种新兴的服务方式,是近年来国际信息服务业中发展势头最猛的行业。系统集成的本质就是最优化的综合统筹设计,一个大型的综合计算机网络系统。系统集成包括计算机软件、硬件、操作系统技术、数据库技术、网络通信技术等的集成,以及不同厂家产品选型、搭配的集成。系统集成所要达到的目标是整体性能最优,即所有部件和成分合在一起后不但能工作,而且全系统是低成本、高效率、性能匀称、可扩充和可维护的系统。通常,系统集成可分为智能建筑系统集成、计算机网络系统集成、安防系统集成等多个类别。地下空间信息化平台或地下空间信息系统,其本质上属于计算机网络系统集成,指通过结构化的综合布线系统和计算机网络技术,将各个分离的设备(如个人电脑)、功能和信息等集成到相互关联、统一协调的系统中,使系统达到充分共享,实现集中、高效、便利的管理。系统集成应采用功能集成、网络集成、软件集成等多种集成技术,其实现的关键在于解决系统间的互联和互操作问题,通常采用多厂家、多协议和面向各种应用的架构,需要解决各类设备、子系统间的接口、协议、系统平台、应用软件等与子系统、建筑环境、施工配合、组织管理和人员配备相关的一切面向集成的问题。

根据上海市实施地下空间信息基础平台的经验,地下空间信息系统集成主要包括网络系统建设、服务器系统建设、存储系统建设、备份系统建设以及安全系统建设等方面。

3.3.2 网络系统

3.3.2.1 网络系统设计考虑因素

这里所说的网络系统,是指城市地下空间信息平台运行、管理、维护和服务所处的网络环境、网络链路及网络设备的合称,其设计主要从网络可靠性、服务质量保证、可管理性、安全性和可扩展性方面加以考虑。

1. 网络可靠性

(1) 具有提供多层次(物理层、数据链路层、网络层)恢复机制的能力;

(2) 具备方便、迅速地恢复到原来软件版本和配置版本的功能,这样一旦升级失败或者配置错误可以最大限度减少网络宕机时间;

(3) 交换机管理引擎切换不会中断用户流量;

(4) 所有接口模块都必须具备本地三层交换能力,这样可以在保证三层性能的同时提高网络可靠性;

(5) 管理模块、电源、交换模块、交换背板、冷却系统等的冗余;

(6) 支持各类模块的热插拔;

(7) 单个设备的系统可用度大于或等于99.999%;

(8) 交换机冷启时间小于20 s。

2. 服务质量保证

(1) 支持分布式策略执行,这些策略包括访问控制列表(Access Control List,ACL)、服务质量保证(Quality of Service,QoS)、网络地址转换(Network Address Translation,NAT)、服务器负载均衡(Server Load Balancing,SLB)等。

(2) 能根据以下条件对数据流量进行分类:

① 源 VLAN、目的 VLAN、源槽位/端口、目的槽位/端口、目的端口组、源接口类型、目的接口类型;

② MAC 源地址、MAC 目的地址、MAC 源地址组、MAC 目的地址组、VLAN 标签技术标准的扩充协议(IEEE802.1p);

③ IP 源地址、IP 目的地址、IP 源地址网络组、IP 目的地址网络组、IP 协议;

④ TCP/UDP 协议、TCP/UDP 源端口、TCP/UDP 目的端口、内部发起连接的反向端口/槽位、端口类型。

(3) 广泛的 QoS 映射、优先级位标记和重设置;支持 QoS 信任端口。

(4) 支持流量工程,支持网络带宽分配能力,支持灵活的接入速率限制。

(5) 提供拥塞控制和避免功能。

3. 可管理性

网络的可管理性是建设城市地下空间信息平台网络至关重要的因素。优秀的网络管理不仅可以有效提高网络的利用率,还可以大大减少在网络管理上面的设备及人员投资,而且可以同时对多种业务应用进行统一的基于策略的管理,更可以合理地对所有设备进行配置及资源

分配,真正做到高效率低成本的管理。通常,网络在可管理性上必须满足如下要求:

(1) 支持分级分权的管理结构。设备和网络管理系统应支持带内和带外的传输连接方式。

(2) 支持 Windows,Linux,HP Unix,IBM AIX 等多种操作系统平台。

(3) 通过网络管理提供整个网络一致的、端到端的 VLAN、服务质量保证、策略管理和配置。

(4) 网络管理系统具有以下主要功能:配置管理、拓扑信息管理、故障管理与定位、测试功能、性能管理等。

4. 安全性

城市地下空间信息基础平台这种与外部交互频繁的信息系统,其安全性必须得到足够的重视,尤其是对一些重要信息和敏感的资源,需要有非常好的安全控制,以免机密泄露或影响正常的工作。所以网络平台必须同时提供对内与对外的访问控制,而且应该做到内部网络各个部分之间的访问控制。因此,网络安全方面必须满足如下要求:

(1) 支持多 VLAN 划分,支持基于端口、MAC 地址、协议、网络地址、用户自定义、用户验证等 VLAN 策略;支持身份验证的 VLAN;支持 802.1Q 标准。

(2) 支持地址绑定技术,核心/汇聚交换机支持 IP 地址、MAC 地址、协议和端口的混合绑定,接入交换机支持 MAC 地址和端口的绑定。

(3) 为保障网络管理安全,支持 SNMPv3 和 SSL 加密协议,保证网络管理数据安全。

(4) 支持用户的分级管理。

5. 可扩展性

城市地下空间信息平台应用的不断发展会要求网络平台的建设具备良好的可扩展性,包括性能、协议、网络拓扑及各种业务等。在网络设计和设备选型方面必须充分考虑方案的可扩展性。

3.3.2.2 主要网络设备简介

1. 交换机

交换机是一种用于电信号转发的网络设备(图 3-1),它可以为接入交换机的任意两个网络节点提供独享的电信号通路。最常见的交换机是以太网交换机,其他常见的还有电话语音交换机、光纤交换机等。本书所述的交换机是指用于城市地下空间信息平台网络建设的交换机,一般是以太网交换机。电话语音交换机本书不予介绍,光纤交换机则在后文存储系统中进行描述。

图 3-1 交换机

一般情况下,信息系统建设中用到的交换机主要是二层和三层交换机。二层交换机属数据链路层设备,可以识别数据包中的 MAC 地址信息,根据 MAC 地址进行转发,并将这些 MAC 地址与对应的端口记录在内部的一个地址表中,并通过数据交换过程中的"学习"功能维护该地址表。三层交换机带路由功能,当位于不同子网的两个终端需要进行信息交换时,首先通过交换机的第三层(网络层)路由模块,建立二者之间的 MAC 对应关系,再利用交换机第二层功能实现二者的信息交换。因此,二层交换机多用于单一子网组建,三层交换机则多用于网间通信。对于城市地下空间信息平台建设而言,二层交换机可用于系统内部各工作组的组网,而三层交换机则可用于无特殊情况下的平台内信息交换。

在选用交换机时,需要关注的两个重点参数是:

(1) 包转发率。无论是二层交换机还是三层交换机,其包转发、路由计算的控制都是通过软件完成的。好的软件设计将决定包转发和路由计算的速度,因此,包转发率是衡量交换机好坏的重要参数之一。

(2) 背板带宽。该参数是交换机接口处理器或接口卡和数据总线间所能吞吐的最大数据量。对于全双工模式的交换机,其总带宽(端口数×相应端口速率×2)≤背板带宽时,则为线速交换机,否则,交换机某两个端口之间的通信可能因为背板带宽不足而发生丢包现象。

2. 路由器

路由器(Router)又称网关设备(Gateway)(图 3-2),用于连接多个逻辑上分开的网络。当数据从一个子网传输到另一个子网时,可通过路由器的路由功能来完成。因此,路由器具有判断网络地址和选择 IP 路径的功能,它能在多网络互联环境中建立灵活的连接,可用完全不同的数据分组和介质访问方法连接各种子网,路由器只接受源站或其他路由器的信息,属于网络层的一种互联设备。

图 3-2 路由器

路由器工作在 IP 协议网络层,用于实现子网之间转发数据。路由器一般都有多个网络接口,包括局域的网络接口和广域的网络接口。每个网络接口连接不同的网络,路由器中记录有每个网络端口相连的网络信息。同时路由器中还保存有一张路由表,它记录去往不同网络地址应送往的端口号。因特网用户使用的各种信息服务,其通信的信息最终均可以归结为以 IP 包为单位的信息传送,IP 包除了包括要传送的数据信息外,还包含有信息要发送到的目的 IP 地址、信息发送的源 IP 地址,以及一些相关的控制信息。当一台路由器收到一个 IP 数据包时,它将根据数据包中的目的 IP 地址项查找路由表,根据查找的结果将此 IP 数据包送往对应端口。下一台 IP 路由器收到此数据包后继续转发,直至发到目的地。路由器之间可以通过路由协议来进行路由信息的交换,从而更新路由表。

选用路由器,重点关注的参数包括:

(1) CPU。CPU 是路由器最核心的组成部分。不同系列、不同型号的路由器,其中的

CPU 也不尽相同。处理器的好坏直接影响路由表查找时间和路由计算能力。

（2）内存。在满足需求的情况下，适度增大内存有利于提高路由器性能。

（3）吞吐量。路由器吞吐量表示的是路由器每秒能处理的数据量，是路由器性能的直观反映。

3.3.3 服务器系统

3.3.3.1 服务器系统设计考虑因素

选择服务器主要考虑以下三方面因素。

1. 适用性

无论服务器性能多么好，没有合适的软件，仍然不能充分发挥它的作用。因此，在实际环境中，服务器的使用情况比较复杂，必须考虑目前和今后软件的使用情况。而软件除了系统软件外，还有用户专门开发或定制的应用软件。

2. 性能

目前，服务器的型号很多，性能方面的差距也很大。作为服务器来讲，除了 CPU 速度之外，更重要的是 I/O 速度和多处理器配合使用的效率。

3. 可靠性

这是服务器和普通工作站的最大区别，也是衡量服务器性能最重要的因素。对于重要的应用环境来说，可靠性最重要的是保存在硬盘中资料的可靠保护，以及服务器的平均无故障时间。一旦服务器中的数据发生问题，损失难以估量。

3.3.3.2 服务器分类与选型

1. 分类

依据不同的标准，服务器有多种分类方法。按应用层次划分，服务器可以分为入门级服务器、工作组服务器、部门级服务器和企业级服务器。按应用类型分，可分为文件服务器、Web 服务器、数据库服务器、邮件服务器等。对于计算机系统集成而言，最常用的分类方法是按照体系架构分类，通常分为 x86 架构服务器和非 x86 架构服务器。

（1）x86 架构服务器

x86 架构服务器，又称 CISC（复杂指令集）架构服务器，即通常所讲的 PC 服务器，它是基于 PC 机体系结构，使用英特尔或其他兼容 x86 指令集的处理器芯片的服务器。价格便宜、兼容性好、稳定性较差、安全性不算太高，主要用在中小企业和非关键业务中。近年来，由于分布式计算水平的提升、虚拟化技术的广泛应用和系统软件架构水平的提高，x86 服务器集群的性能参数已经得到了飞速提升，甚至可以处理过去必须由大型机才能完成的任务，这为 x86 服务器的深入应用带来了美好前景。

（2）非 x86 架构服务器

非 x86 服务器，包括大型机、小型机和 UNIX 服务器，它们是使用 RISC（精简指令集）处理器,并且主要采用 UNIX 和其他专用操作系统的服务器。主流的精简指令集处理器主要有 IBM 公司的 POWER 处理器、英特尔研发的安腾处理器等。这种服务器价格昂贵,体系封闭,但是稳定性好,性能强,主要用在金融、电信等大型企业的核心系统中。

2. 选型

构建城市地下空间信息平台,选择服务器时可按照如下建议考虑:

(1) 数据库服务器

数据库服务器是系统的核心,位于系统后端与数据直接相关,承担着所有业务系统用户数据 I/O、数据更新、删除、存储管理以及数据结构重建等处理任务。因而,业务系统用户数量(特别是可能的并发用户访问量)、业务复杂程度直接决定了数据库服务器的性能需求。就城市地下空间信息基础平台而言,存储了大量的空间数据,其服务对象可能包括政府管理部门、各专业管理单位、管线公司、设计院等,主要业务种类是数据的采集、分类、存储以及分析归纳、数据匹配和报表处理,因而无论从并发用户访问量还是从业务复杂程度来说,对数据库服务器的性能要求都是比较高的。因此,一般建议选用小型机或者多台高性能 x86 服务器组成的集群承担数据库服务器角色。此外,城市地下空间信息基础平台数据库服务器选用时,还应考虑可靠性和经济性要求,小型机的可靠性一般能达到 99% 以上,而单一的 x86 服务器则可靠性较差。

(2) 应用服务器

应用服务器位于 Web 服务器和数据库服务器之间,负责对 Web 服务器收到的请求进行业务处理,给出这些请求的数据服务路径并把请求进一步交给数据库服务器。应用服务器需要对请求进行分类并根据业务类型的不同进行事务处理,因而应用服务器处理的请求虽然不像数据库服务器那样繁重,但是依然需要较高性能。可考虑由含有可伸缩机制的 x86 服务器群组(如虚拟服务器组)承担应用服务器功能。

(3) Web 服务器

Web 服务器位于系统的前端,主要是接收用户的访问以及发布信息。Web 服务器的响应速度直接决定了用户提交请求和收到回复的时间,它承担的任务复杂程度低,但是要求响应速度快,因而对于 Web 服务器来说,应该寻求一种能够快速处理简单任务请求的解决方案。一般情况下,Web 服务器可由 x86 服务器承担。

3. 服务器选型指标

构建城市地下空间信息基础平台,选购服务器时,应重点从以下性能指标考虑:

(1) CPU

无论是 x86 架构服务器还是非 x86 架构服务器,CPU 都是最重要的技术指标。一般情况下,需要考虑 CPU 的主频,主频越高的 CPU 计算速度越快。缓存也是 CPU 的一项重要性能,通常情况下,CPU 会有 L1,L2,L3 三级缓存,可以帮助 CPU 在计算过程中存储一些数据块,避免到内存甚至硬盘上读取数据。此外,多核心技术的引入,使得在服务器选型时需考虑 CPU 的核心数,在其他性能参数相当的情况下,核心数多的 CPU 运算速度更快。

（2）内存

正常情况下，服务器选购时内存是可配置的。原则上为每个运算单元（CPU 核心）配置 2～4 G内存，可以满足各种复杂运算的需要。

（3）服务器整体架构

服务器整体架构更多体现了服务器的可扩展性。例如，在服务器使用一段时间后，可以扩充 CPU 和内存的数量；又如，服务器配置了足够多的插槽，可以满足今后的扩展需求等。

（4）冗余部件

考虑到一些应用的重要性，承载这些应用的服务器必须不间断工作，或间断时间被限制在一定范围内。因此，需要为这些服务器配置冗余部件，例如，配置双电源、双网卡、双光纤通道卡等。

3.3.4 存储系统

3.3.4.1 存储系统分类与选型

存储系统按照体系结构一般分为 DAS，NAS 和 SAN 三种。

1. 直接附加存储

直接附加存储（Direct Attached Storage，DAS），是传统存储架构模式，是一种基于主机存储控制器扩展存储容量且以服务器为中心的存储模式，因而有管理简洁、技术复杂度低的优势。但是由于存储系统是通过主机存储控制器进行扩充的，因而其存储扩展容量有限，并且随着存储容量的扩展将为主机带来更大的处理开销，性能将会直线下降。而且，数据的访问必须通过服务器来实现，数据的传输基于以太网，因而对于大型的数据中心来说，这种网络 DAS 存储模式将成为数据 I/O 的瓶颈。如图 3-3 所示。

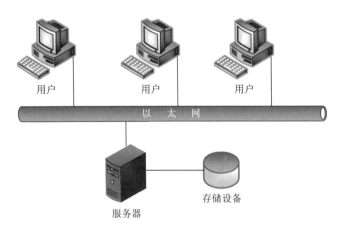

图 3-3　DAS 示意图

2. 网络附加存储

网络附加存储（Network Attached Storage，NAS）是一种以数据为中心的存储模式。它是基于以太网实现的直接数据访问，针对文件类型数据存储和读取进行了特别优化。从技术角度看,它是一种将服务器与存储设备集成的存储系统,因而也是一种基于服务器的存储,但是这个服务器软件是集成于存储系统中的,由于这种集成性,所以在满足应用需求方面不是非常灵活,在某些应用领域受到限制,而该存储系统的硬件性能也直接决定了整个存储系统的性能,因为它要同时处理访问请求和存储 I/O。由于上述这些原因,NAS 也不适合大型数据中心的应用,特别是涉及数据库系统的应用。如图 3-4 所示。

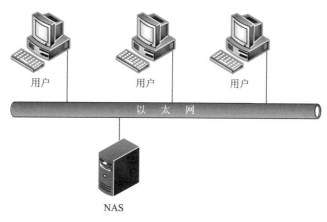

图 3-4　NAS 示意图

3. 存储区域网络

存储区域网络(Storage Area Network,SAN),是为数据存储专门构建的一套网络系统的集合,包括存储设备、存储网络设备以及主机适配器等。SAN 具有存储空间大(可方便地扩充至几十 TB)、扩展灵活(增加硬盘、扩展柜或阵列柜即可)、存取速度快(RAID0,RAID5,RAID10 等均能实现并行存取)、可靠性高(如 RAID5 方式下单盘损坏不会丢失数据,双控制器、双 SAN 交换机、热后备盘等技术方式进一步增强了可靠性)、共享性好(可将 SAN 存储中心硬盘空间的不同分区分给不同的服务器使用,也可将同一分区分给多个服务器使用)、数据统一管理(多个服务器的数据统一存于 SAN 存储柜中,可统一备份、统一做 RAID、统一使用 hotspare 盘等)等特点,多个电子信息服务系统的数据统一存于其中,共享该数据中心,因而 SAN 才是最适合作为大型数据中心的存储系统。如图 3-5 所示。

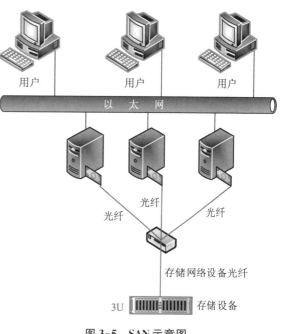

图 3-5　SAN 示意图

SAN 主要具有以下优势：

（1）SAN 具有无限的扩展能力。由于 SAN 采用了网络结构，服务器可以访问存储网络上的任何一个存储设备，用户可以自由增加磁盘阵列、带库和服务器等设备，使整个系统的存储空间和处理能力可以按客户需求不断扩大。

（2）SAN 具有更高的连接速度和处理能力。SAN 采用了为大规模数据传输而专门设计的光纤通道技术，目前的传输速度为 8 G 和 16 G。从实测的结果看，SAN 系统可以在不占用大量 CPU 的情况下，轻松地超越 NAS 与 DAS 的性能。

（3）SAN 可以适用于非线性编辑、服务器集群、远程灾难恢复、因特网数据服务等多个领域，便于系统灵活、方便地扩充。

3.3.4.2 RAID 技术

独立磁盘冗余阵列（Redundant Array of Independent Disks，RAID）是把相同的数据存储在多个硬盘的不同的地方（因此冗余）的方法。通过把数据放在多个硬盘上，输入输出操作能以平衡的方式交叠，改良性能，因为多个硬盘提高了平均故障间隔时间（MTBF），储存冗余数据也提高了容错能力。

1. 主要技术优点

（1）提高传输速率

RAID 通过在多个磁盘上同时存储和读取数据来大幅提高存储系统的数据吞吐量。在 RAID 中，可以让多个磁盘驱动器同时传输数据，而这些磁盘驱动器在逻辑上又是一个磁盘驱动器，所以使用 RAID 可以达到单个磁盘驱动器几倍、几十倍甚至上百倍的速率。这也是 RAID 最初想要解决的问题，因为当时 CPU 的速度增长很快，而磁盘驱动器的数据传输速率无法大幅提高，所以需要有一种方案解决二者之间的矛盾，RAID 最后成功了。

（2）通过数据校验提供容错功能

普通磁盘驱动器无法提供容错功能，如果不包括写在磁盘上的 CRC（循环冗余校验）码的话。RAID 容错是建立在每个磁盘驱动器的硬件容错功能之上的，所以它能提供更高的安全性。在很多 RAID 模式中都有较为完备的相互校验/恢复的措施，甚至是直接相互的镜像备份，从而大大提高了 RAID 系统的容错度，提高了系统的稳定冗余性。

2. 主要技术规范

RAID 技术主要包含 RAID 0—RAID 5 等数个规范，它们的侧重点各不相同，最常见的主要技术规范如下：

（1）RAID 0

RAID 0 连续以位或字节为单位分割数据，并行读/写于多个磁盘上，因此具有很高的数据传输率，但它没有数据冗余，因此并不算真正的 RAID 结构。RAID 0 只是单纯地提高性能，并没有为数据的可靠性提供保证，而且其中的一个磁盘失效将影响到所有数据。因此，

RAID 0 不能应用于数据安全性要求高的场合。

（2）RAID 1

RAID 1 是通过磁盘数据镜像实现数据冗余，在成对的独立磁盘上产生互为备份的数据。当原始数据繁忙时，可直接从镜像拷贝中读取数据，因此 RAID 1 可以提高读取性能。RAID 1是磁盘阵列中单位成本最高的，但提供了很高的数据安全性和可用性。当一个磁盘失效时，系统可以自动切换到镜像磁盘上读写，而不需要重组失效的数据。

（3）RAID 01/10

根据组合分为 RAID 10 和 RAID 01，实际是将 RAID 0 和 RAID 1 标准结合的产物，在连续以位或字节为单位分割数据并且并行读/写多个磁盘的同时，为每一块磁盘作磁盘镜像进行冗余。它的优点是同时拥有 RAID 0 的超凡速度和 RAID 1 的数据高可靠性，但是 CPU 占用率同样也更高，而且磁盘的利用率比较低。RAID 10 是先镜像再分区数据，再将所有硬盘分为两组，视为 RAID 0 的最低组合，然后将这两组各自视为 RAID 1 运作。RAID 01 则是跟 RAID 10 的程序相反，是先分区再将数据镜像到两组硬盘。它将所有的硬盘分为两组，变成 RAID 1 的最低组合，而将两组硬盘各自视为 RAID 0 运作。性能上，RAID 01 比 RAID 10 有着更快的读写速度。可靠性上，当 RAID 10 有一个硬盘受损，其余三个硬盘会继续运作；RAID 01 只要有一个硬盘受损，同组 RAID 0 的另一只硬盘亦会停止运作，只剩下两个硬盘运作，可靠性较低。因此，RAID 10 远较 RAID 01 常用，零售主板绝大部分支持 RAID 0/1/5/10，但不支持 RAID 01。

（4）RAID 5

RAID 5 不单独指定奇偶盘，而是在所有磁盘上交叉地存取数据及奇偶校验信息。在 RAID 5 上，读/写指针可同时对阵列设备进行操作，提供了更高的数据流量。RAID 5 更适合于小数据块和随机读写的数据。RAID 3 与 RAID 5 相比，最主要的区别在于 RAID 3 每进行一次数据传输就需涉及所有的阵列盘，而对于 RAID 5 来说，大部分数据传输只对一块磁盘操作，并可进行并行操作。在 RAID 5 中有"写损失"，即每一次写操作将产生四个实际的读/写操作，其中两次读旧的数据及奇偶信息，两次写新的数据及奇偶信息。

3.3.4.3 存储系统选型指标

存储系统选型时需要考虑的技术指标较服务器更多，涉及的知识和技术也更复杂。当构建城市地下空间信息基础平台时，笔者认为以下几个指标较为重要。

1. 最大支持容量

磁盘阵列的最大支持容量决定了设备的可扩展性。一般情况下，城市地下空间信息基础平台的数据量都是数 TB 至数十 TB 级别的，因此，建设平台时一定要根据容量大小选择相应的阵列产品。

2. 支持 RAID 类型

一般情况下，为了保证平台数据的安全性和读取效率，一定会对磁盘阵列进行 RAID 设置。对城市地下空间信息基础平台来说,一般会选择 RAID10 或 RAID5,需要磁盘阵列支持两种 RAID 类型。

3. 控制器性能与类型

控制器是磁盘阵列的核心部件,内置了 CPU、缓存、磁盘管理软件,控制器的好坏会直接影响磁盘阵列的性能。此外,控制器类型也是选择磁盘阵列时需考虑的内容,城市地下空间信息基础平台一般需要构建 SAN 架构的阵列,但是,有时也考虑 SAN 与 NAS 混合使用。

4. 软件配置

这里的软件配置主要指磁盘阵列附带的快照、克隆、远程复制等软件许可。对于高性能磁盘阵列来说,这些软件非常有用,甚至可以替代数据备份系统高效地完成磁盘阵列数据备份工作。此外,运用快照技术,还可以提高磁盘阵列的容错性能,防止因错误造成的数据损失。

5. 其他

一些磁盘阵列生产厂家集成了一些有用的功能,可能对城市地下空间信息平台的建设非常有用。例如,有的磁盘阵列集成了 Oracle 命令的调用;又如,有的磁盘阵列与 VMWare 进行了部分功能集成,可以方便地进行虚拟机备份以及 SAN boot 等,城市地下空间信息基础平台建设时可酌情采用。

3.3.5 备份系统

3.3.5.1 数据备份的必要性

数据备份顾名思义,就是将数据以某种方式加以保留,以便在系统遭受破坏或其他特定情况下,重新加以利用的一个过程。

在系统正常工作的情况下,数据备份工作是系统的一个"额外负担",或多或少会给正常业务系统带来一定性能和功能上的影响。然而数据备份作为存储领域的一个重要组成部分,其在存储系统中的地位和作用都不容忽视。对一个完整的 IT 系统而言,备份工作是其中必不可少的组成部分,其意义不仅在于防范意外事件的破坏,而且还是历史数据保存归档的最佳方式。换言之,即便系统正常工作,没有任何数据丢失或破坏发生,备份工作仍然具有非常大的意义。简单地说,一份数据备份的作用,不仅仅像房门的备用钥匙一样,当原来的钥匙丢失或损坏了,才能派上用场,有时候,数据备份的作用,更像是为了留住美好时光而拍摄的照片,把暂时的状态永久地保存下来,供分析和研究。当然,现实中不可能凭借一张儿时的照片就回到从前,在这一点上,数据备份就更显神奇,一个存储系统乃至整个网络系统,完全可以回到过去的某个时间状态,或者重新"克隆"一个指定时间状态的系统,只要在这个时间点上有一个完整的系统数据备份。

还有一个需要澄清的问题,数据备份更多地是指数据从在线状态,剥离到离线状态的过程,这与服务器高可用集群技术以及远程容灾技术在本质上有所区别。虽然从目的上讲,这些技术都是为了消除或减弱意外事件给系统带来的影响,但是,由于其侧重的方向不同,实现的手段和产生的效果也不尽相同。集群和容灾技术的目的,是为了保证系统的可用性,也就是说,当意外发生时,系统所提供的服务和功能不会因此而间断。对数据而言,集群和容灾技术是保护系统的在线状态,保证数据可以随时被访问。相对来说,备份技术的目的,是将整个系统的数据或状态保存下来,这种方式不仅可以挽回硬件设备损坏带来的损失,也可以挽回逻辑错误和人为恶意破坏造成的损失。然而,一般来说,数据备份技术并不保证系统的实时可用性,也就是说,一旦意外发生,备份技术只保证数据可以恢复,但是恢复过程需要一定的时间,在此期间,系统是不可用的。在具有一定规模的系统中,备份技术、集群技术和容灾技术互相不可替代,并且稳定和谐地配合工作,共同保证系统的正常运转。

3.3.5.2 定时数据备份策略

备份策略指确定需备份的内容、备份时间及备份方式。要根据自己的实际情况制订不同的备份策略。目前被采用最多的备份策略主要有完全备份、增量备份和差分备份三种。

1. 完全备份

完全备份是指每天对自己的整个系统进行备份。例如,星期一用一盘磁带对整个系统进行备份,星期二再用另一盘磁带对整个系统进行备份,依此类推。这种备份策略的好处是:当发生数据丢失的灾难时,只要用一盘磁带(即灾难发生前一天的备份磁带),就可以恢复丢失的数据。然而它亦有不足之处,首先,由于每天都对整个系统进行完全备份,造成备份的数据大量重复,这些重复的数据会占用大量的磁带空间,这对用户来说意味着成本的增加。其次,由于需要备份的数据量较大,因此备份所需的时间较长。对于业务繁忙、备份时间有限的单位来说,选择这种备份策略不明智。

2. 增量备份

增量备份是指在一星期中的某天进行一次完全备份,然后在接下来的 6 天里只对当天新的或被修改过的数据进行备份。这种备份策略的优点是可节省磁带空间,缩短备份时间。它的缺点在于,当灾难发生时,数据的恢复比较麻烦。例如,系统在星期天进行了完全备份,而在星期三的早晨发生故障,丢失了大量的数据,那么现在就要将系统恢复到星期二晚上时的状态,这时系统管理员就要首先找出那盘完全备份磁带进行系统恢复,然后再找出星期一的磁带来恢复星期一的数据,找出星期二的磁带来恢复星期二的数据。很明显,这种方式很繁琐。此外,这种备份的可靠性也很差。在这种备份方式下,各盘磁带间的关系就像链子一样,一环套一环,其中任何一盘磁带出了问题都会导致整条链脱节。比如在上例中,若星期二的磁带出了故障,那么管理员最多只能将系统恢复到星期一晚上时的状态。

3. 差分备份

差分备份是指管理员先在星期天进行一次系统完全备份,然后在接下来的几天里,管理员再将当天所有与星期天不同的数据(新的或修改过的)备份到磁带上。差分备份策略在避免了以上两种策略的缺陷,同时,又具有它们所有的优点。首先,它无须每天都对系统做完全备份,备份所需时间短,并可节省磁带空间;其次,它的灾难恢复也很方便,系统管理员只需两盘磁带,即星期一的磁带与灾难发生前一天的磁带,就可以将系统恢复。

4. 基本数据备份及恢复策略

增量备份和差分备份都能以比较经济的方式对系统进行备份,这两种方法的备份方法都依赖于时间,或者是基于上一次增量备份,或者基于上一次完全备份。

典型的主机备份策略如图 3-6 所示。

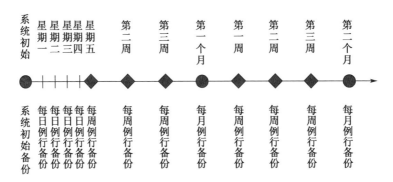

图 3-6　主机备份策略示意图

一般来说,应用系统平台在稳定运行后,不会出现经常性的不稳定运行和崩溃,不需要经常进行全备份。在系统稳定运行后,需要做一次相关系统的全备份,并且在每个季度末和每年年底,或每次对系统进行更改配置后,分别进行系统的全备份。在系统出现问题后,可以采用系统初始备份或最近一次全备份中的系统备份进行恢复。

对于业务数据而言,备份周期越短越好。因此,在多数情况下,管理人员会选择在每天的凌晨 1:00—4:00,或其他业务最空闲的时候进行业务数据备份工作。由于业务数据不断更新,为了节省磁盘空间,提高数据备份的效率,对于业务数据的备份一般采用增量备份或差分备份方式(视具体业务系统而定)。

数据恢复必须建立在数据备份的基础上,因此,根据备份策略的设计,可对业务数据每天、每周进行不同级别的增量备份,每个月、每个季度、每年进行一次数据的完全备份,可以通过手工或脚本方式实现业务数据在备份区域上的备份。在恢复数据时,首先,恢复最近的一次数据全备份,在每个月和每个星期的末尾进行数据全备份;然后,依次恢复之后的增量备份,直至故障发生时为止。

3.3.5.3　数据架构技术

根据用户需要备份的数据量大小、对备份速度的要求、对自动化程度的要求等,可以选择不同档次的设备。备份设备多种多样,主要分为磁带机、自动加载机、磁带库,而磁带库又分为入门级、企业级和超大容量等几个级别。

1. 磁带机

磁带机,又称磁带驱动器,简称带机,是读写磁带的基本设备。它通过 SCSI 线缆与服务器直连,相当于服务器的外设,分为内置和外置两种。一台磁带机一次只能容纳一盘磁带,需要人工换带,自动化程度低。一般只用于单台服务器备份,适合于数据量非常小的企业。

2. 自动加载机

自动加载机内一般能够容纳 4~20 盘磁带。它与磁带库的主要区别在于不是通过机械手抓取磁带,而是通过一个简单的自动传送装置移动磁带,并且只能配一台磁带驱动器。因此实现成本较低,但功能也受到限制。它虽然能够支持自动备份,但仍然属于低端的备份设备,适合于单台服务器或小型网络。

3. 磁带库

磁带库,通常简称为带库,是专业的备份设备,主要由库体、磁带驱动器、磁带槽位、磁带交换口、控制面板、机械手和电子控制单元组成。库体内的大部分空间用于放置磁带,一台或多台驱动器安装在库体内专门的位置,用于读写磁带。当带库工作时,机械手在管理软件和电子控制单元的控制下移动,通过安装在机械臂上的条码读取器寻找相应的磁带,然后将其抓取到驱动器内,读或写操作完成后,再由机械手将磁带取出,放回磁带槽位。由于带库内可安装多个驱动器,因此能够支持并发的多任务。对于一项大的备份任务,也可以分配到多个驱动器上并行读/写,从而可大大提高备份效率,有效地缩小备份窗口。当然这些功能需要备份管理软件的支持。

一般磁带驱动器的厂商并不提供设备的驱动程序,对磁带驱动器的管理和控制工作完全是备份软件的任务。磁带的卷动、吞吐磁带等机械动作,都要靠备份软件的控制完成。所以,备份软件和磁带机之间存在一个兼容性的问题,这二者之间必须互相支持,备份系统才能正常工作。备份软件的主要功能可以归纳为:磁带库管理、备份数据管理、备份策略制订、工作过程控制、数据恢复等。

随着存储技术的发展,在 SAN,NAS 存储架构中,备份技术也发展出了 LAN Free Backup 技术。所谓 LAN Free Backup,顾名思义,就是指释放网络资源的数据备份方式。在 SAN 架构中,LAN Free Backup 的实现机制一般如图 3-7 所示。备份服务器向应用服务器发送指令和信息,指挥应用服务器将数据直接从磁盘阵列中备份到磁带库中。在这个过程中,庞大的备份数据流不流经网络,从而可为网络节约宝贵的带宽资源。

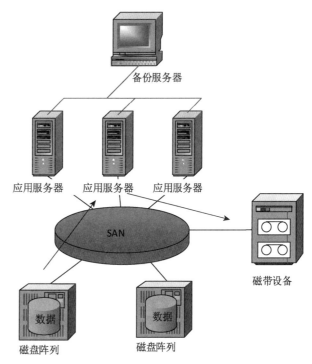

图 3-7 LAN Free Backup 的实现机制

3.3.6 安全系统设计

3.3.6.1 信息系统脆弱性和潜在危险性分析

业务系统存在的安全风险主要来自系统所处环境中可能存在安全威胁和构建系统而造成的系统脆弱性两方面,这两方面相互影响、相互作用,共同构成了系统的安全风险。下面以上海地下空间信息基础平台为例,分析系统安全风险。

首先,上海地下空间信息基础平台系统的网络体系比较复杂、应用系统多,网络规模不断扩大,并将扩展连接到因特网。同时,由于上海地下空间信息基础平台系统网络和上海市公务网/政务网及其他单位的网络直接连接,需要对外部用户访问进行控制;条线系统内各分支机构共用一个网络平台可以互联互通,需要对各部门所属的应用系统进行访问控制,同时也需要控制网络病毒传播;通过外部网络访问因特网和提供因特网服务,需要防止来自外部的黑客攻击等。

其次,由于在网络技术与协议上的开放性,以及在使用和管理上需要逐步制定一系列的制度和规范的问题,使网络技术的迅速发展带来了数据安全方面的新挑战,如何保护机密信息不受黑客和不法分子的入侵,保证系统的安全性和完整性等问题显得尤为重要。根据上海地下空间信息基础平台系统的实际情况分析,认为该系统潜在的威胁,从技术与管理上表现在以下几个方面。

1. 来自因特网的入侵

由于该系统运行过程中存在一个有利益驱动的信息流动,因此,攻击该业务系统的各个部分,非法获取"地下空间信息",利用信息发布系统,发布伪造的"空间信息"等都可以直接或间接地获取非法收益,因而这类攻击的可能性是存在的。而且,即便是采取了相对有力的安全措施,随着业务系统服务面的扩大,不法信息的有偿使用、有偿发布等也必然会不利于安全防范。因此,防止业务系统遭受黑客攻击是一个必然的选择。同时,还应密切注意系统可能受到的有害信息的干扰和影响,严格防止出现发布虚假信息、泄漏敏感信息等重大或特大网络案件的发生。

2. 破坏业务数据的完整性

由于外部入侵可能无法直接攻入业务系统内部,不法分子可能会采用其他手段干扰系统运行,最大可能是破坏业务数据的完整性。攻击者可能以非法手段,如空中信息截取、数据记录分析、暴力口令猜测等方法,窃得对业务数据的知情权或使用权,或是拼接、伪装一个根本不存在的业务数据内容,或是将一个已经存在的业务数据递交过程重复反演,达到删除、修改或重发某些重要信息,或是恶意添加、修改某些重要数据,甚至直接恶意破坏系统,扰乱正常、合法的业务操作过程,造成数据丢失,数据下传失效等,甚至错误地重复下达业务指令等,这些都可能造成很大的社会危害。

3. 干扰业务系统运行

当业务保护相对完善时,攻击者可能会对业务系统发起攻击以干扰业务系统的运行,最为常见的是发动 Synk Flooding，Ping of Death 等 DoS 或 DDoS 攻击，直接攻击专用网的服务网关或服务器群组，造成地下空间管理业务服务出现中断、错乱，甚至业务逻辑上的混乱，使业务系统被迫修改、调整服务方式，破坏者则会试图在业务系统的中断服务或变更服务过程中获益。

4. 系统的病毒侵害

计算机病毒的泛滥会对网内的计算机用户造成极大的损失，尤其是可能攻击业务系统各个业务服务器的操作系统、中间件和数据库，这些病毒会利用业务主机上操作系统的漏洞、业务自身的不安全设置，如文件共享等扩散传播的病毒，严重影响系统的正常运行。

5. 传输线路的不安全性

由于传输线路可能完全暴露于攻击者的攻击范围内，因此，系统必须慎重对待诸如网络口令猜测、业务数据的网络监听和截取、非法直接搭接通信线路等数据传输安全问题。攻击者完全有可能在一个固定的时间段内(如两个月)对一个中等强度的口令发起攻击，通过利用一个简单的网络程序实现对业务系统某重要账户的猜测过程。系统应充分考虑到这种传输网络被恶意连接的安全威胁。

6. 物理损坏或自然灾难的影响

由于业务系统运行于一个复杂的计算机网络系统之上，而现阶段业务系统还不可能完全做到系统级实时备份，完全地、可实时切换的业务系统不仅造价高，目前也没有必要。但同时考虑到系统数据的重要性，在现阶段应着重考虑数据及系统的备份，尤其是系统数据及时准确地恢复。在系统建设完成并投入运行后，再逐步考虑备份业务系统、冷热系统切换直至热冗余系统构建，达到 7 级系统灾难备份的水平。

7. 安全管理的缺陷

虽然系统已经建立了一定的计算机管理制度，但难免挂一漏万，如在机房管理、人员管理和计算机管理方面等，例如，在机房管理上，可能会由于管理的疏漏，使外部人员未按规定进入机房并利用非法获取的用户密码进行操作，从而绕过防御系统而直接进入主服务器，造成信息流失。

此外，尽管采取了多种安全防范措施，业务系统自身还是有可能存在以下脆弱点。

1. 非授权访问

有意避开地下空间信息管理系统的设备鉴别和用户访问控制机制，对系统设备及资源进行非正常使用，擅自扩大权限，越权访问信息，如恶意修改合法的业务服务程序，在数据报送业务中非法查询非授权业务数据行为等均是业务系统必须考虑的问题。

2. 业务用户被非法冒充

由于地下空间信息管理系统用户数量庞大，而且业务系统服务的用户种类繁杂，这为冒充业务用户、伪装业务服务等提供了便利。网上"攻击者"可能会非法增加节点，使用假冒主机欺骗合法用户及主机；使用假冒的系统控制程序套取或修改使用权限、口令、密钥等信息，例如，在公网内假借某种名义建立信息发布网站，套取地下空间信息管理系统的口令，然后，利用这些信息进行登录,从而达到欺骗业务系统、占用合法用户资源的目的,或是伪装发布网站,发布虚假信息,导致社会动荡。

3. 来自业务内部人员的威胁

来自内部员工(或者内外勾结)的破坏行为,往往对整个系统的破坏作用更大,内部的破坏也可能是无意识的,如操作人员的误操作,但是由此而造成的影响却是巨大的,因此建立健全一个有技术保障的业务监管体制是非常必要的,同时,需要采取严格的内容监管和发布流程,防止出现信息的错误发布。

4. 缺少基于整体安全策略的统一的管理平台和手段

复杂而庞大的系统若没有统一的基于策略的管理,则会导致安全管理效果下降。根据木桶原理,系统整体安全效果取决于最薄弱的环节,分散和不统一的安全管理需要通过策略指引和相应的技术手段来改变,所以安全系统构建需要考虑冗余设计及强有力的统一管理平台。

综合分析以上系统可能存在的威胁和脆弱点,并对系统可能的安全隐患及可能造成的后果评估后,信息系统潜在的威胁和脆弱点按重要性排序依次是:

(1) 网络病毒及蠕虫入侵传播威胁;

(2) 非法的访问控制请求;

(3) 业务数据完整性被破坏和传输线路信息泄漏;

(4) 非授权访问和冒充合法用户;

(5) 来自内部人员的安全操作威胁;

(6) 系统受到黑客入侵、网页被篡改、服务被干扰等;

(7) 系统恢复能力弱和受到自然灾难的影响。

3.3.6.2 安全系统建设基本原则

作为一个大型的信息系统,安全系统的建设过程中必须遵循一定的指导原则,同时,遵守国家的相关法律法规。从宏观方面来说,系统建设过程中必须遵循以下建设指导原则:

(1) 必须遵守国家相关法律法规及管理规定。系统建设必须符合国家有关法律、法规、政策,必须符合国家、地方和有关计算机信息安全管理部门的规定。

(2) 全方位实现安全性。安全性设计必须从全方位、多层次进行考虑,即通过物理层、链路层、网络层、应用层、系统层等安全性设计措施来确实保障系统安全。

(3) 管理与技术相结合。通过行政管理措施、机制和软、硬件技术相结合,做到事先防范、事后补救的安全目标。

(4) 主动式安全和被动式安全相结合。主动式安全主要从人的角度考虑,通过安全教育与培训,提高员工的安全意识,主动自觉地利用各种工具加强安全性;被动式安全则主要从具体安全措施的角度考虑,如防火墙措施、防病毒措施等。

(5) 切合实际实施安全性。必须紧密切合要进行安全防护的实际对象来实施安全性,以免过于庞大冗杂的安全措施导致性能下降,要真正做到有的放矢、行之有效。

（6）易于实施、管理与维护。整套安全实施方案的设计必须具有良好的可实施性和可管理性,同时还要具有较好的易维护性。

（7）具有较好的可伸缩性。安全系统设计必须具有良好的可伸缩性,整个信息安全系统必须留有接口,以适应将来系统规模拓展的需要。

（8）节约系统投资。在保障安全性的前提下,必须充分考虑投资,将用户的利益始终放在第一位。应通过认真规划安全性设计,认真选择安全性产品(包括利用现有设备),达到为用户节约系统投资的目的。

3.3.6.3 安全系统总体架构规划

按照网络 OSI 的 7 层模型划分,网络信息系统的安全建设贯穿于网络系统整个 7 层架构,针对网络系统实际运行的 TCP/IP 协议,网络安全系统建设主要对应于网络信息系统的 4 个层次,具体各层面的安全措施如图 3-8 所示。

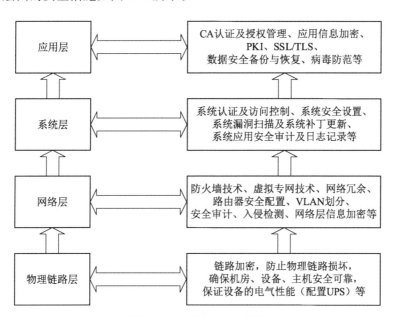

图 3-8 各层次的安全措施

（1）物理层:物理层信息安全的主要威胁是物理通路的损坏、物理通路的窃听、对物理通路的攻击(干扰)及网络设备及主机的物理安全等。应对物理层的安全威胁主要通过链路加密,防止物理链路损坏,确保机房、设备、主机安全可靠,保证设备电气性能(配置 UPS)等安全措施来保障。

（2）链路层:链路层的网络安全需要保证通过网络链路传送的数据不被窃听。主要采用VLAN 划分、信息通信加密传输等手段。

（3）网络层:网络层安全需要保证只允许经过授权的主机和用户使用授权的网络资源(IP主机、网络服务),保证网络路由信息的正确性,避免网络数据包被拦截、监听,避免网络资源被非法访问。

（4）操作系统：操作系统的安全要求保证操作系统访问控制、用户资料（口令、密码）的安全，同时能够对该操作系统上的应用进行安全审计。

（5）应用平台：应用平台指建立在操作系统上的应用软件服务，如数据库服务、电子邮件服务、Web 服务等。由于应用平台的系统非常复杂，通常采用多种技术（如 CA＋SSL＋Audit 等）来增强应用平台的安全性。

（6）应用系统：应用系统完成网络信息系统建设的最终目的，为系统实际业务应用提供服务。应用系统的安全与其自身的设计和实现技术关系密切。应用系统要使用操作系统及应用平台提供的安全服务来保证自身的基本安全，如通信内容安全、通信双方的认证、审计等手段，此外还要和网络安全体系中的其他安全系统结合来强化其安全性，如利用与身份认证及授权管理系统结合来强化应用系统的身份认证、授权管理力度及信息发布的抗抵赖性，与信息加密系统结合来对应用系统传输的机密信息进行加密传输等。

针对上海地下空间信息基础平台系统，其安全系统的建设需求是全方位的、整体的，需要在不同层次解决不同的安全问题。具体来说，系统整体安全层次划分和体系结构如表 3-1 所示。

表 3-1　　　　　　　　　　　安全层次划分和体系结构

数据安全	数据传输安全	数据加密	数据完整	
	数据存储安全	数据库安全	终端安全	备份
	防泄密	防抵赖	信息内容审查	
	用户身份认证与鉴别		授权	
网络安全	访问控制	检测	监测	审查分析
链路安全	链路加密			
主机系统安全	操作系统安全	反病毒	备份和应急	
硬件设备安全	硬件设备的安全放置、防电磁泄漏、防雷电			

3.4　三维可视化

3.4.1　三维可视化基本概念

人获取信息的第一印象是直观的感觉，首先从视觉、触觉、嗅觉、听觉等获取第一手信息，然后依靠思维能力，进行抽象的信息提取，这是通过医学观点论证并且符合人的生理功能的。从这一点出发，为了对现实世界进行真实的表达，就引发了可视化技术的发展。目前，科学可视化、计算机动画和虚拟现实技术蓬勃发展，成为计算机图形学领域三大热门研究方向，它们的核心都是三维真实感图形，也就是三维可视化技术。

人类是视觉动物,因此通过图形、图像比文字更容易理解事物的结构。对科学数据进行可视化表达,可使枯燥抽象的数据变得直观、生动,增强人们对数据的理解,同时,提供一系列工具,使得人们可以通过交互操作,对大量数据之间的关系进行分析。可视化是为了适应人脑的形象思维功能而产生的。爱因斯坦说过"想象力比信息更为重要(Imagination is better than information.)",在 GIS 的支持下,可以将"想象力"与"信息"结合起来,GIS 的可视化表达可以帮助用户发现蕴含于空间数据中难以直接发现的规律。

在计算机软、硬件技术支持下的三维可视化技术是目前计算机图形学领域的热点之一,其出发点是运用三维立体透视技术和计算机仿真技术,通过将真实世界的三维坐标变换成计算机坐标,通过光学和电子学处理模仿真实的世界并显示在屏幕上,具有可视化程度高、表现灵活多样、动态感和真实感强等优点。

三维图形可视化的基础是科学计算可视化,科学计算可视化技术的核心是三维空间数据的可视化。三维空间数据可以是标量数据(如温度、密度、高度等),也可以是矢量数据(如速度、应力等)。随着应用领域的不同,其结构也有很大差异,一般可分为结构化数据和非结构化数据。结构化的三维空间数据又可以分为规则分布的和不规则分布的两大类。

由于三维空间数据结构的不同,所以有多种不同的图形显示算法,但一般都要具备图 3-9 所示的五个部分。

整个流程的核心是可视化映射,其含义是,将经过处理的原始数据转换为可供绘制的几何图素和属性。这里,"映射"的含义包括可视化方案的设计,即需要决定在最后的图像中应该看到什么,又如何表现出来,如何用形状、光亮度、颜色以及其他属性表示出原始数据中人们感兴趣的性质和特点。

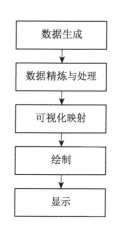

图 3-9 三维空间数据可视化流程图

3.4.2 三维可视化原理

三维可视化是为了使抽象空间数据看起来更加真实,就像平时眼睛所看到的真实世界一样,或至少接近人眼所看到的内容,比如说,自然光照射在物体上,物体反射到人眼产生图像。现实世界的物体都是三维的,通常用高度、宽度和深度来表示。在二维的计算机显示屏幕上模拟真实物体的高度、宽度和深度所成的像,称为三维图像。三维场景所处的空间称为世界,而代表这个空间的坐标系称为世界坐标系。观察者(视点)的位置、物体的位置都将通过该坐标系描述出来,描述它们的坐标称为世界坐标或图形坐标。

一般说来,用计算机在图形设备上生成真实感图形必须完成以下四个步骤:

(1) 建模,即用一定的数学方法建立所需三维场景的几何描述,场景的几何描述直接影响图形的复杂性和图形绘制的计算耗费。

(2) 将三维几何模型经过一定变换转为二维平面透视投影图。

（3）确定场景中所有可见面，运用隐藏面消隐算法将视域外或被遮挡住的不可见面消去。

（4）计算场景中可见面的颜色，即根据光学物理的光照模型计算可见面投射到观察者眼中的光亮度大小和颜色分量，并将它转换成适合图形设备的颜色值，从而确定投影画面上每一像素的颜色，最终生成图形。

要将三维物体显示在屏幕上，需要经过三个步骤：首先，要确定物体的世界坐标（X，Y，Z），建立物体的世界坐标数据库；其次，模型被旋转或平移到新的位置。旋转和平移的结果产生了一系列观察坐标（x，y，z）；最后，将被旋转和平移的三维模型投影（通过投影公式）到显示屏幕上，生成平面坐标（x'，y'）。

1. 空间位置和坐标

现实中的物体均处在一个三维空间里，每个物体都有上、下、左、右、前、后，而这样的两个物体就有了相对的位置，人眼与物体之间的相对位置，就是通常所说的物体的空间位置。

在数学上，可以用 3 个有刻度的坐标来描述这个空间位置关系，这就是人们最熟悉的笛卡尔直角坐标系（图 3-10）。整个处理三维数据的过程都是在这样的坐标系下完成的。

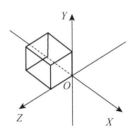

图 3-10　笛卡尔直角坐标系

2. 三维图形变换

三维模型是在世界坐标系中建立的，但在计算机屏幕上所显示的景观画面是在给定的视点和视线方向下，将三维地形场景投影到垂直于视线方向的二维成像平面（屏幕）上而形成的。将几何对象的三维坐标转换到其在屏幕上对应的像素位置，需要进行一系列坐标变换，一般统称为三维图形变换。计算机图形学中最基本的三维变换为几何变换、投影变换和视口变换。

（1）几何变换

几何变换是指三维场景中的物体运动姿态的变化，包括物体缩放，如图 3-11 所示。

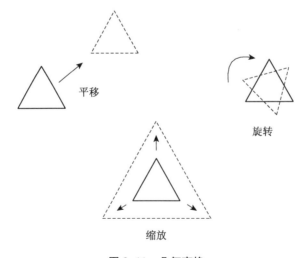

平移

旋转

缩放

图 3-11　几何变换

几何变换通常使用齐次坐标,这是为了便于用变换矩阵来实现透视模型的平移、旋转等各种变换。一般用四维空间坐标$[X, Y, Z, H]$来表示空间三维顶点$[x, y, z]$,变换关系如下:

$$[X \quad Y \quad Z \quad H]^{\mathrm{T}} = \left[\frac{X}{H} \quad \frac{Y}{H} \quad \frac{Z}{H} \quad 1\right]^{\mathrm{T}} \tag{3-1}$$

在一般的应用中,$H=1$,所以:

$$[X \quad Y \quad Z \quad H]^{\mathrm{T}} = [X \quad Y \quad Z \quad 1]^{\mathrm{T}} \tag{3-2}$$

所以,在三维显示时,首先按上述方法用齐次坐标表示地下空间三维数据的顶点。

其次,通过变换矩阵来实现透视模型的各种变换。

变换矩阵 $\boldsymbol{T}$ 的一般表达式为:

$$\boldsymbol{T} = \begin{bmatrix} a_{11} & a_{12} & a_{13} & p_1 \\ a_{21} & a_{22} & a_{23} & p_2 \\ a_{31} & a_{32} & a_{33} & p_3 \\ t_1 & t_2 & t_3 & r \end{bmatrix} \tag{3-3}$$

在公式(3-3)中,3×3 阶矩阵 a_{ij} 中包含了比例、反射、旋转等变换,1×3 阶子矩阵 t_i 中包含平移变换,3×1 阶子矩阵 p_i 中包含透视变换,r 是整体比例变换。矩阵 $\boldsymbol{T}$ 可以由一系列变换矩阵的乘积得到,用来实现透视模型的各种变换。

$\begin{bmatrix} 1 & 0 & 0 & 0 \\ 0 & 1 & 0 & 0 \\ 0 & 0 & 1 & 0 \\ t_1 & t_2 & t_3 & 1 \end{bmatrix}$ 表示平移变换,t_1,t_2,t_3 分别是在 x,y 和 z 方向上的平移量。

$\begin{bmatrix} S_1 & 0 & 0 & 0 \\ 0 & S_2 & 0 & 0 \\ 0 & 0 & S_3 & 0 \\ (1-S_1)X_{\mathrm{f}} & (1-S_2)Y_{\mathrm{f}} & (1-S_3)Z_{\mathrm{f}} & 1 \end{bmatrix}$ 表示比例变换,$(X_{\mathrm{f}}, Y_{\mathrm{f}}, Z_{\mathrm{f}})$ 是比例变换的

参考点,(S_1, S_2, S_3) 分别是沿 x,y 和 z 方向的缩放量。

$\begin{bmatrix} 1 & 0 & 0 & 0 \\ 0 & \cos\theta & \sin\theta & 0 \\ 0 & -\sin\theta & \cos\theta & 0 \\ 0 & 0 & 0 & 1 \end{bmatrix} \cdot \begin{bmatrix} \cos\theta & 0 & -\sin\theta & 0 \\ 0 & 1 & 0 & 0 \\ \sin\theta & 0 & \cos\theta & 0 \\ 0 & 0 & 0 & 1 \end{bmatrix} \cdot \begin{bmatrix} \cos\theta & \sin\theta & 0 & 0 \\ -\sin\theta & \cos\theta & 0 & 0 \\ 0 & 0 & 1 & 0 \\ 0 & 0 & 0 & 1 \end{bmatrix}$

表示旋转变换,各乘积分量依次表示绕 x,y 和 z 轴的旋转角度。

(2)投影变换

物体是如何成像的呢?先看一下人眼如何观察事物。人眼观察事物是人眼的晶状体折射

物体的光线,光线在视网膜上投影形成影像。人眼有一定的视角,俗称视野,而视网膜是在晶状体后倒置的一个小的"显示屏"。在人眼之前放置一个显示屏,照射物体的光线投射到屏幕上成像的过程叫作投影。

从视点坐标系到屏幕显示器的二维平面坐标系的变换是投影变换。在计算机图形处理领域较多地采用透视投影,其变换过程通过投影变换和视区变换实现。

投影方法根据空间中物体映射在假定屏幕上的方式定义。一般定义为两种投影方式:平行投影和透视投影。

平行投影首先假定屏幕存在,由于透过屏幕与透过生活中的窗口观察物体不同,屏幕中的物体已经不可以相对观察者变动了,所以为屏幕设定一个观察位置,即距屏幕一定距离的一个观察点 A,如图 3-12 所示。A 位置的不同在平行投影中对屏幕的影像并没有影响,图 3-12 所示就是一种平行投影的方式,B 处为显示屏,"光线"由 C 处平行照射到屏幕上,将影像显示在屏幕上。

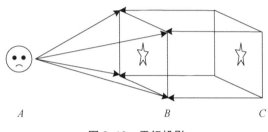

图 3-12　平行投影

观察图 3-12 中的投影,屏幕只能显示屏幕所限制的四边形区域向后平行延展的矩形区域,再考虑到人眼的观察能力或计算机的计算能力,这个矩形也不是无限延展的,那么定义平面 C 就有了限制作用。因此,OpenGL 在定义投影方式时,也定义了视点 A;一个平行视距,即 A,B 的距离;视场的左、右、上、下、前、后六个平面,并且六个平面围成一个矩形区域,即视场。

平行投影在 CAD 中广泛应用,其主视、俯视、侧视都是平行投影,但是此投影不能生成真实感效果,因为它丢失了深度信息,如图 3-13 所示,视场中一个立方体的平行投影结果,可以看出立方体被显示成一个平面四边形,这是因为采用了平行投影的原因。在平行投影中显示一个三维图形,需要将该图形转动一定的角度,使物体的各个边不重合地投影在屏幕中。正是因为这个原因,在三维程序中主要使用透视投影。

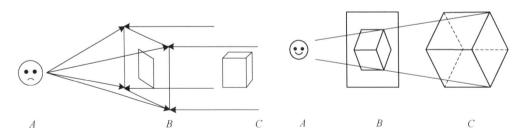

图 3-13　三维空间到投影平面的平行投影　　图 3-14　投影变换

透视投影首先也要假定屏幕存在,并为屏幕设定一个观察位置,即距屏幕一定距离的一个观察点 A。图 3-14 是一种透视投影的方式,B 处为显示屏,"光线"由 C 处照射到屏幕上,并且将影像显示在屏幕上。当进行透视投影时,空间中的物体所放射的所有光线都汇聚到观察者的眼睛上。

（3）视口变换

在计算机图形学中,视区变换的定义是将经过几何变换、投影变换后的物体显示在屏幕窗口指定的区域内,这个区域通常为矩形,称为视口(图 3-15)。

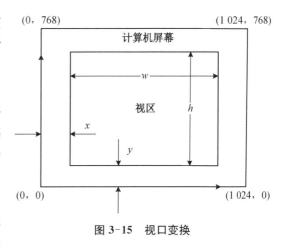

图 3-15　视口变换

3. 深度测试

在三维空间中,一些物体遮挡另一些物体是很自然的现象,而且这种遮挡关系随视点的不同而不同。为了保证物体显示的真实感,必须在显示立体视图时消去由于物体自身遮挡或相互遮挡而无法看见的线条和表面。清除一个物体被其他物体挡住的部分的操作称为消隐。常用的消隐操作是由深度缓冲方法实现的,深度缓冲为窗口的每个点保留一个深度值,该深度值记录了视点到占有该像素的目标的垂直距离,然后根据组成物体像素点的不同深度值,决定该点是否需要显示到屏幕上。

4. 光照模型

三维图形产生的逼真性取决于能否成功地模拟浓淡或明暗效果,即用光照模型计算可视面的亮度或色彩。浓淡处理并不能精确地模拟真实世界中光线和表面的性质,而只能逼近实际条件。一般逼真性越强,采用的光照模型就越复杂,计算量就越大。因此,在涉及光照模型时,要兼顾精度和计算效率两方面的要求。

与现实世界相似,计算机通过将光近似地分解成红色、绿色和蓝色分量来计算光和光照。也就是说,一种光的颜色由此光中的红色、绿色和蓝色分量的百分比数量所决定。

当光照射到某个表面时,根据表面的材质来确定此表面应该反射的光的红色、绿色和蓝色分量的百分比数量。

可以通过四种光的组合来模拟真实世界的光照:

（1）环境光。环境光看上去并不是来自任何特定的方向。即使存在一个光源,由于它强烈的散射性也不可能确定其方向。被环境光所照射的表面将光向各个方向均匀地反射。

（2）散射光。散射光来自一个确定的方向,但是它一旦遇到一个表面,就会被该表面向各个方向均匀地反射。无论人眼处于什么位置,此表面都显示出同样的亮度。

（3）镜面反射光。具有方向性,在表面的反射也有特定的方向。镜面反射光经常被称为亮光。

（4）反射光。带有反射光的物体看起来就好像其自身会发光,只不过这样的光不会对场景中的其他物体产生影响。反射光增加了物体的亮度,但是任何光源都不会影响反射光。

5. 纹理贴图

纹理映射技术也叫纹理贴图技术。在三维图形中,纹理映射的方法运用得很广,尤其用于描述具有真实感的物体上,也常常运用在其他一些领域,如飞行仿真中常把一大片植被的图像映射到一些多边形上用以表示地面,或用大理石、木材、布匹等自然物质的图像作为纹理映射到多边形上表示相应的物体。

简单地说,纹理分为两种:一类是通过颜色色彩或明暗的变化体现出来的表面细节,这种纹理称为颜色纹理;另一类纹理则是由于不规则的细小凹凸造成的,例如,橘子皮的皱纹和未磨光的凹痕等。生成颜色纹理的一般方法是在平面区域(即纹理空间)上预先定义纹理图案,然后建立物体表面的点与纹理空间的点之间的对应关系(即映射)。当物体表面的可见点确定之后,以纹理空间中对应点的值乘以亮度值,就可以把纹理图案附到物体的表面上。也可以用类似的方法给物体表面产生凸凹不平的凸包纹理。不过这时纹理值作用在法向量上,而不是作用于颜色亮度。

纹理的定义有连续法和离散法两种。连续法把纹理定义为一个二元函数,函数的定义域就是纹理空间。离散法把纹理函数定义在一个二维数组中,代表纹理空间中行间隔和列间隔固定的一组网格点上的纹理值。网格点之间的其他点的纹理值则通过两格点的值插值获得。通过纹理空间与物体空间之间的坐标变换,把纹理贴图赋到物体表面。

纹理是数据的简单矩阵阵列。这些数据包括颜色数据、亮度(流明)数据或者颜色和 alpha 数据。矩形纹理还可以粘贴到非矩形区域上,这使得纹理映射的应用显得更加灵活,但纹理贴图的数学过程十分复杂。

3.4.3 三维显示引擎

由于三维图形涉及许多算法和专业知识,要快速地开发三维应用程序有一定困难。当前在计算机上编写三维图形应用一般使用 OpenGL 或 DirectX,虽然 OpenGL 或 DirectX 在三维真实感图形制作中具有许多优秀的性能,但是在系统开发中直接使用它们仍存在一些缺点:

(1) 都是非面向对象的,设计场景和操作场景中的对象比较困难;

(2) 主要使用基层图元,在显示比较复杂的场景时编写程序相对复杂;

(3) 没有与建模工具很好地结合;

(4) 缺乏对一些十分重要的关键技术如多细节层次(Levels of Detail,LOD)、动态裁剪等的支持。

基于以上情况,应用程序开发人员非常需要一个封装了硬件操作和图形算法、简单易用、功能丰富的三维图形开发环境,这个环境可以称为三维图形引擎。

引擎,是借用机器工业的同名术语,表明在整个系统中的核心地位,也可以称为"支持应用的底层函数库",或者说是对特定应用的一种抽象。

最能体现三维图形引擎各方面技术的无疑是游戏引擎,三维游戏引擎是各种最新图形技术的尝试者和表现者,总是站在图形学技术的最高峰,并不断通过更高的速度、更逼真的效果推动三维技术的发展。三维引擎的构架如图 3-16 所示。

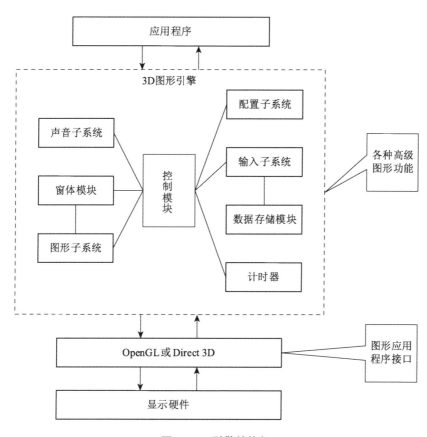

图 3-16　引擎的构架

在三维可视化引擎方面,目前常见的接口标准是 Direct3D 与 OpenGL,其中 Direct3D 多用于游戏领域,OpenGL 则用于大型的专业图形系统,另外还有一些用于网络应用的接口,如Java3D 等。

DirectX 是由微软公司建立的游戏编程接口,由 Visual C++编程语言实现,遵循 COM,在 Windows 的平台上影响力超越 OpenGL 并被多数 PC 游戏开发商采用。DirectX 并不是一个单纯的图形 API,它是由微软公司开发的用途广泛的 API,包含 Direct Graphics(Direct 3D+Direct Draw), Direct Input, Direct Play, Direct Sound, Direct Show, Direct Setup, Direct Media Objects 等多个组件,提供了一整套的多媒体接口方案。Direct3D 作为 DirectX 中最重要的一部分,对三维图形的渲染起着绝对重要的作用,通过直接读取图形硬件信息提供软件接口。

OpenGL 的前身是 SGI 公司为其图形工作站开发的 IRIS GL。IRIS GL 是一个工业标准的三维图形软件接口,功能虽然强大,但是移植性不好,于是 SGI 公司便在 IRIS GL 的基础上开发了 OpenGL,OpenGL 的英文全称是 Open Graphics Library,顾名思义,就是"开放的图形程序接口"。

OpenGL 作为一种三维程序接口（即通常所说的三维 API），它是三维加速卡和三维图形应用程序之间一座非常重要的沟通桥梁，也可以说，OpenGL 是一个功能强大、调用方便的底层三维图形库。由于平台的局限性等原因，Direct3D 应用至今仍主要集中于游戏和多媒体方面，因此在专业高端绘图应用方面，老牌的 3D API——OpenGL 仍是主角。

由于 OpenGL 是一种与硬件无关的软件接口，使其可以在不同的平台如 Windows NT，Windows XP，UNIX，Linux，MacOS，OS/2 之间进行移植。因此，支持 OpenGL 的软件具有很好的移植性，可以获得非常广泛的应用。此外，OpenGL 还可以在 C/S 系统中工作，即具有网络功能，因此可以通过多台图形工作站共同工作完成较大数据规模的三维渲染和场景模拟。

鉴于 OpenGL 的跨平台特性及其在科学可视化领域长期良好的声誉，本书将重点介绍OpenGL。

OpenGL 实际上是一种图形与硬件的接口。它包括了 120 个图形函数，开发者可以用这些函数来建立三维模型和进行三维实时交互。与其他图形程序设计接口不同，OpenGL 提供了十分清晰明了的图形函数，因此初学的程序设计员也能利用 OpenGL 的图形处理能力和 1670 万种色彩的调色板很快地设计出三维图形以及三维交互软件。

OpenGL 强有力的图形函数不要求开发者把三维物体模型的数据写成固定的数据格式，这样开发者不但可以直接使用自己的数据，而且可以利用其他不同格式的数据源。这种灵活性极大地节省了开发者的时间，提高了软件开发效率。

长期以来，从事三维图形开发的技术人员都不得不在自己的程序中编写矩阵变换、外部设备访问等函数，这样就需要为调制这些与自己的软件开发目标关系并不十分密切的函数费脑筋，而 OpenGL 正是提供了一种直观的编程环境，它提供的一系列函数大大简化了三维图形程序，例如：

（1）OpenGL 提供一系列的三维图形单元供开发者调用。

（2）OpenGL 提供一系列的图形变换函数。

（3）OpenGL 提供一系列的外部设备访问函数，使开发者可以方便地访问鼠标、键盘、空间球、数据手套等。

这种直观的三维图形开发环境体现了 OpenGL 的技术优势，这也是许多三维图形开发者热衷于 OpenGL 的缘由所在。

OpenGL 成为目前三维图形开发标准。在计算机发展初期，人们开始从事计算机图形的开发。直到计算机硬、软件和计算机图形学高度发达的 20 世纪 90 年代，人们发现复杂的数据以视觉的形式表现时是最易理解的，因而三维图形得以迅猛发展，各种三维图形工具软件包相继推出，但这些三维图形工具软件包有些侧重于使用方便，有些侧重于渲染效果或与应用软件的连接，没有一种在交互式三维图形建模能力、外部设备管理以及编程方便程度上能够与OpenGL 相比拟。

OpenGL 经过对 IRIS GL 的进一步发展,实现了二维和三维的高级图形技术,在性能上表现得异常优越,它包括建模、变换、光线处理、色彩处理、动画以及更先进的能力,如纹理映射、物体运动模糊等。OpenGL 的这些能力为实现逼真的三维渲染效果、建立交互的三维景观提供了优秀的软件工具。

OpenGL 在硬件、窗口、操作系统方面是相互独立的。许多计算机公司已经把 OpenGL 集成到各种窗口和操作系统中,其中操作系统包括 UNIX,Windows NT,DOS 等,窗口系统有 X 窗口、Windows 等。为了实现一个功能完整的图形处理系统,需要设计一个与 OpenGL 相关的系统结构:最底层是图形硬件,第二层为操作系统,第三层为窗口系统,第四层为 OpenGL,第五层为应用软件。OpenGL 是网络透明的,在客户-服务器(Client-Server)体系结构中,OpenGL 允许本地和远程绘图,所以在网络系统中,OpenGL 在 X 窗口、Windows 或其他窗口系统下都可以以一个独立的图形窗口出现。

OpenGL 作为一个性能优越的图形应用程序设计界面适合广泛的计算环境,从个人计算机到工作站和超级计算机,OpenGL 都能实现高性能的三维图形功能。由于许多在计算机界具有领导地位的计算机公司纷纷采用 OpenGL 作为三维图形应用程序设计界面,OpenGL 应用程序具有了广泛的移植性。

1. OpenGL 基本概念

OpenGL 是一个与硬件图形发生器的软件接口,它包括 100 多个图形操作函数,开发者可以利用这些函数构造景物模型,进行三维图形交互软件的开发,它是一个高性能的图形开发软件包。同时,OpenGL 是网络透明的,可以通过网络发送图形信息,可以发送图形数据至远端的计算机、屏幕或者与其他系统共享处理数据。OpenGL 作为一个与硬件独立的图形接口,它不提供与硬件密切相关的设备操作函数,也不提供描述类似于飞机、汽车、分子形状等复杂形体的图形操作函数,用户必须从点、线、面等最基本的图形单元开始构造自己的三维模型。

OpenGL 的图形操作函数十分基本、灵活。例如,OpenGL 中的模型绘制过程多种多样,内容十分丰富,它提供了以下 9 种对三维物体的绘制方式:

(1) 网格线绘图方式(wireframe)。这种方式仅绘制三维物体的网格轮廓线。

(2) 深度优先网格线绘图方式(depth-cued)。用网格线方式绘图,并模拟人眼看物体的效果,远处的物体比近处的物体要暗些。

(3) 反走样网格线绘图方式(anti-aliased)。用网格线方式绘图,绘图时采用反走样技术以减少图形线条的参差不齐。

(4) 平面消隐绘图方式(flat-shade)。对模型的隐藏面进行消隐,对模型的平面单元按光照程度进行着色但不进行光滑处理。

(5) 光滑消隐绘图方式(smooth-shade)。对模型进行消隐,按光照渲染着色的过程,再进行光滑处理,这种方式更接近于现实。

(6) 加阴影和纹理的绘图方式(shadows,textures)。在模型表面贴上纹理甚至加上光照阴影,使三维景观像照片一样。

（7）运动模糊的绘图方式（motion-blurred）。模拟物体运动时人眼观察所感觉的动感现象。

（8）大气环境效果（atmosphere-effects）。在三维景观中加入如雾等大气环境效果，使人身临其境。

（9）深度域效果（depth-of-effects）。类似于照相机镜头效果，模型在聚焦点处清晰，反之则模糊。

OpenGL 在图形领域由于超强的绘图性能和可靠性，已经逐步深入地应用于地理信息系统、大气气象模型、娱乐广告动画、医学成像、工业勘探、军事模拟仿真等各个领域。

2. OpenGL 工作方式

OpenGL 指令模型是 C/S（客户/服务器）模型，通常用户程序（客户）发出命令提交给内核程序（服务器），内核程序再对各种指令进行解释，并初步处理，之后交给操作系统。

上述过程可以在同一台计算机上完成，也可以在网络环境中，由不同的计算机合作完成，OpenGL 通过上述合作实现网络透明。

OpenGL 库函数被封装在动态链接库 Opengl32.dll 中，应用程序发出 OpenGL 命令后，OpenGL 函数调用被动态链接库 Opengl32.dll 处理，然后传递服务内核处理后进一步交给操作系统，操作系统根据具体的硬件，例如不同的显示卡进行具体处理，如调用厂家的服务驱动程序或调用公共驱动程序，最后传递给视屏显示驱动，而驱动程序驱动显示卡向显示屏幕提供显示。

整个处理过程在计算机后台完成，基本不需要程序员参与。程序员只需要开发应用程序部分，具体的工作由计算机完成。

3. OpenGL 工作流程

OpenGL 的基本工作流程如图 3-17 所示。

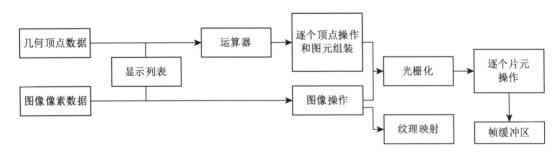

图 3-17 OpenGL 的基本工作流程

几何顶点数据包括模型的顶点集、线集、多边形集，这些数据经过流程图的上部，包括运算器、逐个顶点操作等。图像像素数据包括像素集、影像集、位图集等，图像像素数据的处理方式与几何顶点数据的处理方式不同，但它们都经过光栅化（Rasterization）、逐个片元（Fragment）处理直至把最后的光栅数据写入帧缓冲器。OpenGL 中的所有数据包括几何顶点数据和像素数据都可以被存储在显示列表中或者立即得到处理。OpenGL 中,显示列表技术是一项重要的技术。

OpenGL 要求把所有的几何图形单元都用顶点描述,这样运算器和逐个顶点计算操作都可以针对每个顶点进行,然后进行光栅化形成图形碎片;对于像素数据,像素操作结果被存储在纹理组装用的内存中,再像几何顶点操作一样光栅化形成图形片元。

整个流程操作的最后,图形片元都要进行一系列的逐个片元操作,这样将最后的像素值送入帧缓冲器实现图形的显示。

4. OpenGL 基本工作步骤

根据上述 OpenGL 的基本工作流程,可以归纳出在 OpenGL 中进行主要的图形操作直至在计算机屏幕上渲染绘制出三维图形景观的基本步骤:

(1) 根据基本图形单元建立景物模型,并且对所建立的模型进行数学描述(OpenGL 中把点、线、多边形、图像和位图都作为基本图形单元)。

(2) 把景物模型放在三维空间中的合适位置,并且设置视点(Viewpoint)以观察所感兴趣的景观。

(3) 计算模型中所有物体的色彩,其中的色彩根据应用要求确定,同时确定光照条件、纹理粘贴方式等。

(4) 把景物模型的数学描述及其色彩信息转换至计算机屏幕上的像素,这个过程也就是光栅化。

在这些步骤的执行过程中,OpenGL 可能执行其他的一些操作,例如自动消隐处理等。此外,景物光栅化之后被送入帧缓冲器之前还可以根据需要对像素数据进行操作。

5. OpenGL 显示列表

显示列表是 OpenGL 中的一个重要技术,它利用显示适配器的图形显示硬件加速功能,将一组 OpenGL 函数存储在一起,而非立即执行这些函数,当调用一个显示列表时,它所存储的函数就会按照顺序执行。这与一般的三维可视化编程方式有所不同。由于绝大多数 OpenGL 函数都可以存储在显示列表中,因此地下空间三维可视化过程可以充分利用 OpenGL 技术这一特性,以充分利用硬件加速带来的效率提升。

如果需要多次重绘一个几何图形,显示列表将是很好的选择,可实现场景中几何图形"一次定义,多次执行"的优化,有效地提高了绘制效率。

(1) 矩阵操作

大部分矩阵操作需要 OpenGL 计算逆矩阵,矩阵及其逆矩阵都可以保存在显示列表中。

(2) 光栅位图和图像

程序定义的光栅数据不一定是适合硬件处理的理想格式。当编译组织一个显示列表时,OpenGL 可能把数据转换成硬件能够接受的数据,这可以有效地提高绘制位图的速度。

(3) 光、材质和光照模型

当用一个比较复杂的光照环境绘制场景时,可以为场景中的每个物体改变材质。但是材质计算较多,设置材质可能比较慢。若把材质定义放在显示列表中,则每次更换材质时就不必重新计算了。因为计算结果存储在显示列表中,因此能更快地绘制光照场景。

（4）纹理

因为硬件的纹理格式可能与 OpenGL 格式不一致,若把纹理定义放在显示列表中,则在编译显示列表时就能对格式进行转换,而不是在执行中进行,这样就能大大提高效率。

（5）多边形的图案填充模式

将定义的图案存放在显示列表中,将大大提高显示效率。

4 地下空间信息基础平台建设关键技术

4.1 地下管线探测应用技术

在城市地下空间信息基础平台数据采集中,地下管线探测技术,尤其是在比较复杂情况下综合应用地下管线探测技术获取准确的地下管线数据,是最为关键的技术。地下管线探测应用技术重点在于城市复杂情况地下管线探测技术的综合应用和非开挖工艺敷设地下管线探测技术综合应用。

4.1.1 城市复杂情况地下管线探测技术的综合应用

在城市中心城区进行地下管线探查时,单一管线的情况几乎没有,而管线种类繁多、各类管线导电性不同,管径、埋深不一,走向不明,并行管道间距过小、相互重叠、交叉,存在各种干扰因素等复杂情况则是常态,这对城市地下管线的探测技术提出了更新更高的要求。

按照地下管线的材料性质和存在的形式,可将城市地下管线分为以下四类:

(1) 由铸铁、钢等金属材料构成的金属管道,包括给水管道(生活用水、消防用水及工业输配水管道)、燃气管道(煤气压力管道、天然气管道、液化气管道)、航油管道及其他工业金属管道。

(2) 由铜、铝等金属材料构成的金属电缆,包括电力电缆(动力电缆、照明电缆及各种输配电力电缆等)、通信电缆(市话和长话电缆、金属加强芯光缆、军用和铁路专用电缆及其他通信电缆)。

(3) 由陶瓷、水泥、塑料等非金属材料构成的非金属管道,包括雨水管、污水管、合流污水管、工业废水管道以及小口径给水管道、燃气管道等。

(4) 由钢筋混凝土构成的水泥管、墙体,包括地下建(构)筑物、大口径的雨水管、污水管、地下隧道以及合流污水管。

按照地下管线敷设方式,可将城市地下管线分为以下三类:

(1) 开挖直埋:传统的地下管道施工,一般采用开挖直埋方式敷设。埋深一般在 3 m 以内。

(2) 非开挖敷设:地下管线采用非开挖方式敷设,一般分顶管施工和定向钻穿越两种,埋深一般在几米至十几米之间。

(3) 专用隧道和综合管廊敷设:这是一种比较先进的敷设理念,目前我国正在大力推广。

由于地下管线探测仪是依据电磁感应原理工作,其主要探测目标是金属管线和电缆,当被探管线产生的电磁场符合无限长直导线产生的电磁场规律时,定位测深数据准确;当被探管线周围还埋设有其他金属管线或存在有其他交变电磁场源时,接收机的观测读数将是这些场源综合影响的结果,因此据其定位、测深易造成误判。

通常影响地下管线探测的干扰因素主要来自以下几个方面:

（1）电磁干扰

① 城市建筑区中高压线、变电站、变压器形成的磁场干扰。

② 各类通信系统的发射台、微波站辐射产生的电磁噪声干扰。

③ 各种大型铁质广告牌、铁栅栏、铁花栏围墙等铁磁性物体形成的干扰。

（2）目标管线干扰

① 目标管线材质的改变会影响探测信号,如金属管线连接到混凝土管或 PVC 管时,信号会突然消失。

② 目标管线变深点、变径点和新旧管接合点处信号会突然衰变。

③ 目标管线变向、分支处信号不稳定。

（3）重叠、交叉、平行管线干扰

与目标管线重叠、平行或交叉的其他金属管线会因电磁感应而产生干扰。

（4）大口径深埋管道探测困难

大口径深埋管道一般以短管串接而成,管间电性连接较差,与大地不能形成良好的回路,管道中形成不了环流,即使大口径管道有良好的电性连接性,且与大地连通,采用电磁法激发探查时,管道壁内会形成体电流,与线电流理论不符,这给管线探测带来了困难。

以上各种干扰及影响因素,都是目前地下管线探测技术中的难题和亟须解决的问题,也是在城市地下管线探测过程中无法回避的问题。

4.1.1.1 地下管线探测概述

物探技术自 20 世纪 80 年代开始发展,近几年随着城市建设的迅速发展,在地下管线探测中的应用越来越广泛和成熟。应用物探技术探测地下管线就是利用管线的存在能引起物性异常的原理,通过测量各种物性场分布的特征来确定管线的存在和位置。物探技术是地下管线探测中的高新技术。

城市地下管线普查,不同于一般的工程勘察中的管线探查,对定位(这里专指地下管线在地面上投影位置的确定)、定深(指管线的中心埋深或顶深的确定)有严格的要求。这一要求是统一的,不受地区、管种和管线复杂程度的限制;其精度检查与衡量的方法也是统一的,以开挖验证作为最终手段。因此,针对不同情况,寻求能满足一定精度要求的定位定深方法,便成为城市地下管线普查在探查阶段的核心问题。事实上,城市地下管线探查的全部技术问题都归结为对定位定深精度的技术保证。

地下管线探测的工作内容主要包括地下管线调查和地下管线探查。

地下管线调查是对明显管线点上所出露的地下管线及其附属设施(包括接线箱、变压箱、变压器、各类检修井、阀门、消防栓等)作详细调查、记录和量测。量测采用检验合格的钢卷尺和量杆读至厘米,并按规定填写调查表。

地下管线探查是应用各类地球物理方法对地下管线进行定位定深。基于地下管线种类的不同,其本身所具有的地球物理特征也有差异,因此探测时采用的方法和选用的频率也各不相同。金属管道的探查方法主要采用:电磁法、电磁波法(探地雷达)、钎探法、磁法、地震波法等。非金属管道的探测,根据场地条件、管径的大小、性质等因素,采用电磁波法(探地雷达)、直流电法、地震波法、红外辐射法、示踪电磁法等。

分析调研结果:一般常用的地下管线探测方法集中在电磁感应法、电磁波法和地震波法。

4.1.1.2 常规地下管线探测技术

1. 金属管线的探测技术

地下金属管线的探测方法一般采用电磁感应法,要取得良好的探测效果,除了有良好的探测环境,还必须满足以下地电条件:

(1) 地下金属管线与周围介质(土层)之间有明显的电性差异。

(2) 场源必须满足磁偶极源。

(3) 管线长度远大于管线埋深。

根据场源的性质,电磁法可分为被动源法和主动源法。

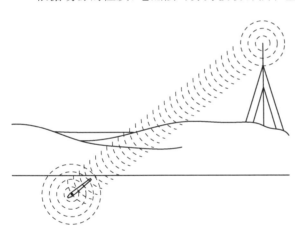

图 4-1 甚低频探测原理

(2) 主动源法

（1）被动源法

带电的动力电缆,由于其本身传输50 Hz的交流电,因此,在地表可直接探测到这种50 Hz工频场的分布规律。甚低频(Very Low Frequency, VLF)电台发射的电磁波会使埋于地下的导电或导磁体极化并且产生二次感应场,这种二次感应场与一次场合成会引起一次场畸变。当地下有金属管道存在时会产生这种畸变。因此无须发射供电,就可在地表直接接收探测电磁场的空间变化规律,根据这种变化规律确定地下金属管道的位置(图4-1)。

在人工场源作用下,金属管线会产生感应电流,并在其周围产生二次电磁场。主动源法就是通过测定金属管线周围产生的二次电磁场分布规律,探查金属管线的埋设位置(平面及埋深)。

根据一次电磁场发射位置、方式的不同,主动源法又可分为直接法、夹钳法和感应法。

① 直接法:发射机一端接地,另一端将低频交流电源直接加到被测金属管线上,沿金属管线有传导电流通过,并在管线周围产生交变电场,利用接收机接收电磁场信号(图4-2)。

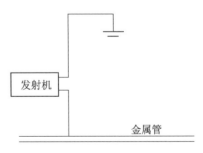

图 4-2 直接法示意图

② 夹钳法:将备用的环形夹钳套在被测金属管线上,通过夹钳形成的环形磁场直接耦合到被测管线上,并产生感生电流,用接收机接收被测管线的信号(图4-3)。

③ 感应法:发射机发射线圈产生一次场,被测管线受一次电磁场感应产生二次电磁场,利用接收机接收被测管线产生的二次场信号来进行管线探查(图4-4)。

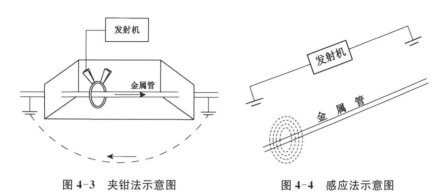

图 4-3 夹钳法示意图　　　　图 4-4 感应法示意图

地下金属管线探测,定位主要是平面位置的确定和埋深的确定。

(1) 平面位置确定

① 极大值法,亦称为峰值法。当地下金属管线正上方形成磁场的二次场水平分量值最大时,通过测量极大值的位置来确定管线的平面投影位置(图4-5)。

② 极小值法,亦称为零值法或哑点法。当地下金属管线正上方形成磁场的二次场垂直分量值最小时,通过测量极小值的位置来确定管线的平面位置(图4-6)。

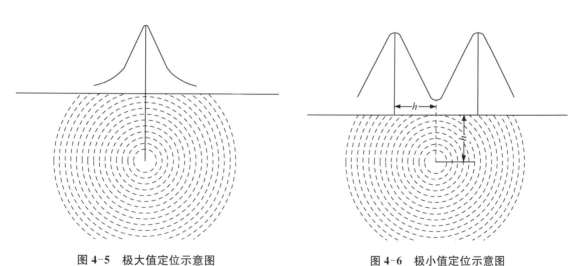

图 4-5 极大值定位示意图　　　　图 4-6 极小值定位示意图

(2) 埋深确定

对地下管线定深常用的方法有直读法、45°法、特征点(如70%)法等。

① 直读法(梯度测量):利用接收机上、下两个垂直线圈(线圈面垂直)分别接收管线正上

方产生的磁场水平分量值,根据深度计算公式经仪器计算电路,求得管线埋深,由显示器直接显示深度值。

② 45°法:仪器极小值定位后,使接收探头与地面呈 45°角沿垂直于管线走向的方向移动,当仪器出现零值(极小)点后,零值点到管线在地面投影位置的距离就是管线的埋深(图 4-7)。

③ 特征点法:特征点法基于探测设备的不同而不同,较常见的有 80%法、70%法、50%法、25%法等。

70%法是一种经验求深法(图 4-8),即峰值点两侧 70%极大值处两点之间的距离,即为管线的埋深。

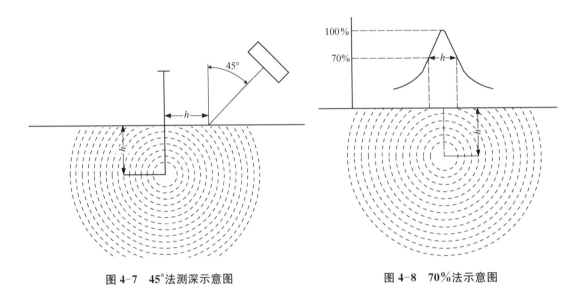

图 4-7　45°法测深示意图　　　　　　　　图 4-8　70%法示意图

2. 非金属管道的探测技术

探查非金属地下管线要比探查金属管线困难得多,因为非金属管线本身导电性差,不具备物性前提,为电磁法探测带来了较大的困难。

对于一般非金属管道,若附属设施(检查井、跌水井、冲洗井、沉泥井)较密时,可采用直接开井量测的方法进行管道路由的控制,否则必须采用特殊的方法进行探测。目前国内外常用的方法有示踪电磁法、预埋检测带法、记标法、地质雷达法、面波法等。

(1) 示踪电磁法

示踪电磁法借助示踪装置,使其沿非金属管道发射电磁信号,然后利用管线探测仪寻找、追踪信号,以达到探测非金属管道地面投影位置以及埋深的目的。常用的示踪装置有两种,一种是商用示踪探头,可通过非金属管道在地面的出入口置于管道内(图 4-9)。另一种是将一根有绝缘层的示踪导线送入非金属管道内,导线端部剥开 1 m 左右,裸出金属线,使其与管道内的水气相接触,以给信号提供回路。将发射机的输出端接到导线上,另一端接地,这样在整个导线上将产生交变电流,在其周围产生二次电磁场。然后利用一般地下管线仪追踪电磁场信号,以达到探测非金属管道的目的。

（2）预埋检测带法或记标法

这种方法需建立在埋设非金属管道时,预先沿地下非金属管道埋置好专用的检测带,或者间隔一定距离在相关特征点位置埋置好专用记标,并写入非金属管道信息,使用一般地下管线仪（或带有记标识别模块的地下管线仪）可探测检测带或者管道记标的位置,以达到探测非金属管道位置的目的。

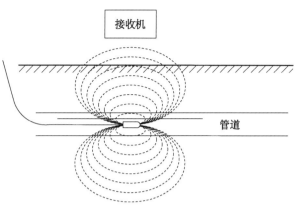

图 4-9 示踪法示意图

（3）地质雷达法

地质雷达的电磁反射是探测非金属管道的有效手段。

地下非金属管道的材质一般为混凝土、PVC、PE 等,管道内的介质一般为空气、水或其他液（气）体,它们的介电常数与管道外的土壤的介电常数差别较大,这种介电常数差异是应用地质雷达探测地下非金属管道的前提条件。观测方法有剖面法以及宽角法（共深点法）。

（4）面波法

面波法是以面波的波速差异为物理前提,所以可用于非金属管道的探测。通过改变频率来探测不同深度的面波波速,操作简便,探测深度大。

4.1.1.3 复杂情况下地下管线探测技术

1. 近间距并行管线探测

在城市地下管线探查中,探查工作所遇到的不只是管线种类单一的情景,而是地下管线密集分布,条件复杂的情况同时存在,种类各异、多条管线密集平行分布便是其中一种,探查多条密集平行管线最大的障碍是相邻管线的干扰。在探查中由于干扰会给探测造成较大的测深误差及平面定位错误。

（1）直接法和夹钳法

在实际工作中,探查平行管线时直接法和夹钳法是行之有效的方法,该方法能减少相邻管线的干扰,突出目标管线的异常信号,是区分平行管线的有效技术手段,但要求管线必须有露头,且具有良好的接地条件。有时受场地条件的限制,不宜采用直接法和夹钳法。

直接法又被称为充电法,包括两种:

① 单端充电法,当进行工作时,将发射机输出的一端接在管线上,而将另一端接在远离管线位置（最好是垂直于管线走向的方向上）的接地电极（简称无穷远极）上,使电流通过管线—大地传输形成回路。

② 双端充电法,即在管线的任意出露的两点进行供电,使电流通过管线本身及传输导线形成回路。

（2）支线法

利用管线的分支，也能区分平行管线，即将发射机置于管线的分支上，利用接收机接收主管道的信号，也能达到探测的目的（图4-10）。

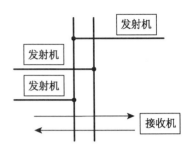

图4-10 支线法探测示意图

（3）压线法

当探测现场无管线露头时，采用压线法能较好地区分地下平行管线。压线法可分为垂直磁偶极子法、水平磁偶极子法、倾斜磁偶极子法等几种。

① 水平磁偶极子法：使发射机呈直立状态，置于管线的正上方，可突出目标管线的异常信号，当两管线的间距较近时效果不好。

② 垂直磁偶极子法：使发射机呈平卧状态，置于管线的正上方，可压制地下管线的干扰，是区分平行管线的有效手段。

③ 倾斜磁偶极子法：当相邻管线间距较小时，不宜采用垂直磁偶极子法，采用水平磁偶极子法探测效果也不一定理想，此时采用倾斜磁偶极子法能取得较好的效果，即发射机线圈倾斜，使其与干扰管线不耦合，可达到既能抑制干扰管线的信号，又能增强目标管线的异常信号的目的。

（4）地质雷达法

管道与周围介质存在波阻抗差异，这为地质雷达探查平行管道提供了依据。无论是金属管道还是非金属管道，只要它们之间有适当的距离，用地质雷达法都可取得较好的探测效果。

（5）地震波法

基于地震波法的探测原理，可将其应用于区分平行管道的探测工作中。

2. 不良导电管线探测

导通性不好的地下管线，当使用一般地下管线的探测方法时，由于其信号要比金属管线弱得多，因此必须采用大功率发射机、高灵敏度接收机，且用较高的频率和等收发距的感应排列形式观测才能取得一定的探测效果。

3. 地面及浅部干扰的避免和压制方法

城市中心城区地下管线探查的工作环境十分复杂，在探查工作中会遇到各种干扰。地面上的各种设施，如道路中心和人行道边的金属隔离栏、铁门、变压器、广告牌的金属框架及构件、架空电缆和交通工具，浅地表的路灯线、信号灯线、小水管以及水泥路面下的钢筋网等，均会对探查工作形成干扰。

压制干扰的方法有以下几种：

（1）对于非连续性的电磁干扰体如铁门、地面平铺铁板等应尽可能避开，另择点探测。

（2）对交通工具造成的电磁干扰，应尽可能避开车辆高峰时间进行探测。

（3）对于连续性的电磁干扰体，如浅埋路灯线和水管等，首先应选择合理的探查顺序。对容易激发或直接携带电磁信号的管线首先进行探测，精确定位定深。对较难激发或受干扰严重的目标管线,应反复调查,寻找露点,用直接法、夹钳法、选择激发法或压线法,或者将发射机放在井中目标管线上方感应激发,使目标管线上有最大的电流。

(4) 对金属护栏、隔离栏,若通过实测他们的影响的确存在,则工作时应提高接收机到一定的高度,使接收机的底部线圈或者上部线圈中的一个与栏杆的横杆高度一致,此时金属护栏的 ΔH_x 干扰信号最小,达到压制干扰的目的。若还未能达到满意的探测效果,可联系相关部门进行隔离栏临时拆离的可行性讨论。

城市中有些管线被金属网覆盖,如水泥路中间夹有钢筋网,在探测中由于钢筋网受激发而产生电磁场,干扰对地下管线的探测,在这种情况下,应将接收机提高一个高度,避开钢筋网的影响,调节接收机灵敏度,继续进行探测,会发现一个较弱的管线异常信号。

4. 深大管道的探测方法

大口径深埋管道一般以短管串接而成,管间电性连接较差,与大地不能形成良好的回路,管道中形成不了环流,即使大口径管道有良好的电性连接性,且与大地连通,采用电磁法激发探查时,管道壁内会形成体电流,与线电流理论也不符。用地震波法探测则能取得较满意的结果。

有些委托方对深埋管道的探测精度要求较高,这时一般采用地质雷达或地震波法对管道进行精确定位,再在管线旁打一深度超过管道埋深的孔进行井中磁梯度测试,如此能准确地测出管道的埋深。

4.1.1.4 城市复杂情况下地下管线探测方法综合应用指南

1. 电磁法

(1) 水平磁偶极子法

在城市复杂情况下,对地下管线探测方法建议:

① 对于铸铁材质的给水或煤气管线,由于其传导信号没有电缆好,当采用水平磁偶极子法探测时,适宜选用较高的发射频率,且发射频率越高,其异常信号越明显。

② 当铸铁材质的给水或煤气管线与电缆并行,采用水平磁偶极子法探测给水或煤气管线时,如果管线间距/埋深≥1,可将发射机直接放在目标管线的正上方进行激发,并应选择65～80 kHz 的工作频率。当管线间距/埋深<1 时,不宜将发射机直接放在目标管线的正上方进行激发,此时应该考虑选择其他的激发方式。

③ 如果目标管线上有窨井,应优先选择将发射机放在窨井中,并选择较高的发射频率进行信号激发。

④ 当探测电缆时,适宜选用较低的发射频率,发射频率越低,其异常信号越明显。

(2) 垂直磁偶极子法

在城市复杂情况下,地下管线探测方法建议:

① 大多情况下,采用垂直磁偶极子法探测,基本都能够分辨出两条并行的地下管线。

② 当管线间距/埋深<1 时,如果两条并行的地下管线其电导率相近,采用垂直磁偶极子

法探测时,宜选择较高的激发频率,如 $65\sim80\,kHz$ 的工作频率。

(3)倾斜磁偶极子法

在城市复杂情况下,地下管线探测方法建议:当采用倾斜磁偶极子法探测时,无论采用何种激发频率,基本都可清晰地分辨出两条并行的地下管线。但高频激发频率产生的异常峰值,要比低频激发频率产生的异常峰值规则、尖锐和清晰。

(4)夹钳法

在城市复杂情况下,地下管线探测方法建议:当采用夹钳法探测时,可以对目标管线施以非常易识别的信号,有效地突出目标管线的信号,且信号对并行的其他管线耦合很少,而使非目标管线的信号较弱。因此,在现场管线有出露时,应该优先选择夹钳法探测并行的地下管线。

(5)平面定位

在城市复杂情况下,地下管线探测方法建议:

① 近间距并行管线所对应的管线组合比较复杂,不能简单地根据异常峰值的数量来判断管线条数。

② 对于近间距并行的管线,可通过改变激发方式来进行探测。各种探测方法各有所长,亦有局限之处,使用时应注意各方法的应用条件。

③ 实践结果表明,如果现场管线有出露,或有管线的附属物时,应优先选择夹钳法探测该管线,然后根据现场条件选择相应的探测方法探测其他管线。

④ 与其他压线方法相比,倾斜磁偶极子法受现场条件的限制少,操作简单,取得的探测效果也比较好,是一种很有效的实用探测方法,可作为近间距并行管线探测的主要方法之一。采用倾斜磁偶极子法探测时,适宜选择较高的工作频率进行激发。

⑤ 采用水平磁偶极子法探测时,如果目标管线上有窨井,应优先选择将发射机放在窨井中,并选择较高的发射频率进行信号激发;探测电缆时,适宜选用较低的发射频率。

⑥ 在多数情况下,采用垂直磁偶极子法探测,基本都能够分辨出两条并行的地下管线。

(6)埋深探测

在城市复杂情况下,地下管线探测方法建议:

① 采用70%法测深的精度一般要高于直读法,因此,在测量管线的埋深时,应根据条件优先选择70%法测量管线的深度,尤其当测量的对象是管道时更应如此。

② 测量穿有电缆的电信管线埋深时,宜采用倾斜磁偶极子法,不宜采用水平磁偶极子法。采用倾斜磁偶极子法直读测量埋深时,宜选择 $8\sim9.5\,kHz$ 的发射频率,不宜选择较高的发射频率。

③ 测量直埋电缆的埋深时,应选择70%法;直读测量时,宜选择水平磁偶极子法和倾斜磁偶极子法,不宜选择垂直磁偶极子法。

④ 测量埋深较小的电力排管时,可选择水平磁偶极子、垂直磁偶极子或者倾斜磁偶极子测量其深度。

⑤ 给水和煤气管线的埋深不宜采用直读测量方法。煤气管线的埋深测量可选择夹钳法和倾斜磁偶极子法(在煤气管线上方激发信号)。

⑥ 目前的试验结果说明,在大多情况下,测量给水管线的埋深时,无论采用直读法还是70%法,应用何种激发方法、何种工作频率,其测量结果大多不能符合规定的精度要求,需要开展进一步试验研究进行总结。

2. 瞬态瑞雷面波

无论是平面位置定位,还是埋深测量,瞬态瑞雷面波法在探测特深管线方面,具有比较好的应用效果。

瞬态瑞雷面波法可用于探测钢筋混凝土引水管渠,但应在有关技术规定中降低其埋深测量的精度要求。

探测塑料管线时,瞬态瑞雷面波法可确定管线的平面位置,但精度却不能满足技术规范规定的要求,而且,难以确定管道埋设的深度。

3. 地质雷达

在一些情况下,虽然地质雷达在探测并行管线和非金属管线方面具有一定的效果,但总的来说,无论是平面定位,还是深度测量,该方法的应用效果不稳定,只适宜作为其他探测方法的补充,不能作为主要的探测方法应用。

4.1.2 非开挖工艺敷设地下管线探测技术综合应用

随着我国经济的高速增长和政府对施工环境的日益重视,我国非开挖行业得到持续的快速发展。在新管线敷设和旧管线修复工程中,使用非开挖工艺的工程项目比例明显增加。

同时,目前采用非开挖工艺敷设的地下管线已经占据整个地下管线敷设的相当大的比重,而且比重将越来越大,尤其对于通信类管线,非开挖工艺敷设已经成为其重要的敷设方式。然而目前对于非开挖工艺敷设的地下管线的探测在技术上才刚刚起步,非常不成熟,在探测精度和准确度方面,远远达不到同等条件对传统工艺敷设的地下管线的探测精度和准确度。结合4.1.1节复杂情况下地下管线探测来看,非开挖管线则具有集目前多种探测技术难点于一体的特征,如多数非开挖管线都有近间距的并行管线,且埋深较大,同时有很多管线为非金属材质。因此,在城市地下管线探测中,研究非开挖工艺敷设地下管线探测技术综合应用,十分必要。

必须注意到,在非开挖管线敷设时,在诸多条件具备的情况下,可以实时掌握管线敷设的三维空间位置。为确保管线的敷设方向和精度符合设计要求,在导向、定向钻进中可分别采用导向仪和随钻测量系统,在小口径顶管设备中则采用激光导向装置。

导向仪是导向钻进技术的关键配件之一,它用来随钻测量深度、顶角、工具面向角、温度等基本参数,并将这些参数值直观地提供给钻机操作者,其性能是保证铺管施工质量的重要前提。对于非开挖工艺敷设的地下管线,若其竣工后保持有管道入口,则同样可采用与随钻测量系统相类似的设备进行探测。目前导向仪有手持式、有缆式和无缆式三种。

（1）手持式导向仪的重要功能之一是测量深度，为适应市场的需要，许多公司将仪器的测深能力由 6 m 提升到 10～20 m。

（2）有缆式导向仪目前有两种：一种是应用磁通门和加速度计作为基本测量元件；另一种是在手持式导向仪的基础上改进而成的，它通过电缆向孔底探头提供电源，增加发射功率，同时用电缆传输顶角和工具面角等基本信息，深度还是通过手持式接收机来测定。

（3）无缆式导向仪可采用电磁通道无缆式随钻测量仪，孔内仪器装在造斜工具和钻杆柱之间，它监测造斜工具面向角和倾角并向地面发送电磁脉冲信号。地面探测仪接收电磁信号，根据磁场分布和衰减规律测定钻孔水平位置和深度。测量结果及造斜指令由地面探测仪自动无限转发至钻场监视器。

非开挖工艺敷设地下管线导向仪的管道定位测深功能模块在有入口的非开挖工艺敷设地下管线探测中有些可以直接应用。

下面着重探讨的是，在非开挖管线敷设完成之后，综合采用多种探测技术和方法，获取非开挖管线的平面位置及深度。

4.1.2.1 非开挖工艺敷设地下管线探测方法

除了 4.1.1 节所述地下管线探测基本方法外，对于非开挖管线，还可以采取下列物探技术方法。

1. 水上地震影像法

水中高密度多波列地震影像法勘探工作原理是在水中激发高频弹性波（用铁锤敲击专用铁船船底），用水听器接收来自水底及泥面下地层的反射、绕射、散射等多波信号来研究水底情况及水底以下地层情况。如图 4-11 所示。

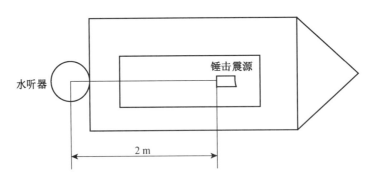

图 4-11 水上地震影像法勘探作业示意图

当震源激发一弹性波场，在一定的频带范围内子波向下传播，当遇到波阻抗界面（两弹性力学性质不同的介质的分界面），就会产生波的反射、绕射、散射等现象。一般地，水底地形及水底以下地层的分界面会产生反射波；水底复杂介质产生绕射波、散射波、转换波；地层突变点产生绕射波。

由于地震勘探得到的是时间剖面,对于时深的转换,可以结合邻近的地层资料,算出各地质层对应的平均波速度,通过公式(4-1)即可计算出地下管线的埋深。

$$\frac{h_1 + h_2 + \cdots + h_n}{\dfrac{h_1}{v_1} + \dfrac{h_2}{v_2} + \cdots \dfrac{h_n}{v_n}} = \bar{v}_n \qquad (4-1)$$

式中,h_1,h_2,$\cdots$,h_n 为各层厚度;v_1,v_2,$\cdots$,v_n 为各层的层速度;$\bar{v}_n$ 为第 n 层底面以上所有层位的平均速度。

由于水上地震影像法是高密度地采集水下地震波场特征,因此,其数据量大、信息丰富。首先在室内将野外获得的记录进行回放、编辑整理;其次是进行滤波、增益等处理以提高信噪比;然后对有效波进行研究分析,判断其性质及深度等,配合航迹资料,确定其位置。

2. 高密度电法

高密度电法实际上是一种阵列探测方法,在现场探测时只需将几十甚至上百根电极置于测点上,然后利用程控电极转换开关和微机工程检测仪便可实现数据的快速自动采集,对数据进行处理并给出地电断面图,根据电阻率的分布情况,在高阻区中解析、推断低阻区,对有特征规律的几个断面中的低阻区连线即为管线的走向和深度,如图 4-12 所示。

在高密度电法中,为了揭示土层及地下管线的存在和分布,通常要在地下半空间建立人工电流场,然后研究由于土层及管线的存在而产生的电场变化。将直流电源通过电极向地下供电形成人工直流电场,由于直流电场中电荷的分布不随时间而变化,所以也称稳定电流场,具有较强的抗干扰性。如在城市道路中进行测量,则电极和道路的耦合需要做特殊处理。

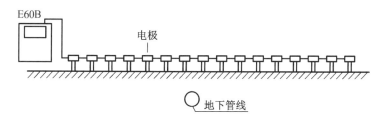

图 4-12　高密度电法探测示意图

3. 高精度磁法

因为含磁性地下隐蔽物的存在破坏了地球磁场,因此在磁测中可发现磁异常信号。由于磁异常的特点与磁性体的形状有关,可根据磁异常的特点推断磁性体的形状、埋深。磁法勘探就是通过测量地磁异常以确定含磁性地下隐蔽物的空间位置和几何形状。

高精度磁法探测是根据物体磁场原理,通过探测地下介质(土、石、砂及人工物质)磁场的空间分布特征,根据其空间磁力线分布图像的不同,输入计算机分析,来判别地下隐蔽物是否存在及其形状。由于地下隐蔽物中的金属管线、水泥管道的磁性与周围介质存在磁性差异,因此,可以采用高精度磁法进行地下管道的探测。

高精度磁法探测仪器轻便,探测速度快,能测到地下 50～60 m 的人工建造物,尤其是金、银、铜、铁等金属物和砖头、陶瓦等烧制品。目前采用高精度磁法探测已进行了一系列试验与应用并取得了较大的成功。

4. 井中磁梯度探测法

井中磁梯度探测可作为验证管道深度探测方法可靠性的手段,通过比较磁梯度和其他物探方法的探测结果,评价其他物探方法的有效性。

一般非开挖工艺敷设的地下管线属于强铁磁性物质,在其周围区域分布有较强的磁场,在野外作业时,根据其他物探方法定位的地下管线一侧钻孔,成孔后将空心塑料管下至孔中,随即将磁力梯度仪的探头放到塑料管内,一般情况下,从孔底开始以 0.20 m 的间隔依次往上测量各点的磁梯度值,如图 4-13 所示。根据磁梯度值的变化可以确定地下管线的埋深及平面位置,如图 4-14 所示。

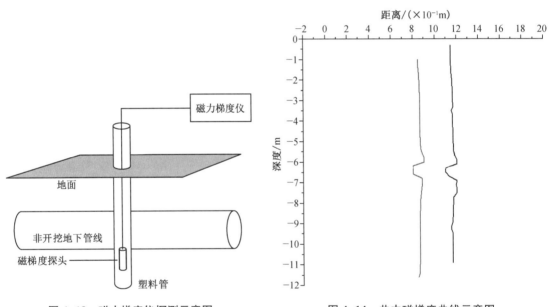

图 4-13 磁力梯度仪探测示意图   图 4-14 井中磁梯度曲线示意图

4.1.2.2 非开挖工艺敷设地下管线探测方法选用指南

常见非开挖管线按材质可以分为金属管线和非金属管线两大类,按管线性质主要有天然气、煤气、上水、排水、电力以及信息或通信管线等类型。对于非开挖施工管线,无论采用哪种单一的探测方法均能取得一定的探测效果,关键是如何通过有效的工作、针对不同的探测对象、探测目的以及探测环境,选取最有效的探测方法与技术组合,以取得理想的探测成果。

通过在上海地下管线探测中的实践,笔者整理出下列针对各种类型非开挖地下管线探测的推荐方法(表 4-1)。

表 4-1 非开挖工艺敷设地下管线探测方法

管线类型	常见管线属性	探测方法		备注
		首选方法	辅助方法	
金属类管道	天然气、煤气、上水管线等	电磁感应法结合磁梯度法	地震影像法、面波法、高密度电法、地质雷达法	地质雷达法用于浅埋段
金属类管线	电力、通信管线等	电磁感应法(夹钳法、感应法)、磁梯度法	高密度电法	缆线导电性能良好
非金属类管道	排水(雨污水)、部分上水及煤气管线等	地震影像法、面波法	高密度电法、地质雷达法	
非金属类管线	信息、通信管线等	电磁感应法(无缆孔内穿入示踪金属导线采用直接法、夹钳法)、磁梯度法	高精度磁测(无缆孔内穿入强磁体)平面定位、地震影像法、高密度电法、地质雷达法	导电性弱或不导电的缆线

1. 金属类非开挖敷设管道

常见管道有天然气、煤气以及上水管道等。对于该类管道宜首选电磁感应法结合磁梯度法进行准确探测。

若管道有出入土露头点(窨井、阀门等),可以采用夹钳法,用电磁感应法进行追踪定位,对于上水管道用直接法较夹钳法接收信号更为稳定。从安全方面考虑,对于天然气管道、煤气管道应选用夹钳法,上水管道可采用直接法。采用直接法探测时,宜采用远端接地,足够大的电流,能够对长距离深埋段进行有效探测。

若金属管道无露头点,可以通过感应法确定其平面位置。对于非开挖金属管道深埋段,磁梯度法是一种非常有效的探测方法,其深度探测精度远高于其他方法。在平面定位较为准确的基础上,通过较少的孔位比较磁场梯度异常位置的一致性可以确定管道埋深。需要注意的是,成孔质量是影响磁梯度法探测精度的重要因素。首先,孔内塑料套管接头处应避免使用铁螺钉连接,否则易影响管道位置处的梯度异常值。其次,孔底埋深宜大于管道底埋深 5~6 m,以便明显区分出梯度异常位置。若该类管道直径较大,亦可采用地震影像法、面波法或高密度电法进行探测,地质雷达法可用于探测管道的浅埋段。

2. 金属类非开挖敷设管线

常见管线有电力、通信管线等。该类管线导电性能良好,电磁感应法是有效的探测方法。当受到并行管线的干扰时,可采用增大电流或倾斜压线等方法压制干扰信号,进行剖面探测,对剖面全曲线进行正、反演计算,提高探测精度。

3. 非金属类非开挖敷设管道

常见管道有雨水、污水等排水管道以及部分上水和煤气管道等。当该类管道管径较大时，首选探测方法为地震影像法或瞬态瑞雷波（面波）法，选择合适的炮检距、道间距等参数，管道处通常会产生明显的绕射波形，可通过绕射波形顶点的位置，并进行相应的偏移计算，判断管道位置。当管道处地层稳定、分层清晰时，可利用面波的频散特性，通过分析介质的波速异常来较为准确地确定管道埋深。同样，该类管道可使用高密度电法以及地质雷达法进行辅助探测。

4. 非金属类非开挖敷设管线

常见管线有信息或通信类管线。该类型管线多为多孔束状，外管多为塑料等非金属材质，管内穿缆，导电性能较差。通常为穿越与其相交管道或道路，因而埋深较大。对于中心城区的该类管线，通常伴有其他类型的并行管线。采用管线仪探测，在管线深埋段由于埋深大，采用夹钳法等进行探测，信号弱，且极易受到干扰，导致难以分辨被测管道信号，在非开挖管线中该类管线的探测难度最大。通常该类管线孔数较多，为 10 孔至 40 孔不等，其中多数孔内无缆。首选探测方法为电磁感应法（无缆孔内穿入示踪金属导线采用直接法、夹钳法），同时可以采用高精度磁法（无缆孔内穿入强磁体）进行平面定位、地震影像法以及地质雷达法辅助探测，具体如下：

（1）导入金属示踪线探测

通过在无缆孔内穿入金属示踪导线，对原孔内缆线采用直接法进行探测，探测信号较采用夹钳法探测信号稳定，若现场条件允许，尽量采用远端接地、足够大的电流，增大收发距离及探测深度。当有近间距并行管线干扰时，可以先通过各种压线方法确定出直埋干扰管线的位置及深度，然后通过对剖面全曲线进行正演或反演计算，修正非开挖管道的位置及埋深。

（2）导入强磁体探测

在无缆孔内穿入强磁体，采用高精度磁法探测其地面上部磁场强度，通过磁场强度异常点来进行判别，可以较为准确地确定非开挖管道的平面位置，该方法能够较为有效地避开近间距并行管线的干扰。但该方法受行驶车辆的影响较大，当有车辆通过时，磁场值会出现明显的变化。因此，当采用该方法在道路附近测试时宜在夜间车辆较少时进行，以排除干扰。

（3）地震影像法探测

当地表激发条件较好且地层稳定时，该类管线在地震影像剖面上也能出现绕射波形，但是由于该类管线多为非标准的圆柱形且为多束管线组成，因此地震影像剖面绕射波形没有排水管等大直径管道规则和明显，可以作为该类管线综合探测方法的一种辅助判别方法。

（4）高密度电法探测

对于高密度电法探测非开挖管道，应尽量选择在绿化带内布置测线，保证电极与地表有效耦合，且有足够的范围展开测线，一般需要 50～60 m。若现场的作业条件允许，高密度电法能够通过管道与围岩介质的物性差异在视电阻率剖面上的高阻或低阻异常来较为准确地判别管道位置及埋深。

4.2 地下空间数据模型

　　地下空间数据模型(三维空间数据模型)是城市地下空间信息平台的基础,它为描述城市地下空间数据的组织、设计地下空间信息数据库模式、进行三维实体建模以及三维数据[包括地质环境信息、地下建(构)筑物、地下管线等]的可视化表达与分析提供了最基础的支撑。三维地下空间数据模型是城市地下空间信息基础平台构建过程中首先要解决的问题。

　　从目前国内的研究和实践来看,地下管线的三维数据模型较为简单,地质三维数据模型则比较成熟,而地下建(构)筑物三维数据模型则研究较少,应用也很不普及。因此在简单叙述地下管线三维数据模型和地质三维数据模型的基础上,着重阐述地下建(构)筑物三维数据模型。

4.2.1 地下管线三维数据模型

　　如前所述,城市地下空间信息基础平台的地下管线数据主要通过物探或测量获得,地下管线数据以近似于原始测量成果的点表、线表和面表的方式来存储(图 4-15)。

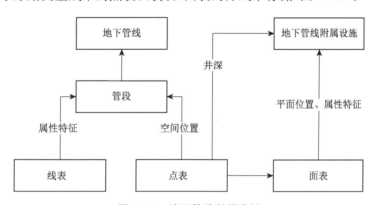

图 4-15 地下管线数据存储

　　点表是管点属性表,记录地下管线管点基本属性,包括其三维坐标,以及井深等辅助信息。线表是管线属性表,记录地下管线管段的上点和下点的管点编号,以及埋深、探测时间等辅助信息。面表是管线建(构)筑物属性表,记录管线建(构)筑物边线的二维坐标及其深度。

　　从地下管线表格数据,生成地下管线三维模型顶点的算法比较简单,在此不再赘述。

4.2.2 地下建(构)筑物三维数据模型

　　地下建(构)筑物是指所有位于地表层以下人工建造的物体,如位于地下的铁路、车站、隧道、车库、水库、桩基等。与地下建(构)筑物紧密相关的还有外围护桩(是指地下深基坑外围支护结构,有重力式搅拌桩挡墙、地下连续墙、桩列式挡墙等)、桩基础(建筑的桩基础,由基桩和连接于桩顶的承台共同组成)。

　　地下建(构)筑物三维建模属于空间三维建模的应用。国内外许多专家学者在此领域做了有益的探索,在过去的十几年中,相继出现了多种空间数据模型。这些不同的空间数据模型各有特点,在此不再详述。

目前,建筑信息模型(Building Information Model,BIM)是城市信息化领域的热点,但不建议直接采用某一种商业 BIM 模型作为城市地下空间信息基础平台的地下建(构)筑物三维数据模型,主要基于以下两方面考虑:

(1) 目前商业 BIM 模型百花齐放,尚未统一;

(2) 在中观、宏观应用环境下,与地下管网、地质环境集成应用时,主要面向单一建筑的 BIM 模型有着不可克服的局限性。

因此,建议采用自主设计的地下建(构)筑物三维数据模型,结合城市地下建(构)筑物的特点,面向平台应用和服务需求,建立地下建(构)筑物三维数据模型。

4.2.2.1 城市地下建(构)筑物的特点

地下建(构)筑物模型与一般的空间三维数据模型相比,其特殊性就在于研究对象是地下建(构)筑物。城市地下建(构)筑物形态的多样性与特殊性,决定了地下建(构)筑物三维模型的特殊性。

1. 多样性

城市地下建(构)筑物种类繁杂,不同类型、不同用途的地下建(构)筑物,其地下形态也各不相同,主要类型归纳为表 4-2 所示。

表 4-2　　　　　　　　　城市地下建(构)筑物类型

建(构)筑物大类	建(构)筑物种类	所占比例	形态
非民防	普通地下建(构)筑物	45.42%	
	地铁车站	0.54%	
	地铁通道或越江隧道	0.63%	
	地下水库	0.09%	
	地下变电站	0.18%	

续　表

建(构)筑物大类	建(构)筑物种类	所占比例	形态
民防	普通民防 地下建(构)筑物	52.49%	
	民防通道	0.63%	

由表 4-2 可见,普通地下建(构)筑物与普通民防地下建(构)筑物占到地下建(构)筑物总量的 97.91%,因此,地下建(构)筑物的外部形态固然是多样的,但是可以按照普通地下建(构)筑物寻求其规律,地下建(构)筑物模型首先应能适应普通地下建(构)筑物的形态;对于其他形态的地下建(构)筑物,其模型要能兼容表达,可以采取近似、拟合和逼近等方法。

2. 特殊性

与地面建筑物相比,地下建(构)筑物外部形态要简单得多,绝大多数地下建(构)筑物外部形态的共同特征可以归纳如下:

(1) 整体上看比较规则,在高度(铅直)方向上基本没有角度变化。

(2) 顶面与底面基本平行。

(3) 大部分可以简化分解为一至多个长方体。

4.2.2.2　平台建模需求

平台建设和应用对地下建(构)筑物三维模型的需求可归纳为以下两点。

1. 表达需求

平台数据建设的主要目的之一就是通过地下空间基础数据来完整表达地下空间开发利用现状。地下建(构)筑物三维模型数据作为平台建(构)筑物数据建设的最终成果,应当满足平台基本应用中多种表达的需求,包括:

(1) 三维模型应能较完整地表达地下建(构)筑物的空间位置和形态,包括其基坑设施和桩基础的空间占位情况。

(2) 三维模型应能表达地下建(构)筑物内部的结构性空间和形态,并可以完整表达内部空间的连通性。

(3) 地下建(构)筑物三维模型必须具有数据的可扩展性,确保各种地下空间应用系统能将各自需要的细节或特殊的数据加载到模型上。

(4) 平台地下空间基础数据共有三大类:地下管线数据、地下建(构)筑物数据和地质地层数据,地下建(构)筑物三维模型必须能与其他两类数据模型集成,满足在统一的场景下集成表达地下空间的整体状况的要求。

2. 分析需求

平台数据除了空间表达的需求外,还必须满足平台基本应用的需求。对于地下建(构)筑物数据而言,应满足三维空间分析的需求,如三维空间中地下建(构)筑物的剖切分析需求,地下建(构)筑物与地下建(构)筑物、地下建(构)筑物与地下管线间的碰撞分析的需求。其中,剖切分析可用以直观地查看地下建(构)筑物任意部分的内部结构和形态,如内部平面分布和垂直分布的形态;碰撞分析可用在规划和设计阶段,检测拟建地下建(构)筑物是否会碰撞到其他已建或已规划的地下建(构)筑物及管线,也可以用于地下空间规划方案的优选等;此外,碰撞分析还可用于施工阶段的监察和示警等。

为满足上述空间分析的要求,地下建(构)筑物三维模型需要具有空间拓扑关系,同时地下建(构)筑物三维模型应能兼容空间切割导致的几何图元的退化。

4.2.2.3 平台设计思想及基本概念

1. 设计思想

为了满足平台建设和应用的需求,平台地下建(构)筑物三维模型的整体设计思想应贯彻如下原则:

(1) 将平台地下建(构)筑物三维模型在功能上分为三类模型——存储模型、表达模型和分析模型,以满足不同的需求。

(2) 根据平台应用的需要,将平台地下建(构)筑物三维模型分为三个应用层次——基本层、应用层和扩展层。

(3) 为满足平台进一步应用的需要,在平台地下建(构)筑物三维模型中应体现空间的连通性。

(4) 平台地下建(构)筑物存储模型既要适应关系数据库,也要适应文件方式,且两种格式必须具有统一的数据结构。

(5) 平台地下建(构)筑物表达模型应能单独地表达地下建(构)筑物的空间占位信息和内部永久结构分布,同时在数据结构上适合与地下管线、地质地层数据集成表达。

(6) 平台地下建(构)筑物分析模型应具有三维实体特性,能支持基本空间分析。

(7) 平台地下建(构)筑物三维模型应便于数据制作,预留支持空间检索。

(8) 平台地下建(构)筑物三维模型在构模方法上采取"体""面"结合的混合构模。

2. 基本概念

地下建(构)筑物三维模型一般由构筑物主体、外围护桩和桩基础三个部分组成,其中,建(构)筑物主体可以单独存在,其他两个部分仅能依附建(构)筑物主体而存在。

地下建(构)筑物三维模型数据由基本层数据、应用层数据、扩展层数据以及辅助数据组成。

基本层数据由建(构)筑物外体、外围护桩、桩基和分析体、基本属性、投影面数据组成;应用层数据由内体、连通体组成;扩展层数据由系列构件组成;辅助数据包括连通面、辅接面和注记。

基本层、应用层、扩展层数据分别是对地下建(构)筑物形态从简约到详细不同深度的描述。各个层次的数据可以单独使用,也可以组合应用。

地下建(构)筑物数据基本要素和相关关系如图 4-16 所示。

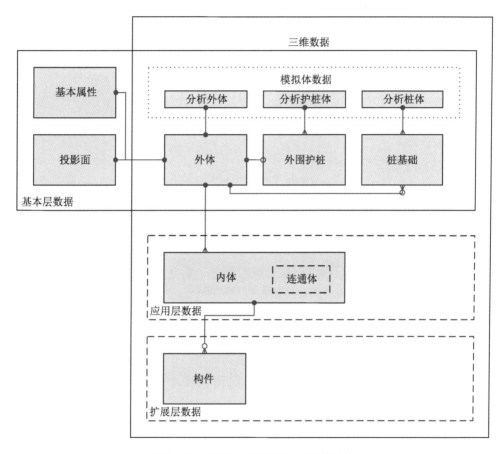

图 4-16 地下建(构)筑物数据总体结构

4.2.2.4 平台应用分层

地下建(构)筑物是复杂的三维综合体,其三维模型表达的详尽程度,必须结合应用需求、资金和工作量等综合确定。

地下建(构)筑物三维模型数据是平台三大类数据中最重要的一类数据。平台的主要应用对象有三大类。一是城市规划管理部门,包括城市规划部门、建设管理部门、市政管理部门以及地下空间开发利用部门等。该类用户通过平台获取总体的、宏观的地下空间信息,为地下空间开发利用的决策提供依据。二是设计部门,包括地下空间开发利用设计部门、市政工程设计部门等。该类用户在城市管理部门用户的基础上,需要了解特定范围内或特定种类数据的具体信息,为具体的设计工作提供依据。三是专业单位,包括轨道交通建设部门、专业管线单位等众多与地下空间开发利用某个行业具体相关的单位。对于自身行业的地下空间信息,该类用户在数据上往往比平台储备更为详细。他们依托平台互通有无、共享共建,在平台提供的基础数据上加载各自的专业数据,开展专业应用。

为满足上述三类用户对地下建(构)筑物不同详细程度数据的需求,对地下建(构)筑物三维模型的数据描述分为三个应用层次,分别为基本层数据、应用层数据和扩展层数据。

在详细介绍上述三层数据之前,先引入地下建(构)筑物水平层面的概念。

为了便于研究,可以将地下空间划分为若干水平层面。水平层面是指人为划分的有意义的空间高度。对于单个地下建(构)筑物而言,水平层面按其实际的楼层来划分。为统一起见,将地表水平面统一规定为 0 水平层面,地质层规定为 −1 水平层面。水平层面的划分可参照图 4-17。

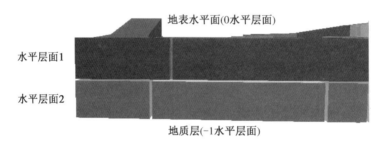

图 4-17 建(构)筑物模型中水平层面的划分示意图

1. 基本层

基本层数据用于表达地下建(构)筑物实体占用地下空间位置的情况,包括建(构)筑物主体外部尺寸、外部形态、外围护桩和桩基础。

在该层中把整个建(构)筑物的外围轮廓设为外体。外体把整个建(构)筑物具有的内部空间(即下文所述的内体和连通体)都包括在其内,外体以建(构)筑物的外表面为界,但不包括桩基础和维护基坑。

桩基础和维护基坑作为基本层的元素,依附外体存在。

基本层数据既有面元构模又有体元构模,适合地下空间的规划审批、宏观决策和城市管理的需要,基本可满足第一类用户的需要。

2. 应用层

应用层数据用于表达地下建(构)筑物主体主要结构的内部表面形态和尺寸,以及各个部分之间的连通关系。

该层组成要素是内体,包括普通内体和连通体。

普通内体是指具有一定使用意义的功能性建筑单元,如办公室、食堂等。一个地下建(构)筑物可以有一至数个内体。

连通体是内体中特殊的单元,如电梯、楼梯、车道等,连通体主要起到连接地面和各个水平层面的作用。

内体和连通体的轮廓是指建(构)筑物内部的墙体内表面,不包含墙体的厚度。

应用层数据是开展地下空间应用的基础数据,反映了地下建(构)筑物的主要内部特征以及内部子空间之间的连通性,基本可满足第二类、第三类用户的基础需求。

3. 扩展层

扩展层数据用于表达地下建(构)筑物主体内部的次要结构和临时性的部件,如简易隔墙、吊顶、围栏、地铁闸机、售票亭、地下商铺柜台等。

该层组成要素是构件,构件类型分为点状、线状和面状三类。根据特性,地下建(构)筑物主体内部的部件分别简化为点构件、线构件和面构件,能比较细致地表现地下建(构)筑物的内部布置和细节,从而增强地下建(构)筑物模型的真实感,基本可满足第二类、第三类用户的高级应用需求。

4.2.2.5 平台模型连通性

与地面空间相比,地下空间本身是不可连通的,地下空间的连通必须依赖于人工建(构)筑物的存在。因此,在平台三维模型中表达地下建(构)筑物的连通性尤为必要。

1. 内部连通性

地下建(构)筑物的内部连通性主要通过地下建(构)筑物三维模型应用层中的内体与内体之间的连通特征来表达,即内体与内体之间存在连通与不连通两种特征。简洁起见,只需要表达连通特征即可,非明示连通特征的即为不连通。

例如,考察如图 4-18 所示的两个内体,内体 A(房间 A)上有扇门,通过这扇门就可以到达内体 B(房间 B)。标识内体 A 与内体 B 之间的连通特征。

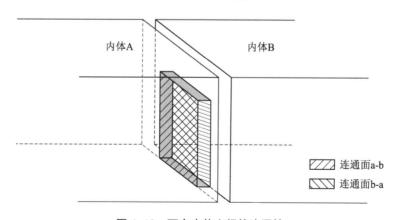

图 4-18　两个内体之间的连通性

在模型中用连通面的概念来标识体与体之间的单向连通性。在图 4-18 中,两内体之间的门上可视为包含两个连通面,即连通面 a-b(内体 A 到内体 B 的连通面)和连通面 b-a。其中,连通面 a-b 附着于内体 A(房间 A)上,作为该内体的一个要素,其上只需记录通过它可到达的体为内体 B(房间 B)。反之,连通面 b-a 附着于内体 B(房间 B)上,是该内体的一个要素,其上记录了通过它可到达的体为内体 A(房间 A)。如上成对内体的一个属性就可以表达内体与内体之间的双向连通特征。

内体的一个连通面仅表达其与另外一个内体的单向连通特征。一个内体可以没有连通面,也可以有一个或多个连通面。两个内体之间可以具有不连通、单向连通和双向连通三种连通特性。

多个内体之间的连通性可以通过依次记录两两内体之间的连通性来表达。连通性为布尔值,遵循"与"的运算特性。例如,考察如图 4-19 所示的三个内体:在内体 A 上,有连通面 a-b,记录内体 A(房间 A)"连通"内体 B(房间 B),内体 B(房间 B)上有连通面 b-c,记录内体 B(房间 B)"连通"内体 C(房间 C)。根据连通性"与"的运算特性,内体 A 和内体 C 之间存在连通性。内体 A(房间 A)与内体 C(房间 C)没有直接连通性,但通过内体 B(房间 B),可以将上述两个体"连通"起来。

通过上述方法可以完整地表达地下建(构)筑物的内部连通性。

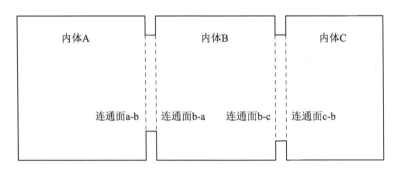

图 4-19　多个内体之间的连通性

2. 外部连通性

为表达地下建(构)筑物之间的连通性,比照地下建(构)筑物内部的连通性定义,在地下建(构)筑物三维模型的外体上也对应定义了连通面。地下建(构)筑物三维模型的内体与外体之间的连通性,地下建(构)筑物之间连通性的表达,均可以通过在内、外体上的连通面表达,不再赘述。

综上所述,通过地下建(构)筑物之间的连通性、地下建(构)筑物内体与外体之间的连通性和地下建(构)筑物内体与内体之间的连通性,可以完整地表达地下建(构)筑物的连通性。

4.2.2.6　平台模型逻辑结构

平台地下建(构)筑物三维模型按功能划分可以分为存储模型、表达模型和分析模型,分别满足平台应用对地下建(构)筑物的存储需求、展示需求和分析需求。

表达模型和分析模型合起来就是地下建(构)筑物的概念模型,概念模型和存储模型合起来才是完整的地下建(构)筑物三维模型。

平台地下建(构)筑物三维模型整体上是一个无缝的、完整的模型,而存储模型、表达模型和分析模型,基本层、应用层和扩展层,以及面元构模和体元构模只是从多个角度对平台地下建(构)筑物三维模型进行的表述。

分析模型目前只包括基本层,表达模型和存储模型则覆盖基本层、应用层和扩展层。

分析模型是体元构模,表达模型是面元构模,存储模型则可以视作混合构模。

下面从表达模型、分析模型和存储模型的角度详细介绍平台地下建(构)筑物三维模型,其间有机地整合了基本层、应用层及扩展层三层数据和面元构模及体元构模两种构模方式。

1. 表达模型

平台地下建(构)筑物表达模型,顾名思义,就是用以表达地下建(构)筑物在三维空间中的形态、结构、空间分隔、部件和细节,同时也要表达其连通特性。

为了精细地表达地下建(构)筑物的三维形态,表达模型的构模方式主要参考面元模型中的边界表示(B-Rep)模型。具体而言,采用体(虚拟体)、组面、三维面、线、点的方式来表达地下建(构)筑物模型中的各元素。例如地下建(构)筑物表达模型中最为典型的内体,在真实世界中可以是地下建(构)筑物内部的一个房间,将其分为顶、侧和底三个组面,组面由若干个三维面构成,上述三个组面构成内体。此时的"体",并非空间实心体,而是由面组成的封闭空心体。地下建(构)筑物表达模型中其他的要素,同样可以用体(虚拟体)、组面、三维面、线、点的方式来构模。

(1) 外部表达

地下建(构)筑物模型的外部表达部分属于基本层数据,用于表达地下建(构)筑物实体占用地下空间位置的情况,基本元素有外体、外围护桩和桩基础。

整个地下建(构)筑物的外围轮廓被定义为该地下建(构)筑物的外体。桩基础和维护基坑作为附着于外体的独立部分而存在,与外体一起表达地下建(构)筑物在地下空间中的占位情况和形态。

① 外体:用以表达地下建(构)筑物主体的外部尺寸和形态,一个地下建(构)筑物有且仅有一个外体。外体由组面、三维面的方式来构模。外体表达的是地下建(构)筑物最外部的轮廓。

② 桩基础:一般依附于外体而存在,但个别情况下也会独立存在,如高架道路的桩基础。桩基础以点方式来构模。桩基础以截面中心位置的点表示平面位置和起始深度,再辅以半径和高度,参数化地表现其空间形态。

③ 外围护桩:是建(构)筑物基坑外围的保护设施。与桩基础的特性相似,外围护桩依附于外体存在,通常位于外体的外部,外围护桩以其最外围的轮廓面作为几何抽象的依据,以三维面或组面的方式来构模。

(2) 内部表达

地下建(构)筑物模型的内部表达属于应用层数据,用于表达地下建(构)筑物主体的主要结构的内部表面形态和尺寸。内体为内部表达的主要元素,其中包括普通内体和连通体。

① 空间分层:为了便于研究,将地下建(构)筑物内体、连通体等按照其实际所处的楼层确定其空间水平层面的取值。规定地表水平面为 0 层,地下一层为 1 层,地下二层为 2 层,依此类推。

② 普通内体:位于外体之内,用以表达地下建(构)筑物内部可以利用的基本空间尺寸和形态,地下建(构)筑物内部的房间就可以用普通内体来表达。一个地下建(构)筑物可以有一至数个普通内体,这些普通内体分布在多个水平层面内。普通内体由组面、三维面的方式来构模。

③ 连通体:是特殊的内体,它与普通内体最大的区别是能跨越水平层面,而普通内体不可以跨层。如地下车库的上下车道,一般地下建(构)筑物中的楼梯通道、电梯通道等可以用连通体来表达。连通体由组面、三维面的方式来构模。

(3) 连通表达

地下建(构)筑物模型的连通性表达部分也属于应用层数据,其主要元素是连通面。

① 连通面:如门、通风口等,被定义为附属于体(内体、外体、连通体)上的一个虚拟面。连通面以三维面的方式构模。它的属性记录了所属体与相关体之间的单向连通性。连通面用以表达地下建(构)筑物地面出入口、地下建(构)筑物之间以及地下建(构)筑物内部空间的连通特性。

② 垂直连通:连通体是可以跨越水平层面的特殊内体,连通体上必定具有连通面。普通的内体只存在水平连通性,只有连通体存在垂直连通性。

(4) 扩展表达

地下建(构)筑物的扩展表达部分属于扩展层数据,用来表达地下建(构)筑物主体内部各个分部内非结构性的布置与细节,也用于虚拟仿真和视觉美化。扩展表达的主要元素有辅接面、注记、构件和投影面。

① 辅接面:主要用于视觉美化,由三维面来构模。由于外体表达的是地下建(构)筑物的外表面,内体表达的是地下建(构)筑物的内表面,因此,内体与外体、内体与内体之间存在基于墙体的空间缝隙。辅接面用以填补上述缝隙。

② 注记:是在地下建(构)筑物模型中起到标注和视觉标识作用的要素,以点来构模。注记以三维点记录其中心位置,属性包括字体、尺寸、三维旋转角度、颜色以及注记文字等。

③ 构件:是地下建(构)筑物内部非结构性的部分,可分为点、线、面三类构件。

点状构件——以点来构模,应用时结合点符号来表现,如地铁车站的闸机、售票亭。

线构件——以线来构模,应用时结合线符号来表现,如建(构)筑物内部的管道、电缆等。

面构件——以面来构模,应用时结合面符号来表现,如建(构)筑物内部的吊顶、夹层等。

④ 投影面:是由地下建(构)筑物外体和外围护桩在水平面上投影形成的多边形数据。投影面以三维面来构模。投影面用以表达地下建(构)筑物在地面上的占位,可以协助地下建(构)筑物的三维检索。一个地下建(构)筑物有且仅有一个投影面。

2. 分析模型

尽管地下建(构)筑物的表达模型能细致表达地下建(构)筑物的三维形态,但是面元模型的构模方式和虚拟体的特性,使其不能完全满足空间分析的需求。对于空间分析而言,表达模型过于细致和冗余。

平台地下建(构)筑物的分析模型采用体元构模,且以单一的空间三棱柱作为其体素。分析模型只针对基础层数据,数据结构简单,但能满足平台空间分析的需求。

分析模型只在空间分析时参与计算,分析的结果依然以表达模型展示。

分析模型的主要元素有分析外体、分析桩体和分析护桩体,均以空间三棱柱构模。

（1）分析外体

分析外体是将地下建(构)筑物外体三棱柱化,形成表达地下建(构)筑物主体部分空间占位的一种几何实体。其抽象过程如图 4-20 所示。

（2）分析护桩体

分析护桩体是以地下建(构)筑物外体和外围护桩的空间"并"的结果并加以三棱柱化而形成的表达地下建(构)筑物主体部分和维护基坑空间占位的一种几何实体。其抽象过程如图 4-21 所示。

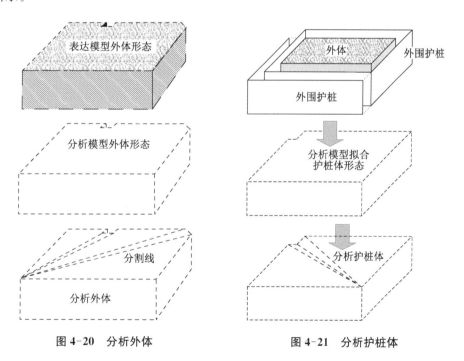

图 4-20　分析外体　　　　　　　　图 4-21　分析护桩体

（3）分析桩体

分析桩体是将地下建(构)筑物桩基础所在区域加以三棱柱化而形成的表达地下建(构)筑物桩基础空间占位的一种几何实体。根据桩基础类型和排列分布,一个地下建(构)筑物可以有多个模拟桩体。其抽象过程如图 4-22 所示。

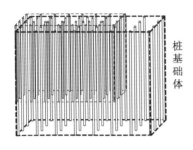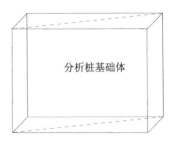

图 4-22　分析桩基础体

（4）分析体的组合

由于分析体的体素是空间三棱柱，因此其空间组合相当灵活，上述三类分析体可以通过不同的组合，来满足不同的空间分析需要。

3. 存储模型

三维空间数据模型是对三维空间世界的抽象，是三维空间数据库设计的基础。从实际地理空间世界到计算机虚拟现实环境世界，空间数据模型可以分为多个层次。粗略地讲，空间数据模型可以划分成两个层次：第一层次是空间数据抽象模型或者空间数据概念模型，其目的在于提取地理空间世界的主要特征，不考虑其在计算机中的具体实现；第二层次是空间数据组织模型，它是空间数据概念模型在计算机中的具体实现。

平台地下建（构）筑物表达模型和分析模型就是地下建（构）筑物的概念模型，平台地下建（构）筑物存储模型则主要解决平台地下建（构）筑物概念模型如何在计算机中存储，同时还涉及如何将平台地下建（构）筑物概念模型的体元和面元两种构模方式有机地集成在一起，并实现其几何数据组织。

地下建（构）筑物存储模型应遵循如下原则：

（1）完整性：平台地下建（构）筑物要素界定要明确完整；

（2）准确性：平台地下建（构）筑物要素层次要清晰准确；

（3）简洁性：平台地下建（构）筑物要素内容要简单明了。

从平台整体应用的角度出发，要实现关系数据库的存储。对于与平台用户少量地下建（构）筑物数据交换，要实现文件形式的存储。上述两种格式的存储要求结构和内容的统一。

（1）基本元素

平台地下建（构）筑物存储模型以一个地下建（构）筑物为基本单位，每个建（构）筑物具有唯一的标识编号，建（构）筑物的编号不得重复。

遵照模型设计思想，将平台地下建（构）筑物概念模型拆分组合成最基本的 10 个元素，即：基本信息、投影面信息、基本体信息、桩基础信息、外围护桩信息、分析体几何信息、构件和注记信息、辅接面信息、连通面信息和三维面几何信息。

（2）要素描述

① 建（构）筑物基本信息。表 4-3 所列为建（构）筑物基本属性信息及其相关描述。

表 4-3　建(构)筑物基本属性信息及其相关描述

信息名称	详细描述
建(构)筑物编号	每个建(构)筑都必须含有一个全局唯一的编号(如:0901102387668)
建(构)筑物名称	该建(构)筑物对外通用的名称(如"建科大厦")
体个数	该地下建(构)筑物含有的全部体的数量(包括外体、内体和连通体)
最高高程	该地下建(构)筑物最高处的相对高程
最低高程	该地下建(构)筑物最低处的相对高程
X 坐标最大值	该地下建(构)筑物顶点信息中 X 的最大值
X 坐标最小值	该地下建(构)筑物顶点信息中 X 的最小值
Y 坐标最大值	该地下建(构)筑物顶点信息中 Y 的最大值
Y 坐标最小值	该地下建(构)筑物顶点信息中 Y 的最小值
绝对高程	该地下建(构)筑物相对高程 0-0 的绝对高程
内体个数	该地下建(构)筑物所包含的内体总数(包括内体和连通体)
连通面个数	该地下建(构)筑物所包含的连通面总数
外围护桩个数	该地下建(构)筑物所包含的外围护桩总数
辅接面个数	该地下建(构)筑物所包含的辅接面总数
桩基础个数	该地下建(构)筑物所包含的桩基础总数
构件和注记个数	该地下建(构)筑物所包含的构件和注记总数

② 投影面信息。表 4-4 所列为投影面属性信息及其相关描述。

表 4-4　　　　　　　　　　投影面属性信息及其相关描述

信息名称	详细描述
建(构)筑物编号	建(构)筑物全局唯一的编号
几何(点)	索引面的顶点数据集
几何(面)	索引面的几何数据

③ 基本体信息。基本体包括建(构)筑物的内体、外体和连通体,表 4-5 所列为基本体属性信息及其相关描述。

表 4-5　　　　　　　　　　基本体属性信息及其相关描述

信息名称	详细描述
体编号	体所在建(构)筑物内唯一的标识号[注:不同建(构)筑物的多个体,其体编号允许重复]
体名称	体在地下建(构)筑物中的实际名称(如:"总经理办公室")
体类型	体的分类标志(1-外体;2-内体;3-连通体)

续　表

信息名称	详细描述
上层编号	该体所占空间层的上一水平层编号(如体占空间第2～4层,则上层编号为1)
下层编号	该体所占空间层的下一水平层编号(如体占空间第2～4层,则下层编号为5)
组面个数	该体所包含的组面个数(一般为3个,即顶面、底面和侧面)
分级标志	该体在本模型中应用层次级别(从低到高依次为基本层、应用层和扩展层)
自由描述	该体的详细描述
顶点(点)	该体所含的全部顶点集合
颜色	该体的颜色

④ 桩基础信息。表4-6所列为桩基础属性信息及其相关描述。

表4-6　　　　　　　　桩基础属性信息及其相关描述

信息名称	详细描述
桩基础编号	某类桩基础集合相对于其所在建(构)筑物内唯一的标识号
桩基础类型	该类桩基础集合所属类型(1-锚桩;2-试桩;3-工桩;4-灌桩)
桩基础数量	该类桩基础集合中所含有的桩基础数量
桩基础高度	该类桩基础的高度
桩基础半径	该类桩基础的半径
几何(点)	该类桩基础的顶点数据集
颜色	该类桩基础的颜色

⑤ 外围护桩信息。表4-7所列为外围护桩属性信息及其相关描述。

表4-7　　　　　　　　外围护桩属性信息及其相关描述

信息名称	详细描述
外围护桩编号	该外围护桩所在建(构)筑物内唯一的标识号
护桩层次	外围护桩层次标识号(1-第一层;2-第二层)
几何(点)	外围护桩的顶点集合
几何(面)	外围护桩的几何数据
颜色	外围护桩的颜色

⑥ 分析体几何信息。表4-8所列为分析体属性信息及其相关描述。

表4-8　　　　　　　　分析体属性信息及其相关描述

信息名称	详细描述
分析体编号	该分析体所在建(构)筑物内唯一的标识号
自由描述	该分析体的详细描述
几何(块)	该分析体的几何数据

⑦ 构件和注记信息。表 4-9 所列为构件和注记属性信息及其相关描述。

表 4-9　　　　　　　　　　构件和注记属性信息及其相关描述

信息名称	详细描述
构件和注记编号	该构件或注记所在建(构)筑物内的唯一标识号
构件和注记类型	该构件或注记的数据类型(1-注记;2-构件)
构件和注记数量	该类型附加点的记录数量
几何(点)	该构件或注记的几何数据
颜色	附加点颜色
注记文本	注记的文本
注记字体	注记的字体
注记字号	注记的字号
角度 1	该构件或注记绕 X 轴的旋转角度
角度 2	该构件或注记绕 Y 轴的旋转角度
角度 3	该构件或注记绕 Z 轴的旋转角度

⑧ 辅接面信息。表 4-10 所列为辅接面属性信息及其相关描述。

表 4-10　　　　　　　　　　辅接面属性信息及其相关描述

信息名称	详细描述
辅接面编号	该辅接面所在建(构)筑物内唯一的标识号
辅接面类型	辅接面的类型标识号(1-连通面之间的辅接面;2-内体中的辅接面)
几何(面)	辅接面的几何数据
颜色	辅接面颜色

⑨ 连通面信息。表 4-11 所列为连通面属性信息及其相关描述。

表 4-11　　　　　　　　　　连通面属性信息及其相关描述

信息名称	详细描述
连通面编号	该连通面在所有建(构)筑物中全局唯一的标识号
连通面类型	连通面类型标识号(1-内连通面;2-外连通面)
对应连通面编号	与该连通面存在连通关系的连通面所属编号
几何(面)	连通面的几何数据
颜色	连通面颜色

⑩ 组面信息。组面是体(外体、内体、连通体)的基本组成部分,这些体被分成顶面、底面和侧面三个部分。表 4-12 所列为组面属性信息及其相关描述。

表 4-12   组面属性信息及其相关描述

信息名称	详细描述
组面编号	某组面相对于其所在建(构)筑物唯一的标识号
组面类型	组面类型标识号(1-侧面;2-底面;3-顶面)
几何(面)	组面的几何数据
颜色	组面颜色

（3）几何数据组织

地下建(构)筑物各要素中几何元素的组织存储是模型最核心的问题之一。几何要素中共含有最基本的点、面和体三种类型。

① 点。模型中的顶点采用双精度浮点类型存储。以地下建(构)筑物的"体"为单位，将多个顶点连续地存储为一个点集合，一个点集中顶点不得重复，每个顶点都有唯一的标识号供外部对象使用。几何(点)不仅可以单独用于表达桩基础、构件和注记等模型组成要素，同时其本身也是几何(面)所必需的顶点索引集。

图 4-23 所示为地下建(构)筑物几何(点)数据存储结构。

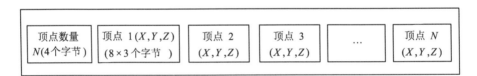

图 4-23　几何(点)数据存储结构

② 面。面模型并不存储顶点的实际数值，各顶点以索引号表示，顶点实际值存储于该三维面所在"体"的顶点几何数据之中。

对于基本三维面模型来说，通常有三种类型的数据组织方式：三角扇(Triangle Fan)、三角带(Triangle Strip)和环(Ring)。本模型中的面几何数据都是以"环"组织存储。

"环"是组成三维面中最富于变化的一种，应用也最为广泛。"环"是指任意闭合的几何图形，它的各个节点必须在同一三维平面上，但不一定是水平面或者竖直面。通过"环"可以代替"三角扇"或是"三角带"等组成三维模型。例如，长方体由 6 个"环"组成，每个"环"代表一个表面，组成长方体的"环"中，每个"环"由 5 个顶点组成，存储时共有 6×5＝30 个顶点。

"环"在创建的时候结构一致，但是当它们在组成面实体的表面扮演不同角色时有不同的名字，如"内环""外环"。通常以组的形式出现，"环组"的形成必须遵循一定的顺序，否则形成的三维模型可能与预想中的不一样。

"外环"强调一个闭合的边界，其后可以跟一到多个"内环"表示该闭合面内镂空的洞。"内环"不能作为环组的开始，它只能在"外环"之后，表示为该闭合面上的一个洞。如下图 4-24 所示，当创建五边形的时候，就已经确定它是这个面的边界，因此可以将其类型设为"外环"。图

4-24 中环组序列为:外环,内环,内环。

在地下建(构)筑物模型的体(内体、外体、连通体)上都包含有连通面(即这里所提到的"内环"),图 4-25 所示是几何(面)数据存储结构。

③ 块。几何(块)属于分析模型的范畴,是由多个大小不一的三棱柱拟合而成。三棱柱不仅可以描述地下建(构)筑物体的形态,还能够存储与表达建(构)筑物体积等特征属性,且能满足基本的三维分析运算要求。图 4-26 所示是由几何(块)拟合的某构筑物外体。

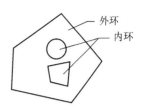

图 4-24　外环,内环
环组序列

图 4-25　几何(面)数据存储结构

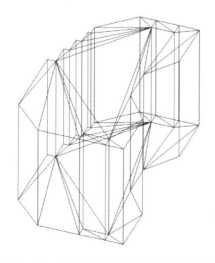

图 4-26　由几何(块)拟合的某构筑物外体

三棱柱有两个面为三角形,其余各面都是四边形,并且每相邻两个四边形的公共边都互相平行,两个三角面叫作棱柱的底面,其余各面叫作棱柱的侧面,两个侧面的公共边叫作棱柱的侧棱,侧面与底面的公共顶点叫作棱柱的顶点,不在同一个面上的两个顶点的连线叫作棱柱的对角线,两个底面的距离叫作棱柱的高。

图 4-27 所示是地下建(构)筑物几何(块)的数据存储结构。

三棱柱块数N(4个字节)

三棱柱1

上底面			下底面		
顶点1(X,Y,Z) (8×3个字节)	顶点2 (X,Y,Z)	顶点3 (X,Y,Z)	顶点1(X,Y,Z) (8×3个字节)	顶点2 (X,Y,Z)	顶点3 (X,Y,Z)

三棱柱2 …	三棱柱3 …	三棱柱4 …	…	三棱柱N …

图 4-27　几何(块)的数据存储结构

4.2.2.7　平台地下建(构)筑物数据建设成果示例

平台地下建(构)筑物三维模型是平台地下建(构)筑物数据建设的基础,也是平台地下建(构)筑物数据建设的最终成果,部分典型地下建(构)筑物三维模型如图 4-28 所示。

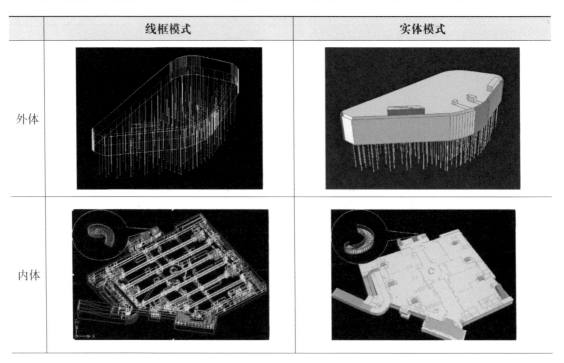

	线框模式	实体模式
外体		
内体		

续　表

线框模式	实体模式

图 4-28　部分典型地下建(构)筑物三维模型

地下建(构)筑物三维模型和地下管线、地质模型的集成显示如图 4-29 所示。

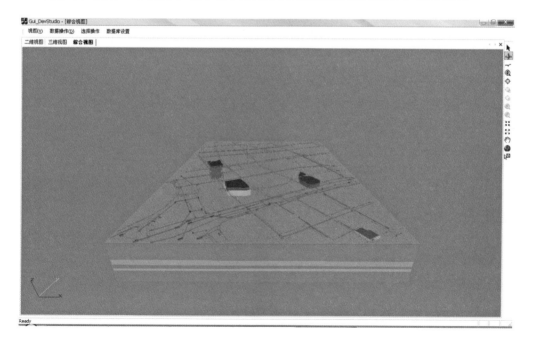

图 4-29　地下空间集成显示示意图

4.3 三维仿真和三维空间分析

4.3.1 地下管线三维仿真

4.3.1.1 地下管线三维仿真基本方法

1. 地下管线三维数据组织

城市地下空间信息基础平台主要收集位于市政道路下的各类地下综合管线及穿越居民小区、单位或工厂等区域的主要干管和线缆的数据,其中包括给水、排水、燃气、电力、通信、热力、工业、综合管廊、特殊管线等几大类。同时,还收集各类依附于地下管线的附属设施,如阀门、检修井等的数据。数据内容包括三维空间位置和属性特征。一般情况下,地下管线数据主要通过测量或物探获得,以近似于原始测量成果数据的点表、线表和面表的方式进行数据组织。

2. 地下管线三维模型构造

在管线平面图中,管线对象一般以管线中心线表示,一段管线在图上显示为一条直线。地下管线的三维表现则要复杂得多,不仅要考虑管线的中心位置,还需要依据横截面表达其三维形态。地下管线的横截面以圆形和矩形为主,因此,三维模型构造以圆形管和矩形管为主要对象。

矩形管的三维建模相对比较简单,通过管线数据中记载的截面的长和宽以及管线段的长度,保持截面底端边线的水平,就可以形成以管线中心线为中轴的管线三维模型——长方体。

对于圆形管而言,可以用圆柱面精确地表示,圆柱面的轴心即为管线中心线,圆柱面的截面半径为管线在截面处的半径。但是在可视化过程中,圆是无法精确表达的。为了构造圆形管的三维模型,我们采用将管线表面分段构造成一系列四边形的办法来实现,如图4-30所示。实验表明,管线表面等分得越细,模拟管线在直观上就越接近真实管线,但模型的计算量增大,显示速度会降低;反之,模拟管线比较粗糙,显示速度较快。当管线表面等分为8~12个四边形时,显示质量与显示速度能取得较好的平衡。

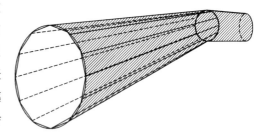

图 4-30 圆形管三维模型示意图

4.3.1.2 地下管线三维仿真优化

地下管线三维仿真优化的主要内容包括地下管线连接处理、地下管线衔接处理以及地下管线细节层次技术的应用。

1. 地下管线连接

两段地下管线的连接处一般为工作井或者管线分支、管径变化部位,在现实情况中,由阀门、水表、消火栓等管线附属设施连接。因此可以把这些管线附属设施抽象建模,用三维符号化的管线附属设施来实现地下管线的连接。

附属设施的三维符号化可采用 AutoCAD 等工具建模,制作出的符号能够代表该附属设施的重要特征,同时能与其二维符号保持"形似",便于识别。建模后的立体符号存储在符号库中,如表 4-13 所示。

表 4-13   地下管线附属设施三维表示

所属行业 名称	名称	三维表示图例	所属行业 名称	名称	三维表示图例
给水	阀门		排水	检查井	
	水表			跌水井	
	消火栓			水封井	
	排气阀			冲洗井	
	排泥阀			沉泥井	
	管堵			雨水箅	
	检修井			出水口	
	阀门井			污水箅	

续　表

所属行业名称	名称	三维表示图例	所属行业名称	名称	三维表示图例
排水	检查井		电力	检修井	
	排水沟			手孔	
	排水泵站			检修井盖	
燃气	涨缩器			灯杆	
	凝水井			交通信号灯	
	调压箱			控制柜	
	阀门			监视器	
	检修井			地灯	
	阀门井			上杆	
	管堵			变压箱	
	排气/水/泥				

续　表

所属行业名称	名称	三维表示图例	所属行业名称	名称	三维表示图例
电力	变压器		通信	话亭	
	接线箱			接线箱	
	分线箱			分线箱	
	管堵			工作室	
	工作室			管堵	
	电力沟			涨缩器	
通信	检修井		工业	排气/水/泥	
	检修井盖			凝水井	
	手孔			调压箱	
	上杆			阀门井	

续　表

所属行业 名称	名称	三维表示图例	所属行业 名称	名称	三维表示图例
工业	检修井		热力	凝水井	
	阀门			调压箱	
	管堵			阀门井	
热力	涨缩器			检修井	
	排气/水/泥			阀门	

地下管线连接时,首先从符号库中取出对应的附属物符号,然后将符号放置在对应管点位置,可通过附属物深度、顶面高程等属性完成图形绘制。地下管线连接的效果如图 4-31 所示。

通常情况下,大型管线附属物,如双井工作室、综合管廊、排水沟及非规则形状的单井等,可以采用面进行形状描述。从地下管线面数据中,可以得到这些较大的地下管线附属设施的实际平面形状、位置及深度。地下管线面状附属物的三维可视化,其实质是平面多边形的"拉伸",即根据其深度将平面多边形拉伸成三维实体,其方法较为简单。地下管线面状附属物的三维可视化可以更加准确地表达地下管线占用地下空间的实际情况。地下管线面状附属物的可视化效果如图 4-32 所示。

2. 地下管线衔接

与地下管线连接不同,地下管线衔接属于地下

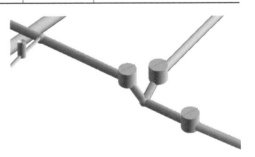

图 4-31　地下管线连接效果图

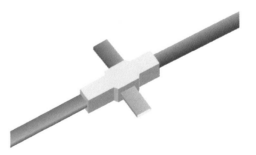

图 4-32　地下管线辅助面可视化效果图

管线三维显示过程中的"技术处理"。在管线平面图中,一般以二维折线表示一条管线段,这些管段是连续的。而在三维视图中,无论是圆形管还是方形管,其衔接处必然出现不连续,如图4-33和图4-34所示。

图 4-33　不连续的地下管段示例 1　　　　　　图 4-34　不连续的地下管段示例 2

为了使地下管线三维可视化更加逼真,同时又不影响显示速度,可以考虑对管线接头处进行"包装",以接近实际情况或较为合理的方式将若干段管线平滑地衔接起来。实际情况中,管线衔接处应当安装了一些诸如弯头、三通类的设施,囿于测量和探测手段的限制未被探测出,一种较为简单的方法是用实体进行衔接。例如,对于圆形管的衔接,可以用一个球体来衔接管线段,如图4-35所示,球体中心点取与之衔接的圆管中心点的最低点,球体半径取与之衔接管线中半径较大的管线半径的1.2倍。对于方形管(包括圆管和方管的连接),可以用一个圆柱体来衔接管线段,如图4-36所示,圆柱体底面中心点取与之衔接管线最低点减去与之衔接管线的最大尺寸,高度取与之衔接管线中尺寸较大的管线尺寸的1.2倍(方管的尺寸为宽度和高度的较大值)。这样模拟的方式可以基本满足视觉上的要求,但是与真实情况略有差别,美观程度也略有欠缺。因此,可以考虑另一个较为复杂的方法,其基本思路是用较为平滑的曲线将管线连接起来。

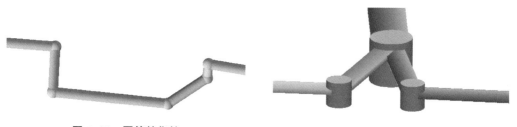

图 4-35　圆管的衔接　　　　　　　　　图 4-36　方管的衔接

4.3.2　地下建(构)筑物三维仿真

4.3.2.1　地下建(构)筑物三维仿真基本方法

一般来说,很多商业三维模型都可以作为平台的模型,或结合平台应用需求发挥一些作用,如 ESRI Multipatch、Autodesk 3DS MAX 模型、BIM 标准格式等。但是,鉴于地下空间平台应用的多样性,各种模型可能或多或少地存在不足之处,因此可以考虑自行设计模型,或在某种商业模型或开源模型的基础上进行深化。为了满足城市地下空间信息基础平台建设和应用的需求,平台地下建(构)筑物三维模型的整体设计思想如下:

(1) 将平台地下建(构)筑物三维模型在功能上分为三类模型:存储模型、表达模型和分析模型,以满足不同的需求。存储模型是模型制作人员接触的主要模型,应当便于和模型制作工具进行转换。表达模型应在标准三维面模型的基础上进行设计,这样可以与用于绘制的商业三维绘图引擎兼容。分析模型则主要用于空间碰撞和占位分析,应结合具体分析算法进行设计。三者的有机结合,将增加模型的普适性。

(2) 平台地下建(构)筑物三维模型可以分为三个层次:基本层、内部层和应用扩展层。基本层主要反映外部结构,用于地下空间大场景展示和规划分析,这样可以确保数据加载量较小。内部层反映地下建(构)筑物内部结构,可用于地下公共场所应急疏散等应用。应用扩展层则存储非建筑结构的符号信息,如地铁站的闸机、广告牌等,用于地下室内导航、建筑内部设施管理等应用。这些数据既可以配合使用,也可以单独使用,对提升城市地下空间平台应用质量、扩大平台应用范围不无裨益。

(3) 平台地下建(构)筑物三维模型既要适应关系数据库,也要适应文件方式,且两种格式必须具有相对统一的数据结构。对于关系数据库来说,在考虑模型设计的同时,还应考虑模型索引结构、多细节层次等的设计和实施,为应用奠定数据层基础。

(4) 平台地下建(构)筑物三维模型应既具有面模型的特征,也包含体模型的数据。这样的好处在于,面模型可以在商业引擎绘制过程中得到很好的支持,并且可以充分利用计算机硬件的性能。体模型则主要用于支持三维空间碰撞运算(面模型也可以支持碰撞运算),提高计算效率。

4.3.2.2 地下建(构)筑物三维显示优化

城市地下空间信息基础平台地下建(构)筑物应用类型很多,但是,最复杂、最需要从技术上进行优化的,还是大范围多对象场景中地下建(构)筑物的显示和分析应用。笔者认为,技术优化主要从以下三个方面考虑:LOD技术的应用、大范围多对象场景的索引和调度、后台多线程技术的应用。

1. LOD 技术的应用

LOD技术即 Levels of Detail 的简称,意为多细节层次。LOD技术指根据物体模型的节点在显示环境中所处的位置和重要度,决定物体渲染的资源分配,降低非重要物体的面数和细节度,从而获得高效率的渲染运算。在虚拟现实应用中,恰当地选择细节层次模型能在不损失图形细节的条件下加速场景显示,提高系统的响应能力。选择的方法可以分为如下几类:一类是侧重于去掉那些不需要用图形显示硬件绘制的细节,第二类是去掉那些无法用图形硬件绘制的细节,第三类是去掉那些人类视觉觉察不到的细节,如基于偏心率、视野深度、运动速度等,此外还有一种方法考虑的是保持恒定帧率。无论采用何种方法,其目的都是提高显示效率。对于城市地下空间信息基础平台中的建(构)筑物来说,笔者认为可考虑采用几何元素删除法,通过删除满足距离或者角度标准的顶点来减小三角网格的复杂度。删除顶点留下的空洞要重新进行三角化填补。该算法速度快,且非常适合地下建(构)筑物总体比较规则的形状。在该类方法中,PM(Progress Mesh),即过程网格,是当前较好的一种实现渐进式LOD的技术,专门面对存储和网络应用传输的三角网格结构,其结构大致可以表示为图4-37所示的形式。

图 4-37 PM 专门面对存储和网络应用传输的三角网格结构

图 4-37 中,基网格是一个较为模糊的网格结构,顶点分支是一连串顶点的分支。其主要思想是在不影响用户体验的前提下,用较粗糙的基网格模型代替较精细的原始模型,不仅可以减少渲染数据量,还可以减轻网格传输的负担。当用户离模型越来越近,足以观察到模型细节时,通过将分支逐步地加到基网格上,使原来的模型逐渐被还原出来。如图 4-38 所示。

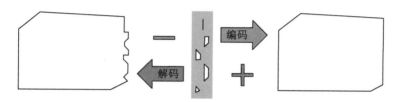

图 4-38 面处理示意图

由于地下空间模型几何外形较简单,且为多边拉伸体,笔者针对地下空间的外体面提出相应的 PM 解决方案:将模型的顶面或底面进行顶点倒塌(Vertex-Collapse)处理,得到一个含有较少顶点的平面;将这样的平面作为顶面或者底面的基网格,然后将一连串的点作为顶点分支不断添加到基网格上,最终可以还原成原始的数据。最终的实现结果如图 4-39 所示。

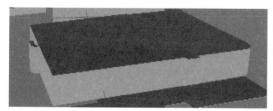
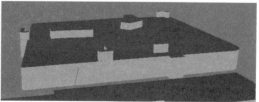

图 4-39 顶点倒塌处理结果示意图

2. 大范围多对象场景索引和调度

在虚拟场景中,只渲染可视区域可从很大程度上减少渲染资源的浪费。笔者认为,结合地下建(构)筑物的分布特点和模型特性,在管理和渲染大范围、多对象场景时,采用基于网格的兴趣域(Area of Interest,AOI)场景管理方法进行场景管理及可视域判断是行之有效的方法。具体方法为:首先对整个虚拟场景求外接矩形,将该外接矩形均匀划分成大小相等的网格单元(图 4-40 中的 Cell),如此,整个场景中的所有模型对象均位于某(几)个网格中。将整个场景中所有模型对象(ID 号)均绑定到该模型对象所处的网格中以便使用。当视点动态行进时,通过快速判定可视域区域覆盖了哪些网格,再通过这些网格找到网格内的几何模型,此时,部分网格(图 4-40 中的 IPVS)中的模型因由原本不可见变为可见而需动态载入内存;部分网格中的模型则因为位于当前 AOI 区域和行进前 AOI 区域的公共区域保持不变;还有部分网格(图 4-40 中的 DPVS)中的模型则由于移出了行进前的 AOI 区域(因由原本可见而变为不再可见)需动态从内存中删除。可见,基于网格的 AOI 场景管理方法,能使当前内存中的数据量达到最少,保证只加载可视区域。

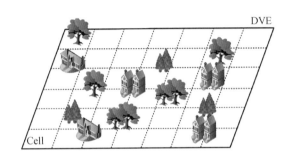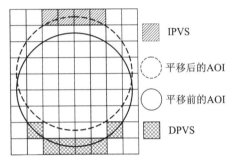

图 4-40　基于网格的 AOI 场景管理

预处理模块处理完的 AOI 场景配置文件还需要在服务器端或客户端进行加载和解析,并按照该配置文件的描述进行室外场景的管理和动态加载、消隐等效果。实现时借助设置的 AOI 参数级别来确定 AOI 区域的大小,主要通过类似距离加权的方式对格子赋予权值,图 4-41 所示即为分为五级(0～2,4～7,8～12,13～17,17＋)时的情形,其中权为 0 时为最小级别,小于 2 时为第二级别,依次类推。

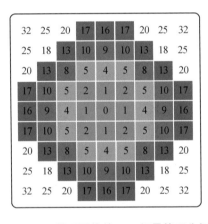

图 4-41　基于网格的 AOI 场景管理分级

3. 后台多线程技术的应用

为了保持三维场景绘制的连贯性,减少用户等待因数据调度造成的明显停顿现象,可以使用多线程技术实现这些目的。对于城市地下空间三维可视化来说,需要用到的线程按功能可以分为两大类,即数据调度和场景绘制。根据系统的实际情况,在获取大规模三维场景数据时,采用若干条后台工作线程从数据源获取数据,应用程序主线程负责绘制和响应人机交互。

数据调度线程的主要任务包括:从数据源读取数据,存入内存中开辟的缓冲区;当缓冲区已满或内存不足时,根据实际情况从缓冲区中删除或替换部分数据;对于 B/S 架构程序,负责数据传输调度。如前文所述,当场景处于实时漫游模式,情况将比较复杂,负责调度的线程需要根据当前位置和移动参数预判下一步将要进入可视区域的子场景,读取子场景涉及的数据到内存缓冲区中,释放不需要绘制的子场景数据。但由于视点的改变是随意的,不可能每次都准确预判下一步将要进入的子场景,预判不准确反而会降低系统的效率,因而可根据一定的算法提高预判的准确度。

　　场景绘制线程一般可以由应用程序的主线程兼任,也可以单独使用一条线程,负责不断地刷新场景。此外,主线程还要响应其他的人机交互对象(例如菜单和工具栏)。场景绘制线程按照既定的数据结构取出内存缓冲区中的数据,调用函数将它们绘制到场景中。

　　数据调度线程与场景绘制线程之间构成类似于生产者与消费者的关系,生产与消费的对象是三维场景中的数据。由于这些线程都要对内存缓冲区进行读写操作,因此,需要考虑线程同步问题,防止读写同一个对象时发生访问冲突。当使用超过一条数据调度线程时,可以通过对缓冲区加锁的办法来防止多线程同时写入,即向缓冲区写入数据前,先锁定缓冲区,等待数据写入后,再释放锁,使其他线程能够写入数据。这点在开发过程中尤其需要注意。

4.3.3　地质三维仿真

4.3.3.1　地质三维建模

1. 原始数据

　　通常情况下,地质信息原始数据是一组采集点的信息(图 4-42),每个采集点信息包含该采集点的坐标以及该点各岩层的深度值,因此所有采集点都可被记录为三维坐标。具体记录内容包括采集点坐标值、包含岩层数以及各岩层的高度坐标。

2. 基于正三棱柱的地质模型的生成

　　地质模型的表达方式多种多样,但是,从学术界、工程界的主流方法来看,基于棱柱的地质模型是最为普遍的,其中又以正三棱柱模型应

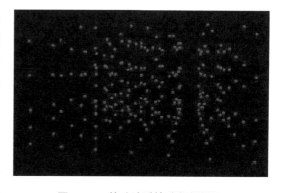

图 4-42　基础地质钻孔数据样图

用最为广泛。平台建设项目中的地质模型也采用正三棱柱模型,其主要原因在于:正三棱柱模型构建简单,且非常适合计算机可视化表达。

　　(1) 不规则三角网

　　不规则三角网(Triangulated Irregular Network,TIN)是一种表示数字高程模型的方法,它既可减少规则格网方法带来的数据冗余,同时在计算效率方面又优于纯粹基于等高线的方法。TIN 模型根据区域有限个点集将区域划分为相连的三角面网络,区域中的任意点落在三角面的顶点、边上或三角形内。如果点不在顶点上,该点的高程值通常通过线性插值的方法得到(在边上用边的两个顶点的高程,在三角形内则用三个顶点的高程)。所以,TIN 是一个三维空间的分段线性模型,在整个区域内连续但不可微。对于不规则分布的高程点,可以形式化地描述为平面的一个无序的点集,点集中每个点对应于它的高程值。将该点集转成 TIN,最常用的方法是 Delaunay 三角剖分方法。

基于散点建立 TIN，Delaunay 三角形剖分的通用算法是逐点插入法。具体算法过程如下：

① 遍历所有散点，求出点集的包围盒，得到作为点集凸壳的初始三角形并放入三角形链表。

② 将点集中的散点依次插入，在三角形链表中找出其外接圆包含插入点的三角形（称为该点的影响三角形），删除影响三角形的公共边，将插入点所影响三角形的全部顶点连接起来，从而完成一个点在 Delaunay 三角形链表中的插入。

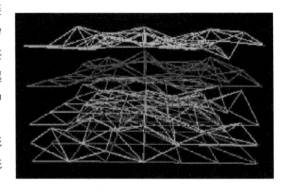

图 4-43   不规则三角网生成

③ 根据优化准则对局部新形成的三角形进行优化（如互换对角线等）。将形成的三角形放入 Delaunay 三角形链表。

④ 执行步骤②，③，直到所有散点插入完毕（图 4-43）。

（2）离散数据的插值拟合

离散数据插值拟合所构造的层（曲）面模型是对地质信息在复杂地质体中分布的数学抽象描述，为绘制和显示地质信息的空间分布提供了重要的方法基础。地质信息的插值函数和拟合函数要根据实际勘测数据建立，实测数据越丰富精确，得到的地质模型越能够真实描绘出这些信息的空间分布规律。此外，在进行空间数据插值时，必须考虑许多约束条件及相关的地质学原理。对于不同特点的地质信息，需采用不同的拟合函数，才能形成准确可靠的模型。

在笔者参与的项目中，对原始模型插值的过程选取了三角网各三角形各边的中点为插值点，即插值点的 X，Y 坐标分别为插值边端点的中心点，利用与距离成反比的加权方法求出该插值点的 Z 坐标，并将该点插入到顶点列表中，插入所有插值点后，重新生成三角网与模型。其过程如图 4-44 所示。

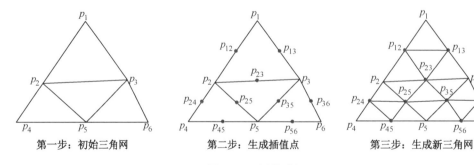

第一步：初始三角网   第二步：生成插值点   第三步：生成新三角网

图 4-44   插值过程

各层面经过插值后形成的模型效果如图 4-45 所示。

依次遍历各层面,对其进行插值,将新生成的顶点加到顶点列表中,并生成新的三角形列表。根据相邻的上、下两个层面的三角网相对应的三角面,生成三棱柱体,并将其加到三棱柱体列表中,至此模型数据全部生成(图 4-46)。

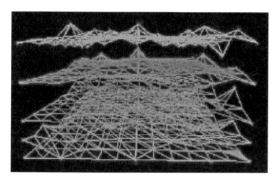

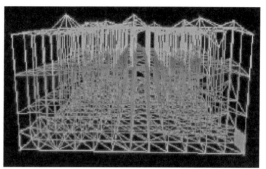

图 4-45　插值效果　　　　　　　　图 4-46　基于三棱柱模型的生成

4.3.3.2　地质三维表达

建模过程解决了地质数据三维可视化的第一步,即"看什么"的问题,而通过三维图形库将其表达在屏幕上,并提供相应的信息查询功能,则是地质数据三维可视化的第二步——"如何看",这包括两个内容,一是模型的整体显示,二是地质体的剖分与仿真。

1. 模型的整体三维显示

运用三维引擎,通过一系列基本的几何图元——点、直线、三角片(带)、四边形片(带)来建立地质界面模型。在绘制地质曲面时,通过对已知的离散勘测数据的拟合插值形成空间规则格网,再划分成一系列三角片进行渲染。对于相邻地层之间的空间,由于相邻地层界面上对应的网格点组成的四边形片位于同一平面上,可以直接画出四边形带以缝合上下相邻层面,从而形成侧面,根据地层岩性进行不同颜色的填充,形成地质模型。

地质数据三维仿真过程中,为实现地质三维模型的显示,主要需要用到三维引擎的如下功能接口:

(1)绘制图元,包括顶点的定义和几何图元的构造等,这些功能对于地质三维模型的初始绘制具有重要的意义。

(2)空间变换,包括几何变换、投影变换和视口变换等。其中,几何变换还包括平移变换、旋转变换、缩放和发射变换等;投影变换的目的是裁减掉现实视觉效果中无法看到的部分;视口变换则将显示信息投射到屏幕的指定区域内。上述各变换是对三维模型进行操作的基础。

模型绘制过程为依次遍历三维地质体模型每一层的所有三棱柱体,设置当前层颜色,依次绘制当前层的各个三棱柱体,即绘制三棱柱体的 5 个表面。当前层绘制完成后,依次绘制模型的下一层,直至整个地质体模型绘制完毕。同时也可以再绘制其他信息,如数据采集点等,以便得到更清晰、更直观的显示效果,如图 4-47 所示。

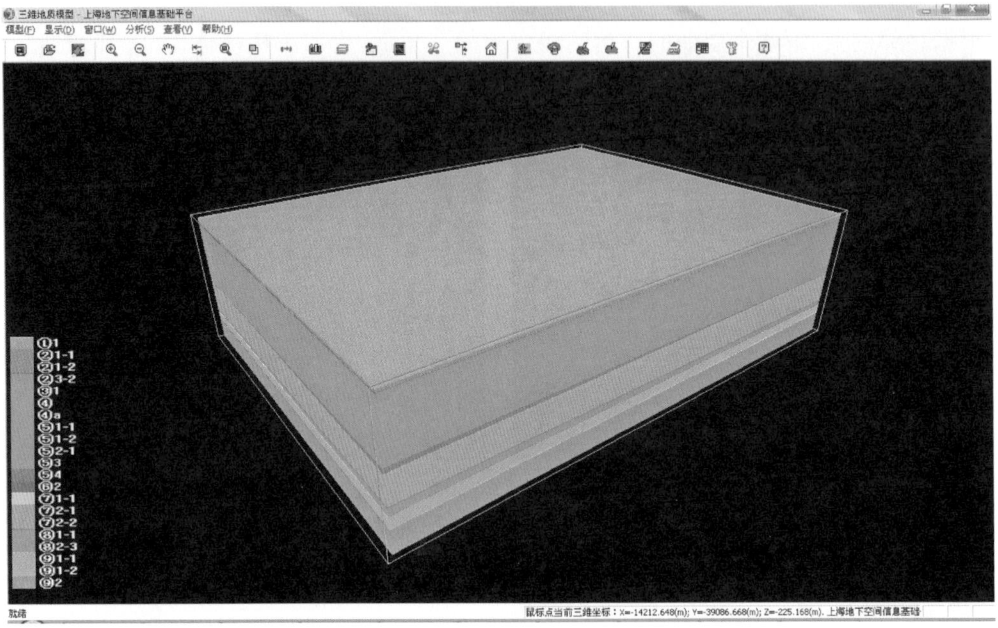

图 4-47　地质三维模型显示

2. 地质体的剖分与仿真

地质体的剖分是地质三维可视化中不可或缺的功能,通过剖分可以实时观察地质三维模型内部情况,对于深入了解地质信息具有重要的意义。在对三维模型进行剖分时,涉及剖面与三维模型相交,由于模型是由各个层面描述的,因此求剖面的问题即转化为求剖分平面与各个曲面交线的问题,其基本步骤如下:

（1）根据三个剖分点计算出剖面方程;

（2）依次计算剖面与三角网每个三角面是否相交,相交则计算剖面与三角面边的两个交点,如图 4-48 所示,依次计算出 p_1, p_2, p_3, p_4, …;

（3）所有剖切线与三角网判断、计算完毕的交点已放入交点序列之中。将该层所有交点序列按 X 坐标从小到大排序;

（4）排序后的交点列表即为该层面与剖平面的交线。

经过上述曲面求交,地质三维模型剖分效果如图 4-49 所示。

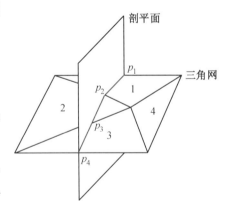

图 4-48　曲面求交示意图

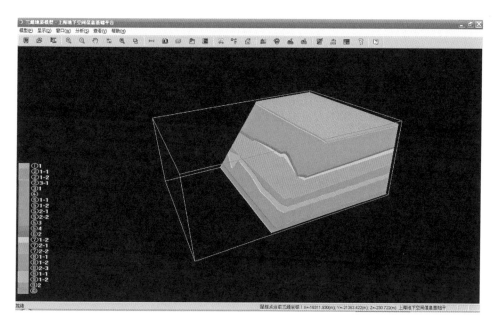

图 4-49　地质三维模型剖分效果

4.3.4　地下空间三维分析技术

地下空间的开发利用不仅涉及平面范围,还涉及深度方向上的占位。因此,为更好地研究地下空间开发利用状况,其信息化建设也应覆盖空间的三个维度,对地下空间要素进行完整的三维可视化表达和三维空间碰撞检测。以 OpenGL 和 Direct X 为代表的三维可视化技术可以很好地解决地下空间三维可视化问题。然而,在三维空间里进行各种形式的碰撞检测却不是很容易的事情,例如,设计一条地下电力隧道,判断该隧道与现有的地下建(构)筑物是否发生碰撞,其难度主要体现在如何在大范围、大数据量的三维场景中以较高的效率完成碰撞检测任务。针对这一问题,本节将开展地下空间三维场景中对象碰撞检测的研究。

4.3.4.1　碰撞检测基本原理及常用方法

所谓碰撞检测,就是计算三维场景中不同对象的空间范围是否具有交集,也就是计算组成空间对象的多面体之间的求交问题。如产生交集,还应具体指明碰撞的位置。从几何上讲,平面对象的求交相对容易,也已形成了很多成熟的算法。而空间三维求交则要复杂得多,首先要将空间中的对象分解成基本的三维几何图元(如三角形或平面多边形),然后对这些图元进行遍历,与目标图元进行碰撞检测,以判断碰撞是否发生。在这个过程中,图元之间的碰撞检测是基本运算,算法比较复杂,速度较慢,因此,衡量大范围、多对象三维场景中碰撞检测算法效率的标准主要是图元碰撞检测运算的次数——相同条件下图元运算次数越少,则算法效率越高。通常的思路是尽量排除那些明显不相交的图元之间的碰撞检测,而包围盒法则是实现这一思路的一种常用方法。

包围盒法是利用体积略大而形状简单的包围盒把复杂的几何对象包裹起来,在进行碰撞检测时首先进行包围盒之间的相交测试,如果包围盒相交,再进行几何对象之间精确的碰撞检测。显然,包围盒法对于判断两个几何对象不相交是十分有效的。常见的包围盒法包括:包围球(Sphere)、轴向包围盒法(Axis-Aligned Bounding Box,AABB)、方向包围盒法(Oriented Bounding Box,OBB)、离散方向多面体法(Discrete Orientation Polytopes,k-DOP)等。包围球以能够包围对象的最小球体为包围盒,通过两个对象包围球球心的距离与二者半径之和的比较确定是否发生碰撞;AABB则以边平行于空间三维坐标轴的长方体作为对象的包围盒,两个AABB相交的条件是它们在三个坐标轴上的投影区间均相交,判断的方法较为简单;OBB与AABB相似,只不过它的边无须平行于空间三维坐标轴;k-DOP则是一种根据景物的实际形状选取若干组不同方向的平行平面包裹一个景物或一组景物的包围盒技术。

包围盒的简单性和它包裹对象的紧密性是一对矛盾。简单性是指包围盒应该易于构造,至少要比包围的对象简单;紧密性是指包围盒应尽量贴紧所包围的对象,以提高碰撞检测的精度。一般来讲,包围盒越简单,它对虚拟对象的包裹紧密性就越差。表4-14为一般情况下,上述各种包围盒简单性与紧密性的比较。

表 4-14 不同包围盒比较

包围盒类型	紧密性	检测速度	检测难度	检测精度
Sphere	差	快	易	差
AABB	较差	较快	较易	较差
OBB	较好	较慢	难	较高
k-DOP	较好	较慢	较难	较高

一般情况下,在完成了包围盒的构建之后,利用树结构,按照一定的逻辑方法实现场景中包围盒的组织,并对场景树进行遍历比较,排除肯定不相交的空间碰撞,就可以完成碰撞检测并有效提高检测效率。

4.3.4.2 城市地下空间三维碰撞检测特点及实现

各种基于包围盒的碰撞检测算法都是针对具体的应用场合设计的,没有一种算法可以适用于所有的情形。地下空间对象碰撞检测需要对参与对象进行形态分析。绝大部分地下建(构)筑物都有其地面部分,而地面建筑受朝向、周边路网等因素的影响,平面投影往往平行或近似平行于平面坐标轴,这一特点也会延伸到其地下部分。此外,地下建(构)筑物更侧重于功能建设,因此,结构较地面建筑简单得多,从笔者参与项目的实施状况来看,地下建(构)筑物外轮廓在垂直于平面坐标轴的深度方向上往往是铅直或接近铅直的,即平行于深度方向的坐标轴。基于这些特点,AABB是地下空间三维场景碰撞检测过程中对象建模的首选。由表4-14可见,该方法计算简单,但一般情况下紧密性不好。而针对地下建(构)筑物各边基本平行或近似平行于坐标轴的特点,AABB恰好可以实现紧密包围,基于AABB的算法不仅继承了简单性,还获得了很好的紧密性,检测精度将得到很大的提高,如图4-50所示。因此,下文以AABB树为主要方法进行地下空间三维碰撞检测场景的构建。

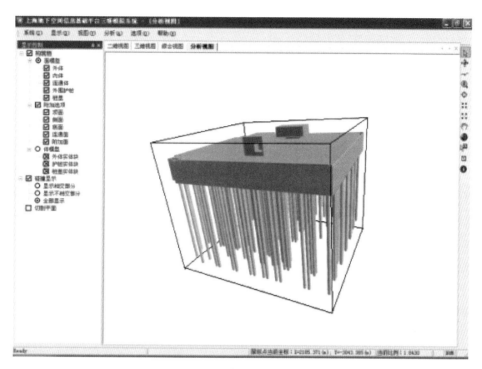

图 4-50　较高紧密性的 AABB

地下空间三维碰撞检测场景构建过程为:对地下建(构)筑物的每个单面生成一个包围盒,然后利用得到的一组包围盒建一棵二叉树,再利用两个包围盒树进行比较,即可完成碰撞检测。该二叉树的每个节点都至少包含两个重要对象:

(1) 节点包围盒,存储该节点所代表的 AABB 的信息;

(2) AABB 数组,存储该节点所有子节点(包括各级孙子节点)的 AABB 的信息。

1. AABB 二叉树的建立

采用自顶向下的办法,假设某个对象[地下建(构)筑物]有 n 个面(三角面或平面多边形),首先根据这 n 个面的几何形状生成 n 个 AABB;然后构建二叉树根节点的包围盒,这个包围盒包围上述 n 个 AABB,存储于根节点的节点包围盒中;接着把这个包围盒分割得到两个小的包围盒作为左右子节点,把 n 个包围盒逐一分派到这两个小包围盒的 AABB 数组中,并清空根节点的 AABB 数组。递归这个过程,直到每个包围盒中只容纳一个 AABB(形成叶节点)。这样便得到了一棵二叉树。

在该过程中,分割每个二叉树节点包围盒采用如下方式:首先对这个包围盒包围的所有 AABB 进行遍历,计算出平均中心,并计算出在哪个坐标上包围盒占据的范围最大,例如,在 X 轴上包围盒宽度最大,然后就在这个最长轴上的平均中心位置切割包围盒,得到两个包围盒,这两个包围盒在 Y, Z 坐标上和原包围盒有相同的位置和宽度,只是 X 坐标发生了变化,把原包围盒包围的所有 AABB 分配到这两个新包围盒中,并递归此过程直到树的每个叶节点中只包含一个 AABB。分配的原则是,依据上面的假设(最长轴为 X 轴),比较每个 AABB 的中心的 X 坐标,如果 X 坐标小于等于切割中心,则把这个 AABB 存入左子节点的 AABB 数组中,否则存入右子节点。

在二叉树建造完毕的时候,每个中间节点(包括根节点)的 AABB 数组都为空,只有叶节点的数组不空,但是元素只有一个。该树为后续的检测过程提供了基础。

2. 碰撞检测

用目标对象和场景中所有对象进行碰撞检测时,首先用目标对象 AABB 和场景中每个对象包围盒树的根节点做比较,如果两个包围盒不相交,则意味着目标对象 AABB 和整个二叉树的所有节点都不相交(因为根节点包围整个二叉树);如果相交,则分别和左右节点包围盒相比较,无论哪个节点判断出不相交都可以排除它下面的整个子树,直到比较到叶节点还相交,再做图元的求交测试。

通过上述方法,排除了很多不必要的图元检测,将算法复杂度由 $O(n)$ 简化为 $O(\lg 2n)$,提高了地下空间对象碰撞检测的效率。图 4-51 是地下空间信息基础平台应用上述算法进行碰撞检测的结果示意图。在该实例中,隧道为目标对象,场景中共有 84 幢地下建(构)筑物(共84 722 个三角面),经过检测后,被目标对象碰撞的对象显示出其轴向包围盒(AABB)。如不采用 AABB 树进行计算,共耗时 714 ms;采用了 AABB 树算法后,相同的条件下耗时 11 ms,计算效率有了很大幅度的提高。

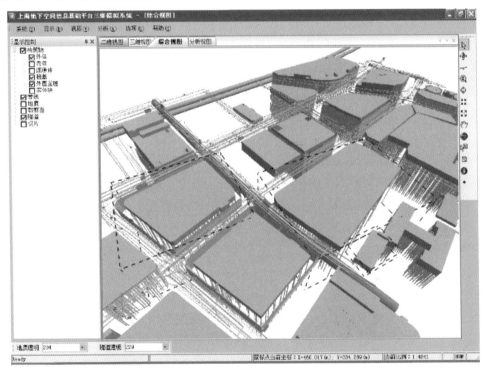

图 4-51　碰撞检测结果

4.4 数据存储及索引

4.4.1 城市地下空间三维矢量数据的存储组织方法

4.4.1.1 城市地下空间三维矢量信息数据库模型

笔者在基于大量研究的基础上,结合所在地区地下空间信息的特点,提出了如图 4-52 所示的城市地下空间三维矢量信息数据库模型,该模型是在基于边界表示、面向地下空间实体并兼顾拓扑关系的三维矢量数据模型的基础上,采用面向对象的方法所建立的一种空间数据库模型。

在图 4-52 中,城市地下空间三维矢量信息空间数据库模型的概念被划分为六个层次:城市地下空间三维矢量信息数据库、三维数据集、三维类、三维几何元素、三维几何实体和三维坐标点。城市地下空间三维矢量信息数据库由空间参照系、三维要素数据集和域集组成,其中三维要素数据集由三维要素类、三维对象类和三维注记类组成,三维要素类由三维几何元素、属性以及图形信息组成。在这一空间数据库模型中,空间实体被抽象为要素[如地质要素、地下建(构)筑物要素、地下管线要素等],非空间实体被抽象为对象。相同类型的要素构成要素类;相同类型的对象构成对象类;若干对象类或要素类组成要素数据集;若干要素数据集构成城市地下空间三维矢量信息数据库。

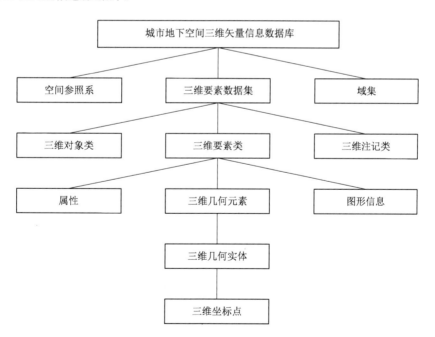

图 4-52 城市地下空间三维矢量信息空间数据库模型

三维要素在特定空间参照系中的几何特征被抽象为三维几何元素,三维几何元素由任意的点状、线状、面状或三维几何实体组成,三维几何实体最终通过三维坐标点来表达。

空间参照系(Spatial Reference System)是平面坐标系和高程系的统称,用于确定地理空间目标的平面位置和高程。一个城市地下空间实体要进行定位,就必须嵌入一个空间参照系中,因为城市地下空间信息平台本质上是 GIS,GIS 所描述的又是位于地球表面的信息,所以根据地球椭球体建立的地理坐标(经纬网)可以作为所有城市地下空间实体的参照系统。城市地下空间信息基础平台数据库必须采用一致的空间参照系,即所有的三维空间数据必须采用统一的坐标系统和高程基准。正常情况下,按照相关测绘规定,可采用城市地方坐标系作为平面坐标系统,高程系可使用本地一般采用的高程基准,例如,笔者所在区域采用的是吴淞高程系。

域是指为了防止数据入口错误而对属性值的限制,可分为范围域和编码域两类。域集则是一个或多个域形成的集合。城市地下空间信息平台所构建的城市地下空间三维矢量信息空间数据库,必须使用一个统一的域集。

在城市地下空间信息基础平台中,空间实体被抽象为要素,如地质要素、地下建(构)筑物要素、地下管线要素等。三维要素数据集是城市地下空间三维矢量信息空间数据库中具有相同空间参照系的三维要素类、三维注记类、三维对象类的集合;三维要素类、三维对象类、三维注记类存在于要素数据集中。三维要素数据集的作用是对数据进行分类,便于管理。非空间实体被抽象为对象。对象类是具有相同行为和属性的对象的集合。在空间数据模型中,一般情况下,对象类是指没有空间特征的对象(如管线权属单位、地下工程使用信息集等)的集合。在忽略对象特殊性的情况下,对象类可以指任意一种类型的对象集。在城市地下空间三维矢量信息空间数据库模型中,对象类是一种特殊的类,它没有空间特征,其实例是可关联某种特定行为的表记录。

注记是一种标识要素的描述性文本,分为文本注记(静态注记)和属性注记(动态注记)。其中,文本注记是一种内容和位置固定的注记,包括注记和版面;属性注记的内容来自要素的属性值,显示属性注记时,动态地将属性值填入注记模板,因此也称为动态注记,属性注记直接和它要标注的要素相关联,移动要素时,注记跟随移动,注记的生命期受该要素的生命期控制。在城市地下空间信息基础平台所构建的城市地下空间三维矢量信息空间数据库中,注记是在三维模型显示分析时用来标注要素的文本,它可以确定位置或者识别要素。

三维要素是现实世界中城市地下空间实体的抽象,可用于表达某种类型的地理空间实体,如地质体、地下建(构)筑物、地下管线等。三维要素是真实世界中的三维空间对象在城市地下空间信息平台内的表示,三维要素具有几何、属性和图形信息。三维要素按其数据组织方式的不同,可以分为简单三维要素模型和复杂三维要素模型。三维要素类是具有相同几何类型、相同属性和相同空间参照的三维要素的集合,可以分为点、线、面、体和混合要素类。也可以用子类型进一步划分要素类。

三维要素是真实世界中的地下空间实体的表示,是具有三维几何特征和属性特征、在数据库中有几何类型字段的对象。在城市地下空间三维矢量信息空间数据库中,三维要素被存储在三维要素类中。

三维要素可以由多个其他三维要素组合成一个新的三维要素。复杂三维要素的构成关系如图 4-53 所示。

三维要素类中的每一个三维要素都拥有一条属性记录,所有这些记录形成一张属性表。每个三维要素类有且仅有这样一张属性表。三维要素与它的属性数据之间的联系通过系统分配的唯一标识码建立。

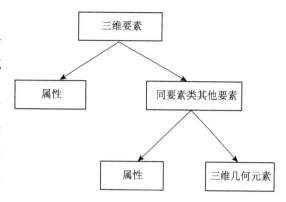

图 4-53　复杂三维要素的构成

4.4.1.2　城市地下空间三维矢量对象的存储

城市地下空间数据库中的几何数据对象有:三维坐标点、节点、边、环、线、面、三棱柱体以及三维几何体。这些数据在数据库中都是以表格的方式进行存储。

三维要素数据集的组成如图 4-54 所示,其中:

(1) 三维要素类由三维要素类描述表、属性表、三维要素类数据集、图形信息描述表组成;

(2) 三维要素类描述表中的记录和三维要素类属性表中的记录有严格一一对应关系;

(3) 三维要素类描述表中的一条记录代表一个要素;

(4) 三维要素类中的三维要素可以引用其他三维要素类中的三维要素;

(5) 三维要素类中的三维要素如果是一个简单三维要素,则引用本三维要素类中的三维几何体的编号;

(6) 三维要素类中的三维要素如果是一个复杂三维要素,则引用本三维要素类中使用到的简单三维要素;

(7) 为了提高复杂三维要素的访问效率,可以考虑将复杂三维要素使用到的所有简单三维要素的三维实体的编号冗余存储。

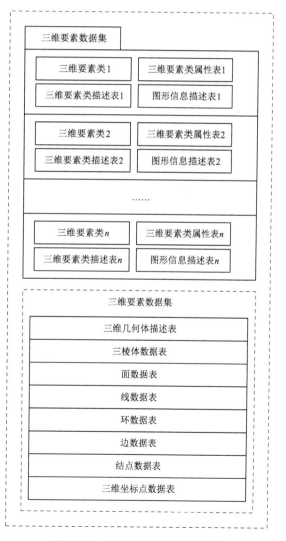

图 4-54　三维要素数据集的组成

三维要素类几何实体信息数据存储表结构如附表 B-1—附表 B-9 所示。

4.4.2 城市地下空间三维矢量数据的空间索引机制

4.4.2.1 三维空间索引基本原理

三维空间的表达离不开 3D GIS 的承载。3D GIS 是指能对空间地理现象进行真三维描述和分析的 GIS 系统。3D GIS 是 2D GIS 在三维空间内的延展,2D GIS 则是 3D GIS 的简化,所以 3D GIS 是布满整个三维空间内的 GIS,它与传统 GIS 的差异主要体现在空间位置的确定、空间拓扑关系的描述和空间分析的延展方向上。3D GIS 将三维空间坐标(x, y, z)作为独立的参数构建空间实体对象模型,能够实现空间实体的真三维可视化,并在此基础上进行复杂的三维空间分析。与传统的 2D GIS 相比,3D GIS 能够更真实地表达三维空间世界,能够以立体造型展现空间地理现象,它不仅能够表达空间实体之间的平面关系,还能够表达其垂向关系(有时候这种垂向关系与平面关系是同等重要的),能够对空间实体进行三维空间分析与操作。

在 GIS 由二维扩充到三维之后,其处理的空间对象也由二维空间中的"点、线、面"扩充到三维空间中的"点、线、面、体"。3D GIS 中的空间实体是通过三维坐标来定义的,其空间关系要比 2D GIS 复杂得多。2D GIS 对平面空间的"有限-互斥-完整"剖分是基于面的划分,而 3D GIS 对三维空间的"有限-互斥-完整"剖分则是基于体的划分。在 3D GIS 空间数据库中,空间实体的表达形式复杂,各种空间操作不仅计算量大,而且多具有面向邻域的特点。因此,在 3D GIS 中,由于空间维数的增加和空间实体关系复杂度的提高而导致的三维空间数据的海量性是一个必须考虑的关键问题,这可从计算机硬件(如采用更大容量的存储设备、更快速的处理器等)和软件两个方面加以解决。单从计算机软件的角度来看,海量数据的存储与管理需要更加高效的空间数据结构和空间索引机制。与传统的关系数据库不同,3D GIS 所使用的空间数据库系统通常需要快速响应用户提交的各种空间查询请求,这要求空间数据库不仅能对属性数据进行索引,更重要的是能对空间数据进行高效的索引,这样才能最大限度地提高各种空间操作的效率。但目前成熟的空间索引算法多集中在二维空间索引上,如网格索引、四叉树索引等,而对 3D GIS 的空间索引问题则研究得较少。对低维的空间数据来讲,二维空间索引的效率较高,并且多数可以进行扩展以支持高维的数据集;但应用实践显示,仅仅简单地将二维空间索引的维数增加到三维,其效率并不高,并且很多索引结构都是针对特定的空间查询操作而设计的,并不具有通用性。因此,需要对 3D GIS 所使用的空间索引技术进行专门的研究。

设计 3D GIS 空间索引所面临的主要困难是:三维空间实体的空间关系比较复杂,有时候甚至呈一种相对无序的状态。从本质上来看,3D GIS 对空间索引的要求与 2D GIS 基本类似,但在数据采集、数据库维护、数据操作、界面设计等方面要比 2D GIS 复杂得多。目前的三维空间索引大多是从二维空间索引的基础上发展而来的。与二维空间索引相似,三维空间索引方法也是基于空间数据的层次化聚类原则,结构上类似于早期用于数据检索的 B^+ 树:数据矢量存储在数据节点,空间位置邻近的矢量尽可能存储于同一节点。数据节点之间以层次化目录结构来组织,每一个目录节点都指向下一级的一个子树。

目前,索引结构大都采用平衡树的概念,即从根节点到所有数据节点的访问长度是相同的(但在插入和删除操作后可能会有改变),在树的形状上表现为高度一致性。访问长度又称作索引高度,从任意节点到数据节点的访问长度称为节点的级。显然,数据节点对应第 0 级。图 4-55 为分层索引结构的一般示意图,图中的分层索引包括两种节点:目录节点和数据节点。目录节点保存自身的外包络和指向子目录节点的指针,数据节点则包含外包络和指向实际数据对象的指针。

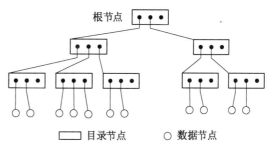

图 4-55 分层索引结构

本质上讲,城市地下空间信息基础平台三维索引的建立方法采用的就是一般 3D GIS 索引的建立方法。但是,并不是每一种方法都具有普适性。索引方法的选取还是要结合具体应用的需求。

4.4.2.2 城市地下空间信息基础平台索引

不同的索引方法适用于不同的应用,不存在绝对的通用方法。那么,在分析城市地下空间信息基础平台应用后,笔者认为有两类应用较为典型。一类是城市地下工程管理应用,例如地铁车站设施管理、大型地下公共场所应急管理、大型地下公共基础设施室内导航等。另一类是大范围、多对象城市地下空间虚拟现实应用,即以第一人称视角在城市范围内行走并浏览地下空间三维场景的应用。这两种应用所采用的索引方式是截然不同的,其根本原因在于,第一类应用是在一个三维空间中,三个维度在尺度上基本相当,且线程调度对象往往小到一个面。对于这种应用,可以考虑与 LOD 结合,基于 R^* 树进行索引设计;第二类应用中,平面维度在尺度上远大于竖直维度,且加载单元往往就是一个较大对象,如一个建筑物。对于这种应用,采用平面网格索引。

1. LOD-OR 树

针对城市地下空间三维实体的索引,R 树是近年来应用最广泛的方法之一,国内外学者也对 R 树提出了许多不同的空间索引方法,包括 R^+ 树、R^* 树等。R 树采用最小约束矩形递归分解索引空间,其存储效率相对较高。但是,由于城市地下空间实体区域之间经常产生重叠,因此,区域搜索可能需要沿多条路径进行,从而会降低搜索效率。R^+ 树虽然避免了区域的重叠,但它可能需要在不同的节点中存储同一个区域的标识,从而降低其存储效率。R^* 树则尽量减小节点间的重叠面积,它对上溢节点进行删除,并强制重插入该节点中的所有对象。但是,在 R^* 树中,中间节点的索引空间重叠是不可能避免的,当进行查找时往往会产生多条查找路径,且其中有些是失败查找路径,这使得 R* 树的查找性能受到影响,尤其当失败查找路径较长时,对查找性能影响很大。因此,需要对 R* 树进行改进,将 R* 树的查找限定在空间的某一部分进行,以提高其空间查找性能。

此外,对于有很多复杂的三维实体的场景,通过建立高效的空间索引固然能提高空间范围的显示速度,但是在现有的硬件性能情况下,如果再使用减少场景内绘制数据量的方法则更能显著地加速场景的显示速度。如前文所述,通过使用 LOD 技术可在一定程度上解决该问题。目前,大多数索引结构都不支持直接对 LOD 数据的检索。因此,如果能设计出一种索引结构,既能将 R* 树的查找限定在空间的某一部分来进行,又能直接对地下空间实体进行 LOD 检索,那么系统实时的绘制效率会得到较大的提高。通过对多种索引进行研究,将八叉树空间索引与 R* 树索引进行结合形成 OR 树结构,同时在记录的对象中加入地理实体的 LOD 信息,设计出一种集八叉树、R* 树及 LOD 信息于一体的空间索引结构——LOD-OR 树。

城市地下空间三维实体的 LOD-OR 树的基础是建立 OR 树,它是将三维实体的 LOD 信息作为对象基本特征的 OR 树。

OR 树是结合八叉树和 R* 树而提出的一种空间索引结构。

设 $d>0$,$n=\sum_{i=0}^{d-1}8^i$(d 为八叉树的深度),则 OR 树由一棵深度为 d 的八叉树 Ot 和 n 棵 R* 树组成。Ot 共有 n 个节点,依次为:Ot_0,Ot_1,…,Ot_{n-1}。Ot 将整个数据空间 S 划分成 n 个 d 级子空间,依次记为:S_0,S_1,…,S_{n-1}(其中,$S_0=S$)。每一级的所有子空间两两不相交,且一起构成整个索引空间 S。

n 棵 R* 树:Rt_0,Rt_1,…,Rt_{n-1} 分别与 Ot 的 n 个节点及 Ot 划分的 n 个子空间相关联。S_i 与 Rt_i 相关联,即 Rt_i 用于索引属于 S_i 的空间目标。一空间目标 P 属于 S_i 是指:

① P 完全落于 S_i 或 S_i 完全包围 P;

② S_i 是所有完全包围 P 的子空间中的最小者。

为了便于说明,以一棵深度为 2 的八叉树和 9 棵 R* 树组成的 OR 树进行说明。整个空间被划分为 2 级共 9 个子空间(图 4-56):S_0,S_1,S_2,S_3,S_4,S_5,S_6,S_7,S_8($S_0=S_1\bigcup S_2\bigcup S_3\bigcup S_4\bigcup S_5\bigcup S_6\bigcup S_7\bigcup S_8$)。$Rt_0$,$Rt_1$,$Rt_2$,$Rt_3$,$Rt_4$,$Rt_5$,$Rt_6$,$Rt_7$,$Rt_8$ 这 9 棵 R* 树分别与之相关联。完全包围 r_1 的最小子空间为 S_1,因此 r_1 被分配给 Rt_1;完全包围 r_2 的最小子空间 S_0,因此 r_2 被分配给 Rt_0。其原理如图 4-57 中 R* 树空间划分和图 4-58 中 OR 树结构所示。

因此,OR 树的结构由八叉树和 R* 树的结构组成。R* 树的节点结构如下所示:

① 叶子节点:(COUNT,LEVEL,〈FeatureOBJ$_1$,MBC$_1$〉,〈FeatureOBJ2,MBC$_2$〉,…,〈FeatureOBJ$_m$,MBCm〉);

② 非叶节点:(COUNT,LEVEL,〈Child$_1$,MBC$_1$〉,〈Child,MBC$_2$〉,…,〈Child$_m$,MBCm〉)。

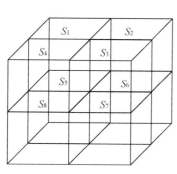

图 4-56　八叉树空间划分图

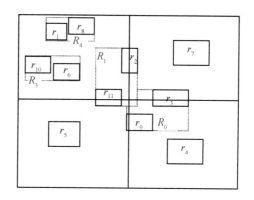

图 4-57　R* 树空间划分图

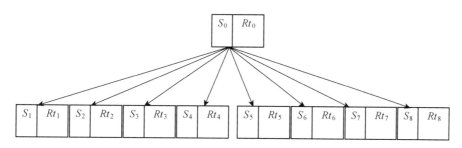

图 4-58　OR 树结构图

其中,叶子节点的 FeatureOBJ 为空间目标的标识信息,MBC(Mininal Bounding Cube)为该目标在三维空间中的最小约束长方体,非叶节点的 Child 为指向子树根节点的指针,MBC 代表其子树的索引空间最小约束长方体。

八叉树采用线性的存储结构,其节点结构可描述为〈S,Rt〉,其中 S 为该节点关联的子空间,Rt 为与 S 关联的 R* 树。由 S 可以根据八叉树节点的层次及节点在该层的顺序确定,因此,实现时可以不需要显式存储。为了减少查询过程中提取 R* 树根节点的次数,可以在八叉树节点中增加一项 MBC,存储其对应的 R* 树的索引空间(如果查询目标不在 MBC 之内,则不需要提取对应 R* 树节点,因此可以减少磁盘页的访问次数)。

(1) OR 树的插入操作

插入一个数据,必须首先确定该数所属的最小子空间及其关联节点,然后再将其插入对应的 R* 树中。例如,在图 4-59 中,插入数据矩形 r_7,首先求出最小约束子空间为 S_2,然后将其插入到 Rt_2 中;插入数据矩形 r_2,首先求出最小约束子空间为 S_0,然后将其插入到 Rt_0 中。插入算法 $INSERT(N,P)$(N 为 OR 树的根节点,P 为待插入数据矩形的最小约束矩形)的流程描述如下:

① 如果 N 是叶节点,则调用 R* 树的插入算法将其插入;

② 若 N 是非叶节点,则在 N 的所有子节点对应的子空间中查找到完全包含 P 的子空间

P_1,然后转步骤①,在 N 的子树中进行插入;如果找不到完全包含 P 的子空间,则在根节点中插入 P。

（2）OR 树的删除操作

删除一个数据,必须首先确定该数据所属的最小子空间及其关联节点,然后再将其从对应的 R* 树中删除。例如,在图 4-59 中,要删除数据矩形 r_4,首先求出其最小约束子空间为 S_4,然后从 Rt_4 中删除它;要删除数据矩形 r_9,首先求出最小约束子空间为 S_0,然后从 Rt_0 中删除它。删除算法 $DELETE(N,P)$（N 为 OR 树的根节点,P 为待删除数据矩形的最小约束矩形）的流程描述如下:

① 如果 N 是叶节点,则调用 R* 树的删除算法将其删除;

② 若 N 是非叶节点,则在 N 的所有子节点对应的子空间中查找到完全包含 P 的子空间 P_1,再转步骤①,在 N 的子树中进行删除;如果找不到完全包含 P 的子空间,则将 P 从根节点中删除。

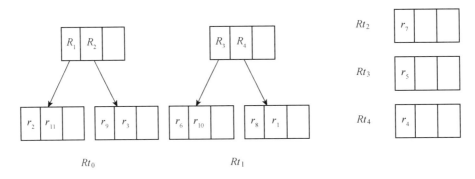

图 4-59 OR 树的插入与删除操作示意图

（3）空间查找

给定查找区域 BOX,查找所有与 BOX 重叠的空间目标或完全落入 BOX 的空间目标,必须对所有与 BOX 相交的子空间所关联的 R* 树进行查找操作。也就是说,从八叉树的根节点开始,如果根节点关联的子空间与 BOX 及对应 R* 树的索引空间相交,则须在该 R* 树中进行查找操作。然后,对于每一子节点,比较其关联子空间是否与 BOX 相交,如果不相交,则该节点及其子树截断,不用继续往下查找;如果相交,且与对应 R* 树的索引空间相交,则在对应的 R* 树中进行查找操作。接下来继续比较下一级的子节点。

由于所有空间对象的索引信息都存储在 R* 树中,因此,OR 树的查找最终都要归结于 R* 树的查找,对八叉树节点的访问只是为了确定其对应 R* 树是否可能包含要查找的目标。

（4）与 LOD 结合

在城市地下空间信息基础平台环境下的一个复杂的三维场景中,三维空间实体的几何形状往往非常复杂,通过这些复杂的三维实体的几何进行不同程度的简化,然后再采用 LOD 技术进行管理显示可减轻场景的复杂度,加快显示速度。

这些简化的三维空间对象数据将被存储到空间数据库中。如果要得到某一个三维空间对象的简化数据,通常需要先通过数据库的空间索引得到对象的标识,然后通过对象标识去读取对象的描述,最后依据计算出的对象到观察点的距离得到对应的空间实体的简化模型的标识,获得简化后的几何数据。由于这种查询方法涉及较多数据,对查找性能影响很大,因此有必要将 LOD 信息存储到空间索引对象的标识中,直接通过索引得到简化模型的标识。对于没有建立 LOD 的三维实体,可将其原始三维几何数据作为适用于任何一个 LOD 的几何数据。

依据人的视觉特性,对于三维实体对象的每一个不同程度的简化数据,都有其有效的作用域,即最近有效距离。同时这些三维几何数据在空间数据库中都有一个唯一标识。因此,三维实体对象的每一个不同程度简化数据都可用以下结构表示:

LOD_MD(GID, MIN_DISTANCE)

三维实体对象拥有一个或多个层次细节模型,结合简化模型的表示方法,三维实体对象可表示为以下结构:

FeatureOBJ(OBJID, LodCount, $\langle$LOD_MD$_1$, LOD_MD$_2$, $\cdots$, LOD_MD$_n\rangle$)

其中,OBJID 是对象的 ID,LodCount 是已有的层次模型个数,$\langle$LOD_MD$_1$, LOD_MD$_2$, $\cdots$, LOD_MD$_n\rangle$为对象的简化模型标识并按最近有效距离由小到大的顺序排列。对于无 LOD 信息的数据,将 LodCount 设置为 LodCount=1,LOD_MD$_1$ 为 OBJID 的几何模型即可。

将这个三维空间对象表示结构作为基本信息与 OR 树结合,即为 LOD-OR 树。如果对数据库进行 LOD 查询,系统会通过 LOD-OR 树找到对象 FeatureOBJ$_1$,由于在索引的叶节点上直接存有对象的最小外包络长方体,因此,可直接计算出观察点与对象的距离,并且 FeatureOBJ$_1$ 的 LOD 信息已经按最近有效距离由小到大的顺序排列,所以系统会很快得到简化数据的 GID,并直接将简化数据作为空间对象返回。通过这种方式,避免在显示过程中过多调用函数,提高检索性能。

2. 网格索引

网格索引是最常见的 2D GIS 索引方式,主流的 GIS 软件(如 ESRI ArcGIS Server)和大多数地图服务供应商(如 Google Map)都采用这种方式进行平面空间数据索引。对于大范围、多对象城市地下空间三维场景,其平面维度的尺度远大于竖直维度,因此,笔者认为没有必要利用纯三维空间索引方法组织数据。一种可行且被证明为高效的方法如下:

为所有三维场景中的对象建立一个二维平面投影数据结构,反映对象在平面上的位置。同时,建立二维平面与原对象之间的对应关系。

(1) 按照 2D GIS 建立网格索引的方式,对上述二维平面投影数据结构建立索引。

(2) 在做三维空间浏览时,仅需分析视点所在网格,并根据一定的策略分析出需要显示三维对象的网格,检索其中的平面数据,获取其与三维数据的关联信息,再在三维场景中加载三维数据。

可见,对于城市地下空间大场景浏览类应用,将其简化为 2D GIS 是一个"剑走偏锋"的方法。实践证明,这种方法效果很好。

4.4.3 平台空间数据库逻辑结构关系及实现策略

4.4.3.1 平台空间数据分类及其层次关系

城市地下空间信息基础平台是一个集地表、地上、地下多维、动态空间信息于一体的大型综合性空间信息系统。系统涉及的数据可分为三类:①表征城市地上特征的数码景观和遥感影像数据;②表征城市地表特征的城市基础地理数据,包括城市地形线、交通线、行政区划界线、居民点分布图、区域气候区划图、区域地貌区划图、城市土地利用现状图、城市土地利用远景规划图等;③表征城市地下特征的地下三维数据,包括地质环境信息(地层信息和地质勘探信息)、地下水资源信息、地下建(构)筑物、地下管线、施工过程信息等。不难看出,城市地下空间信息基础平台涉及的数据具有来源广泛、类别众多、数量庞大、时空多维、主题鲜明的显著特征,特别是城市地下三维调查的成果数据涵盖多个专业,类型繁多,离散性大,界限模糊,随机性强,代号也较多,并且多用图形与表格、文字相结合的形式来表达。

通过对城市地下空间调查成果数据和城市三维空间信息平台用户需求的分析,本书将城市地下三维数据抽象概括为"两个层次,四大类别":"两个层次"是指城市地下三维数据包括原始数据和解释成果数据这两个层次;"四大类别"则是将城市地下三维数据分为地理空间数据、原始勘察数据、专业解释数据和三维建模数据等四个大类,其中地理空间数据和原始勘察数据属于"原始数据"这一层次,专业解释数据和三维建模数据则属于"解释成果数据"这一层次(图4-60)。

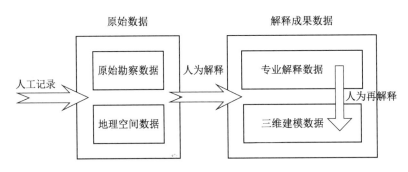

图 4-60 城市地下三维数据的数据层次关系

1. 地理空间数据

地理空间数据是描述基本地理要素的数据,包括图形、遥感影像两个方面的数据。不同比例尺的地形图、各种专题地图、地质图等都可作为图形数据使用;遥感影像则包括航片数据和卫片数据(如SPOT5,Quick Bird,TM等格式)。地理空间数据主要表征地物的空间地理位置,可以反映地表的现状与空间地理位置信息。

2. 原始勘察数据

原始勘察数据包括各类地下建(构)筑物、地下管线、各类钻孔(井)卡片中的野外现场描述、深井档案、各种测试数据、动态监测数据以及地球物理、地球化学勘查中获取的原始资料以及水文地质、工程地质等各专业的规范、资料。原始资料数据是城市地下空间调查中最原始的数据记录,可供阅读使用,并可用于成果数据的校对审核。在城市地下空间信息基础平台中,原始勘察数据作为系统中的原始资料加以保存,一般不允许更改。

3. 专业解释数据

专业解释数据是指对原始资料进行人工干预解释后获得的解释结果和相应的成果资料,其中解释结果包括修正和补充后的原始勘察数据以及基于这一原始资料解释的结果。专业解释数据涉及基础地理、地下建(构)筑物、地下管线、基岩地质、第四纪地质、工程地质、水文地质、地面沉降、地球物理、地球化学等多个专业、多种类型的原始资料和成果资料,这些数据在表达方式上各有差异,可概化为不同的数据模型,即可按照维数的不同将这些数据模型划分为一维数据模型(如文档资料)、二维数据模型、三维数据模型等。在城市地下空间信息基础平台中,这类数据允许修改。

4. 三维建模数据

三维建模数据是指为建立三维模型或进行分析评价而对原有的解释结果进行重新解释后获得的结果数据和相应的三维模型以及分析评价结果。在城市地下空间信息基础平台中,这类数据既有用户解释的数据,也包括系统建模生成的数据,允许用户进行修改。

在城市地下空间信息基础平台中,原始数据(包括地理空间数据和原始勘察数据)是解释成果数据的基础,它可作为专业解释数据和三维建模数据对照、比较的基础和标准。工程人员在各类原始数据的基础上进行人工干预与处理,形成能直观、准确地反映地下情况的各种成果数据。此外,原始数据也可以不经解释而直接作为成果数据使用。三维建模数据则是在原始数据或专业解释成果数据的基础上进行特殊处理后的数据,它能够满足三维建模的要求,所以它是对原始数据进行多次解释后的成果。

4.4.3.2 平台空间数据库逻辑结构关系

根据上文对城市地下空间数据的特点和层次关系的分析,本书认为统一的城市地下空间信息基础平台数据库可分为"原始数据层"和"解释成果数据层"两大层次。其中,原始数据层可分为基础地理空间数据库和原始勘察数据库两大类,基础地理空间数据库由地理底图库、影像库和元数据库组成;解释成果数据层包括专业解释数据和三维建模数据,专业解释数据是对各专业原始资料数据进行解释后的成果数据。按照专业的不同,专业解释数据可划分出三个数据库,即地质环境信息数据库、地下建(构)筑物数据库、地下管线数据库。每个数据库又有若干子数据库构成,如:地质环境信息数据库可分为基岩地质库、第四纪地质库、工程地质库、水文地质库、地面沉降库、地球化学库和地球物理数据库等子库,地下管线数据库可分为给水管线库、排水管线库、燃气管线库、热力管线库、工业管线库、电力管线库和电信管线库等子库。此外,也可按照现行城市地下空间调查所采用的单个项目为数据组织单元,形成项目成果数据库。三维建模数据库由建模资料数据库和三维模型资料数据库组成。城市地下空间信息基础平台空间数据库的逻辑结构关系如图 4-61 所示,其中箭头方向表示数据流的方向。

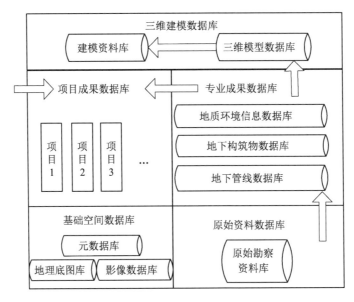

图 4-61　城市地下空间数据库的逻辑结构关系

4.4.3.3　平台空间数据标准及数据库实现策略

在城市地下空间信息基础平台建设的过程中,应在整合多源海量空间数据的基础上,建立具有统一数据标准和代码体系的城市地下空间信息综合数据库及其信息管理系统,这样才能有效地实现地下空间数据成果的数字化、成果资料的社会化和数据信息的共享化,为平台其他功能的实现奠定基础。

在数据建库时,对于数据含义相同,但由于各部门、各地区命名差异而导致不一致的数据项,可采用字段映射的方法进行处理。如图 4-62 所示,这种情况下的数据库分为三个层次,即逻辑层、映射层和物理层。为了保证数据的完整性和一致性,实际建库时逻辑层仅仅是一个框架,它实际上并没有数据,因此,实现逻辑层与物理层之间通信的映射层就显得相当重要。映射层的主要功能是建立逻辑层中的所有字段与物理层中相应字段的对应关系。通过这种映射关系,能够极大地减轻应用系统和底层的标准数据库交互的复杂度,进而实现三维地下空间数据的标准化组织、存储与管理。

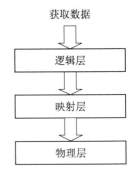

图 4-62　城市地下空间数据库中逻辑层与物理层的映射关系

1. 地理空间数据库的实现

地理空间数据分为图形数据与影像数据两种类型。图形数据可以采用地图数据库的形式存储于数据库中,同时存储图幅位置信息、各要素和图层的叠加关系、图形数据与属性数据的关联信息等。对于遥感影像、航空摄影影像等图像数据,由于其行列数较大,在影像浏览显示时,其屏幕的可见区域只是影像中的一个小矩形区域,可采用影像数据分块管理的方法,以减少图像文件的磁盘存取时间;同时,由于图像具有局部相关性,分块管理也利于图像的压缩;此外,分块管理也利于数据库管理,因为现有的商用数据库大多是基于关系数据库,关系数据库对数据的管理是基于数据记录的,当采用分块方式管理影像数据时,图像中的块可以与数据库中的记录进行很好的对应。当数据库的记录与影像的图像块——对应时,用商用数据库管理海量影像数据成为可能。

2. 原始勘察数据库和专业解释数据库的实现

原始勘察数据库与专业解释数据库按照先专业、后类型的方式实现,即先按照专业分为几个大的专业数据库,然后再分为柱状图数据、等值线图数据、钻孔分层数据以及各种属性数据等不同的类型。各个类型的数据可用专用的数据管理器进行操作,各个专业的数据在数据库中可用专业标志区分开来。

3. 三维建模数据库的实现

三维建模数据库要根据地下建(构)筑物建模、地下管线建模、地质体结构建模、属性建模以及可视化的需要,进行三维建模数据的统一管理,要提供专业成果数据转换为三维建模数据的接口,方便用户使用。建模完成后,对于模型数据与建模源数据要进行存储和索引备份。三维模型数据同样需要空间数据库的支持,对三维实体信息和拓扑信息进行处理。

城市地下空间信息调查所获取的数据具有海量、分散和关系复杂等突出特点,合理的组织和管理这些数据是城市地下空间信息基础平台构建的基础。本书按照城市地下空间数据所涉及的专业标准,将城市地下空间数据划分为多个专业库,可满足不同专业的工程人员的应用需求;同时,还提供统一的项目库对数据进行标准化处理,这在实践中也是十分必要的;此外,根据三维建模要求,特别提取出经特殊解释后的三维建模数据,以支持对地下空间数据的三维建模与可视化显示、分析。这种数据组织与管理方案对平台中的三维地下空间信息数据管理和服务系统的设计与开发提供了有益的参考。未来的方向是在一个更为广阔的区域内发展并最终形成一个统一的城市基础数据管理平台,它融地下地层结构、地表交通、地上建筑物等信息于一体,从而能满足城市多参数立体空间信息调查数据管理、分析、评价的多方面需求,为工程技术人员提供一个综合化、智能化、规范化的工具平台,为城市规划、建设与管理及社会公众信息需求提供一个基础服务平台,搭建一个集标准化、可视化、信息化、网络化于一体的城市地下空间信息基础平台。

5 地下空间信息基础平台标准体系建设

地下空间信息零散地分布于各行业、各单位,因此,平台数据来自多个领域、多个行业中的多个单位,其形式和格式多种多样,需要由不同的技术团队,通过各种技术手段的加工和处理才能纳入平台统一的数据库中。因此,建立平台数据标准是平台数据建设过程中必不可少的重要工作内容,包括数据引用、描述的一致性要求和数据提供、处理等规范性要求。为保障平台地下空间信息的共享和应用,平台数据建设必须依据规范的数据标准来进行。

平台数据来自各个行业、专业,平台数据共享面对的也多是不同应用层次和性质的服务对象,因此,平台需要在技术和操作两个层面上提出标准化、规范化要求,平台标准和规范主要约束平台建设和应用过程中的下列几个方面:

(1) 地下空间数据[包括地下管线、地下建(构)筑物、地质数据]的采(收)集;

(2) 地下空间数据或资料的处理和格式内容的转换;

(3) 平台数据库的建立和各类数据的整合入库;

(4) 平台数据的分类和元数据;

(5) 平台数据的共享和应用。

数据建设是信息化建设中最需要规范的工作环节。平台地下空间数据涉及地下管线、地下建(构)筑物和地质三大类对象,跨越多个行业、专业领域,涉及单位众多,而需要建设的数据内容要素包括三维空间位置、形态和基本特征属性信息,建设总量大、建设资料来源分散、数据建设工序各不相同,需要通过相应的标准界定数据建设的内容、方法、流程和指标要求,保障平台数据的规范性和一致性,保证平台数据的统一质量。

地下空间数据标准化的需求主要源于信息的建设和应用。在数据建设过程中的标准化需求,主要存在于数据采集和整合处理中的关键性环节。根据地下空间数据建设的基本工序分析,这些关键环节大致如图 5-1 所示。

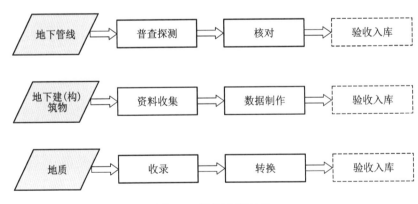

图 5-1 数据建设环节

总体看,地下空间信息基础平台标准体系建设主要涉及以下几个方面。

1. 地下空间信息分类

为便于平台数据库建设和今后的应用服务,平台需要对数据建设涉及的地下管线、地下建

(构)筑物和地质数据进行信息分类,并建立相应的分类代码。

2. 地下管线普查探测和核对

城市地下管线普查探测不仅要精确采集地下不可见管线的空间位置,而且还要采集其规格、材质、埋设年代等专业属性,需要通过多专业协作、多工序集成来完成,因此应制订管线普查探测的技术要求,作为各专业、各工序协作和集成的技术基础。

为了进一步提高地下管线探查的准确度,减少管线探查的错漏,应安排各专业管线权属和运营单位对探查结果进行核对。为保障多家单位按照同一要求开展工作,需要用规范化的方式对核对内容、核对方法、管线错漏情况标注和最终反馈方式予以明确。

3. 地下建(构)筑物资料收集和数据制作

地下建(构)筑物数据建设的主要工作是依据图纸等资料制作三维数字化模型数据。为保障地下建(构)筑物数据的建设质量和建设效率,制订规范性要求是必要的技术措施。针对地下建(构)筑物资料收集,应当制订地下建(构)筑物图纸资料收集、处理和归档的技术要求,规范资料收集的内容、格式和流程,保障资料收集的顺利实施。针对地下建(构)筑物数据制作,应当遵循资料分析、模型制作、地理定位和检查验证环节的技术规范进行工序和过程控制,保障地下建(构)筑物数据制作成果的质量。

4. 地质数据的收集和转换

城市地质数据主要来自地质专业部门。从专业的地质数据中,收集、整理和转换形成城市地下空间信息基础平台所需要的宏观地质数据,是平台地质数据收集和转换工作的主要任务。为保障地质数据收集和转换工作的有序进行,需要制定相应的标准和规范,用以明确和规范地质数据收集和转换中的各个环节和各项要素。

5.1 标准体系框架

以"全面、系统、实用"为主要原则,从地下综合管线、地下建(构)筑物、地质和信息技术及平台实体四个方面出发,提出平台标准体系,对平台信息分类编码、平台数据处理流程、平台信息表达、平台元数据和平台建设管理等方面进行规定,为项目的顺利实施奠定重要基础。

平台标准体系架构如表5-1所示。

表5-1　　　　城市地下空间信息基础平台标准体系架构(按类别组织)

城市地下空间信息基础平台
(1) 空间信息元数据
(2) 数据库构建及命名规范
(3) 安全与管理要求
(4) 数据入库
(5) 共享标准

续 表

地下管线	地下建(构)筑物	地质
(1) 信息分类与代码 (2) 数据采集技术要求 (3) 管线核对技术要求 (4) 资料收集及存放要求 (5) 普查数据成果验收技术要求 (6) 数据表示	(1) 信息分类与代码 (2) 图纸资料的收集、处理和归档 (3) 数据标准 (4) 数据处理 (5) 数据表示	(1) 信息分类与代码 (2) 数据收录与转换 (3) 数据表示

平台标准体系由平台总体标准和三类数据的分项标准构成:前者规定了平台在各方面需要遵循的总体标准;后者按平台现有的数据分类,每一类数据在本体系中都可检索到本类数据在平台中应遵循的标准。

5.2 标准规范主要内容

5.2.1 地下管线数据相关内容

地下管线数据类标准主要服务于平台地下管线数据的采集、维护和应用。城市道路下的各类地下管线,一直因城市建设的需要处于频繁的变化中,为了保障平台地下管线数据建设以及今后数据维护的一致性,需要对地下管线数据的建设、维护过程进行标准化。

平台地下管线类标准包括6项内容:

(1) 信息分类与代码;

(2) 数据采集技术要求;

(3) 管线核对技术要求;

(4) 资料收集及存放要求;

(5) 普查数据成果验收技术要求;

(6) 数据表示。

5.2.1.1 信息分类与代码

《地下管线信息分类与代码》规定了地下管线的分类原则、编码方法和分类代码,适用于平台中地下管线数据的交换和共享。

《地下管线信息分类与代码》包括6个部分,各部分主要内容如下:

(1) 范围。主要规定了本标准适用的范围。

(2) 规范性引用文件。主要列出了规范性引用的文件,即在使用本标准时,除了要遵守标准中规定的内容外,还要遵守本部分引用的文件及文件中的条款。

(3) 术语和定义。解释和定义了标准中用到的专业词汇和特定词汇明确的含义。

（4）分类原则。阐述了信息分类的对象、方法和依据。

（5）编码方法。阐述了代码组成结构和排列方式。

（6）信息分类与代码表。列出了地下管线数据的所有分类与对应代码。

5.2.1.2　数据采集技术要求

《地下管线数据采集技术要求》规定了对城市所有市政道路、广场、公路及规划道路下的各行业地下管线数据采集工作的技术要求，适用于给水、排水、燃气、电力、通信、热力、工业等各种地下管线的平面位置、埋深（或高度）、性质、走向、规格、材质、根数（或孔数）及管线附属设施的位置、性质、建（构）筑等数据的采集。

《地下管线数据采集技术要求》包括 11 部分和 8 个附录，各部分主要内容如下：

（1）范围。主要规定了本标准适用的范围。

（2）规范性引用文件。主要列出了规范性引用的文件，即在使用本标准时，除了要遵守标准中规定的内容外，还要遵守本部分引用的文件及文件中的条款。

（3）术语和定义。解释和定义了标准中用到的专业词汇和特定词汇明确的含义。

（4）采集工作流程。规定了地下管线数据采集工作的流程。

（5）采集基本要求。阐述了地下管线数据采集工作的基本要求。

（6）地下管线探查。阐述了地下管线探查所采用的技术、仪器、方法。

（7）地下管线测量。阐述了地下管线测量的内容、方法。

（8）地下管线数据处理及成果。规定了地下管线数据处理后所得到的成果。

（9）质量评定标准及成果验收。阐述了地下管线数据采集质量评定以及成果验收标准。

（10）项目监理。阐述了项目监理的各项工作内容。

（11）安全规定。阐述了地下管线数据采集所需遵循的安全规定。

（12）附录 A：《城市 1∶500 地形图分幅和编号方法》资料性附录，地下管线成图分幅标准。

（13）附录 B：《地下管线探测表》资料性附录，《地下管线探查记录表》《地下管线探查质量检查表》示例。

（14）附录 C：《地下管线建（构）筑表"点集"数据项填写方法》资料性附录，地下管线建（构）筑表"点集"数据项填写示例。

（15）附录 D：《地下管线探查隐蔽点开挖检查表》资料性附录，《地下管线探查隐蔽点开挖检查表》示例。

（16）附录 E：《地下管线探查明显点重复量测检查表》资料性附录，《地下管线探查明显点重复量测检查表》示例。

（17）附录 F：《地下管线探查隐蔽点重复探测检查表》资料性附录，《地下管线探查隐蔽点重复探测检查表》示例。

（18）附录 G：《地下管线点成果表》资料性附录，《地下管线点成果表》示例。

（19）附录 H:《遗留问题处理表》资料性附录,《遗留问题处理表》示例。

5.2.1.3　管线核对技术要求

《地下管线核对技术要求》规定了对城市所有市政道路、广场、公路及规划道路下的各行业地下管线数据核对工作的技术要求,适用于给水、排水、燃气、电力、通信、热力、工业等各种地下管线的平面位置、埋深(或高度)、性质、走向、规格、材质、根数(或孔数)及管线附属设施的位置、性质、建(构)筑等数据的核对。

《地下管线核对技术要求》包括 5 个部分和 1 个附录,各部分主要内容如下:

（1）范围。主要规定了本标准适用的范围。

（2）术语和定义。解释和定义了标准中用到的专业词汇和特定词汇明确的含义。

（3）核对工作流程。规定了地下管线数据核对工作的流程。

（4）核对基本要求。阐述了地下管线数据核对工作的基本要求。

（5）核对技术要求。阐述了地下管线数据核对的内容、方法。

（6）附录 A:《城市 1∶500 地形图分幅和编号方法》资料性附录,地下管线成图分幅标准。

5.2.1.4　资料收集及存放要求

《地下管线资料收集及存放要求》规定了地下管线数据的收集要求,主要是资料数据的收集及存放要求,适用于平台项目中所有需要收集的地下管线数据。

《地下管线资料收集及存放要求》包括 4 个部分,各部分主要内容如下:

（1）范围。主要规定了本标准适用的范围。

（2）资料收集范围。阐述了地下管线数据资料收集的内容。

（3）资料来源。阐述了地下管线数据资料的来源。

（4）资料存放要求。阐述了地下管线数据资料存放的具体要求。

5.2.1.5　普查数据成果验收技术要求

《地下管线普查数据成果验收技术要求》规定了对城市所有市政道路、广场、公路及规划道路下的各行业地下管线普查数据成果验收工作的技术要求,适用于地下管线普查数据采集的最终成果验收工作,以及平台项目对有关部门、单位收集的地下管线普查数据成果的接收、质量认定工作。

《地下管线普查数据成果验收技术要求》包括 6 个部分,各部分主要内容如下:

（1）范围。主要规定了本标准适用的范围。

（2）术语和定义。解释和定义了标准中用到的专业词汇和特定词汇明确的含义。

（3）基本规定。规定了地下管线普查数据成果验收的一些基本要求。

（4）数据及文档验收。阐述了地下管线普查数据成果验收需要的数据及文档。

（5）质量检验及质量评定。阐述了地下管线普查数据成果质量检验及评定的要求。

（6）验收的组织。规定了参与地下管线普查数据成果验收的组织及验收方式。

5.2.1.6 数据表示

《地下管线数据表示》规定地下管线数据在平台中的表示方法,包括点、线、面数据的颜色、尺寸及其在平台应用中的显示方式。

《地下管线数据表示》包括 5 个部分,各部分主要内容如下:

（1）范围。主要规定了本标准适用的范围。

（2）规范性引用文件。主要列出了规范性引用的文件,即在使用本标准时,除了要遵守标准中规定的内容外,还要遵守本部分引用的文件及文件中的条款。

（3）术语和定义。解释和定义了标准中用到的专业词汇和特定词汇明确的含义。

（4）二维表示。依据《信息分类与代码标准》中关于管线的分类,对给水、排水、燃气、电力、通信、工业、热力等地下管线的二维表示给出定义,其中既包括管线的表示,也包括管线附属物的表示。表示的定义内容主要包括图示、颜色和必要的说明等。

（5）三维表示。依据《信息分类与代码标准》中关于管线的分类,对给水、排水、燃气、电力、通信、工业、热力等地下管线的三维表示给出定义,其中既包括管线的表示,也包括管线附属物的表示。表示的定义内容主要包括图示、颜色和必要的说明等。

5.2.2 地下建(构)筑物数据相关内容

地下建(构)筑物数据类标准主要用于约束平台地下建(构)筑物的资料收集、数据制作、数据处理和数据应用。为了保障平台地下建(构)筑物数据建设以及今后数据维护的一致性,需要对地下建(构)筑物数据的建设、维护过程进行标准化。

平台地下建(构)筑物类标准包括 5 项内容:

（1）信息分类与代码;

（2）图纸资料的收集、处理和归档;

（3）模型数据标准;

（4）数据处理;

（5）数据表示。

5.2.2.1 信息分类与代码

《地下建(构)筑物信息分类与代码》规定了地下建(构)筑物数据信息的分类原则、编码方法和分类代码,适用于平台中地下建(构)筑物数据的交换和共享。

《地下建(构)筑物信息分类与代码》包括 6 个部分,各部分主要内容如下:

（1）范围。主要规定了本标准适用的范围。

（2）规范性引用文件。主要列出了规范性引用的文件,即在使用本标准时,除了要遵守标准中规定的内容外,还要遵守本部分引用的文件及文件中的条款。

（3）术语和定义。解释和定义了标准中用到的专业词汇和特定词汇明确的含义。

（4）分类原则。阐述了信息分类的对象、方法和依据。

（5）编码方法。阐述了代码组成结构和排列方式。

（6）信息分类与代码表。列出了地下建(构)筑物数据的所有分类与对应代码。

5.2.2.2　图纸资料的收集、处理和归档

《地下建(构)筑物图纸资料的收集、处理和归档》规定了地下建(构)筑物的建筑及结构竣工图纸资料的收集、处理和归档要求,适用于平台项目所需地下建(构)筑物图纸资料的收集、处理和归档工作。

《地下建(构)筑物图纸资料的收集、处理和归档》包括 5 个部分和 4 个附录,各部分主要内容如下:

（1）范围。主要规定了本标准适用的范围。

（2）术语和定义。解释和定义了标准中用到的专业词汇和特定词汇明确的含义。

（3）图纸资料收集。阐述了地下建(构)筑物图纸资料收集的要求,包括收集的范围、流程以及具体要收集的内容等。

（4）图纸资料处理。阐述了地下建(构)筑物图纸资料进行电子化处理的要求。

（5）图纸资料归档。阐述了地下建(构)筑物图纸资料归档的编码要求、图纸资料的存放要求和数据资料管理办法。

（6）附录 A:《地下建(构)筑物资料完整度报告表》资料性附录,《地下建(构)筑物资料完整度报告表》示例。

（7）附录 B:扫描技术要求资料性附录,扫描参数的设置示例。

（8）附录 C:《城市地下空间信息基础平台建设数据资料管理办法》规范性附录,阐述了平台建设数据资料的管理办法。

（9）附录 D:《资料管理系统操作手册》规范性附录,阐述了资料管理系统的操作方法。

5.2.2.3　模型数据标准

《地下建(构)筑物数据标准》规定了平台地下建(构)筑物三维数据的表达内容、存储及表现方式,适用于平台地下建(构)筑物数据的存储、应用和传输。

《地下建(构)筑物数据标准》包括 6 个部分,各部分主要内容如下:

（1）范围。主要规定了本标准适用的范围。

（2）规范性引用文件。主要列出了规范性引用的文件,即在使用本标准时,除了要遵守标准中规定的内容外,还要遵守本部分引用的文件及文件中的条款。

（3）术语和定义。解释和定义了标准中用到的专业词汇和特定词汇明确的含义。

（4）基本原则。阐述了本数据标准的制定原则。

（5）地下建(构)筑物数据结构。阐述了地下建(构)筑物数据的组成要素。

（6）地下建（构）筑物数据。阐述了地下建（构）筑物数据要素的具体组成部分及属性信息。

5.2.2.4　数据处理

《地下建（构）筑物数据处理》规定地下建（构）筑物数据的处理工作，使整个工作流程规范化，从而保证入库数据的质量。地下建（构）筑物的原始数据是图纸数据，数据处理的过程是将图纸数据数字化，生成三维电子数据的过程。

《地下建（构）筑物数据处理》包括 6 个部分和 2 个附录，各部分主要内容如下：

（1）范围。主要规定了本标准适用的范围。

（2）规范性引用文件。主要列出了规范性引用的文件，即在使用本标准时，除了要遵守标准中规定的内容外，还要遵守本部分引用的文件及文件中的条款。

（3）术语和定义。解释和定义了标准中用到的专业词汇和特定词汇明确的含义。

（4）一般规定。阐述了地下建（构）筑物数据处理的一般要求。

（5）地下建（构）筑物外体数字化。阐述了地下建（构）筑物外体数字化的流程和具体方法。

（6）地下建（构）筑物内体数字化。阐述了地下建（构）筑物内体数字化的流程、具体方法以及最终成果。

（7）附录 A:《三维建（构）筑物模型（外体/内体）绘制精度报告》资料性附录，《三维建（构）筑物模型（外体/内体）绘制精度报告》表格示例。

（8）附录 B:扩展属性表资料性附录，各类要素的扩展属性代码。

5.2.2.5　数据表示

《地下建（构）筑物数据表示》规定了地下建（构）筑物模型数据在平台应用中的表示方法。

《地下建（构）筑物数据表示》包括 5 个部分，各部分主要内容如下：

（1）范围。主要规定了本标准适用的范围。

（2）规范性引用文件。主要列出了规范性引用的文件，即在使用本标准时，除了要遵守标准中规定的内容外，还要遵守本部分引用的文件及文件中的条款。

（3）术语和定义。解释和定义了标准中用到的专业词汇和特定词汇明确的含义。

（4）二维表示。依据《信息分类与代码标准》中关于地下建（构）筑物的分类，对地下建（构）筑物平面分布图点状数据和面状数据的表示方法进行了规定，内容包括表示图例、颜色和必要的说明。

（5）三维表示。根据《地下建（构）筑物数据标准》的相关内容，按照平台地下建（构）筑物三维数据的存放方式，就地下建（构）筑物内体层、外体层、连通层、附属层、桩基层和外围护桩层的表示方法进行了定义，包括线框、填充色和图案等内容。

5.2.3 地质数据相关内容

平台地质类数据标准是一组用以规范平台地质数据采集和表示的规范性文本。与地下管线和地下建(构)筑物数据采(收)集相比,地质数据的采(收)集具有更强的专业性和特殊性。因此,平台地质数据主要依托城市地质调查研究院负责建设的专业地质平台。具体做法是:

(1) 收录城市地质调查研究院专业地质平台共享数据目录(即"平台专业地质数据")并收集其元数据,但不包括具体的数据;

(2) 从上述目录中挑选并收录部分地质数据作为平台存放的地质数据(即"平台地质数据")。

平台地质类标准包括 3 项内容:

(1) 信息分类与代码;

(2) 数据收录与转换;

(3) 数据表示。

5.2.3.1 信息分类与代码

《地质数据信息分类与代码》规定了地质数据信息的分类原则、编码方法和分类代码,适用于平台中地质数据的交换和共享。

《地质数据信息分类与代码》包括 6 个部分,各部分主要内容如下:

(1) 范围。主要规定了本标准适用的范围。

(2) 规范性引用文件。主要列出了规范性引用的文件,即在使用本标准时,除了要遵守标准中规定的内容外,还要遵守本部分引用的文件及文件中的条款。

(3) 术语和定义。解释和定义了标准中用到的专业词汇和特定词汇明确的含义。

(4) 分类原则。阐述了信息分类的对象、方法和依据。

(5) 编码方法。阐述了代码组成结构和排列方式。

(6) 信息分类与代码表。列出了地质数据的所有分类与对应代码。

5.2.3.2 数据收录与转换

《地质数据收录与转换》规定了专业地质数据和平台地质数据的收集要求,适用于平台项目所需地质数据的收集工作。

《地质数据收录与转换》包括 4 个部分和 1 个附录,各部分主要内容如下:

(1) 范围。主要规定了本标准适用的范围。

(2) 术语和定义。解释和定义了标准中用到的专业词汇和特定词汇明确的含义。

(3) 数据收集要求。阐述了平台专业地质数据和平台地质数据不同的收集要求,详细规定了平台两类地质数据的属性数据。

(4) 数据存储。明确了平台两类地质数据的物理存储格式和方式。

(5) 附录 A:专业地质数据目录资料性附录,平台专业地质数据目录、分类与编码。

5.2.3.3 数据表示

《地质数据表示》规定了地质数据在平台应用中的表示方法,包括数据的分层、颜色以及一些其他的表示方式。

《地质数据表示》包括 3 个部分,各部分主要内容如下:

(1) 范围。主要规定了本标准适用的范围。

(2) 剖面图图例。就基岩地质、第四纪地质和工程地质的剖面图表示方法进行定义,内容包括图案、前景和背景色等。

(3) 平面图图例。就水文地质和工程地质的平面图表示方法进行定义,内容包括图案、前景和背景色等。

5.2.4 平台建设管理相关内容

平台建设管理类标准是涉及平台安全、数据及数据库建立、数据应用的基础性和公共性标准,是地下管线、地下建(构)筑物、地质三类数据标准的整体支撑,对平台的建设、应用和共享都是不可或缺的基础。

平台建设管理类标准包括 5 项内容:

(1) 空间信息元数据;

(2) 数据库构建及命名规范;

(3) 安全技术与管理要求;

(4) 数据入库手册;

(5) 数据共享标准。

其中,数据共享标准是平台数据应用标准之一,在平台建设基本完成后,相关应用标准将进一步扩充、完善。

5.2.4.1 空间信息元数据

《空间信息元数据》规范了对城市地下空间信息基础平台中信息实体集的描述,从而可清楚地描述地下空间数据的内容、质量、状况以及其他相关特征,便于对地下空间信息进行查询、调用、信息交换以及维护和管理等。

《空间信息元数据》包括 8 个部分和 1 个附录,各部分主要内容如下:

(1) 范围。主要规定了本标准适用的范围。

(2) 规范性引用文件。主要列出了规范性引用的文件,即在使用本标准时,除了要遵守标准中规定的内容外,还要遵守本部分引用的文件及文件中的条款。

(3) 术语和定义。解释和定义了标准中用到的专业词汇和特定词汇明确的含义。

(4) 基本规定。阐述了元数据标准的整体规定、元数据分级和各级元数据之间的关系。

(5) 一级元数据。阐述了一级元数据,并列出了一级元数据字典。

(6) 二级元数据。阐述了二级元数据,并列出了二级元数据字典,包括实体集的基本信息,实体集的质量信息,实体集的分发及交换信息和实体集的属性信息。

(7) 生产元数据。列出了地下管线维护和地下建(构)筑物生产元数据字典。

(8) 空间信息元数据标准实现示例。给出了采用 XML 和纯文本方式描述的空间信息元数据实现示例。

(9) 附录 A:《值域内容枚举表》资料性附录,计有 5 张《值域内容枚举表》。

5.2.4.2 数据库构建及命名规范

《数据库构建及命名规范》规定了构建数据库应遵循的建设过程及命名规范,确定平台数据库的整体构架,包括数据库设计、建库实施及数据库验收工作的原则、内容、技术方法和基本要求。

《数据库构建及命名规范》包括 8 个部分,各部分主要内容如下:

(1) 范围。主要规定了本标准适用的范围。

(2) 规范性引用文件。主要列出了规范性引用的文件,即在使用本标准时,除了要遵守标准中规定的内容外,还要遵守本部分引用的文件及文件中的条款。

(3) 术语和定义。解释和定义了标准中用到的专业词汇和特定词汇明确的含义。

(4) 构建原则。阐述了平台数据库构建的总体原则,在此基础上分项阐述了平台各分数据库的特殊组织原则。

(5) 命名规范。阐述了平台数据库各要素命名过程中须遵守的一系列规定。

(6) 设计规范。对平台数据库设计过程的各环节——需求分析、概念结构设计、逻辑结构设计、物理设计、数据库实施、数据库运行和维护中所需遵守的规定加以阐述。

(7) 空间数据库结构及构建规范。针对平台数据库的主题——空间数据库的设计,阐述其构建原则。

(8) 验收规范。叙述平台数据库验收过程中须遵守的规定。

5.2.4.3 安全技术与管理要求

《安全技术与管理要求》规范了城市地下空间信息基础平台的物理安全、技术安全、运行安全的技术和管理要求。

《安全技术与管理要求》包括 4 个部分,各部分主要内容如下:

(1) 范围。主要规定了本标准适用的范围。

(2) 物理安全措施。就场地、设备与介质、场地监控的建设阐述具体的技术要求。

(3) 技术安全措施。阐述网络安全、防火墙、计算机病毒检测、入侵检测、审计、数据备份等平台安全技术环节的具体要求。

(4) 管理安全措施。从组织机构管理、人事管理等制度管理的角度阐述平台的安全管理措施。

5.2.4.4　数据入库手册

《数据入库手册》衔接了数据处理环节和系统及应用建设环节,规定了地下管线数据、地下建(构)筑物数据、地质数据和基础地理数据从原始数据到平台数据库数据的入库过程,主要用于规范平台数据建设单位内部的数据入库流程,并规定了各类数据的数据格式、存储条件及目标数据库类型。

《数据入库手册》包括 6 个部分,各部分主要内容如下:

(1) 范围。主要规定了本标准适用的范围。

(2) 规范性引用文件。主要列出了规范性引用的文件,即在使用本标准时,除了要遵守标准中规定的内容外,还要遵守本部分引用的文件及文件中的条款。

(3) 地下建(构)筑物数据入库要求。

(4) 地下管线数据入库要求。

(5) 基础地理数据入库要求。

(6) 地质数据入库要求。

依据城市地下空间信息基础平台要求,将平台所需要的入库数据及目标数据库进行分类,规定了数据入库前后的格式及内容,并对入库后数据格式所产生的必要变动进行说明。

5.2.4.5　数据共享标准

《数据共享标准》将平台的对外共享规范化,包括了平台对外共享的数据内容、数据格式和共享的要求及方式。

《数据共享标准》包括 8 个部分和 4 个附录,各部分主要内容如下:

(1) 范围。主要规定了本标准适用的范围。

(2) 规范性引用文件。主要列出了规范性引用的文件,即在使用本标准时,除了要遵守标准中规定的内容外,还要遵守本部分引用的文件及文件中的条款。

(3) 术语和定义。解释和定义了标准中用到的专业词汇和特定词汇明确的含义。

(4) 数据内容。列出了共享数据的对象和内容。

(5) 信息分类与代码。规定了共享数据的分类规定和引用标准。

(6) 数据描述。规定了数据的描述方法和内容。

(7) 数据表示。说明了数据表示的图例。

(8) 数据导出格式。规定了各类共享数据可以从平台导出的数据格式。

(9) 附录 A:综合数据信息分类与代码规范性附录,规定了综合数据信息分类方法和具体的分类代码。

(10) 附录 B:城市地下空间信息基础平台共享数据目录及元数据资料性附录,收录平台共享数据的目录,并按照数据目录给出数据集的基本元数据内容。

(11) 附录 C:综合数据表示图例资料性附录,说明了综合数据表示图例。

(12) 附录 D:综合数据导出格式资料性附录,规定了综合数据可以从平台导出的数据格式。

5.3 标准体系管理

为了保证城市地下空间信息基础平台标准体系的建立、实施和不断完善,使之真正成为平台管理和应用的规范性约束,还需要有相应的管理措施。

1. 建立统一平台标准管理和协调机构

为了建立和完善科学合理的平台标准体系及其内容,应当建立统一的平台标准管理和协调机构。平台标准管理和协调机构负责制定和完善平台的标准体系,组织编制相应的标准和规范,批准、颁布相关标准和规范,在平台运行和管理中监督并贯彻落实相关的标准和规范。对于平台标准和规范中比较成熟的,平台标准管理和协调机构可向有关部门建议上升成为地方及行业标准。平台标准管理和协调机构可从有利于地下空间信息基础平台运行、管理、维护和服务的原则出发,制订相应平台内部的管理规定。

2. 建立完善的平台标准复审和修订机制

为了使平台的标准和规范更好地适应平台运行和管理实际,需要建立完善的平台标准复审和修订机制。在标准和规范实施后,应根据科学技术的发展和平台维护、更新的需要适时进行复审,以确认现行标准继续有效、修改、修订或废止。经复审认为,标准和规范需要做较大的修改才能适应当前使用的需要和科学技术水平的,应进行修订。

3. 区分推荐标准性和强制性标准,严格贯彻落实

平台的标准规范,从约束效力上,可以分为推荐性的标准和强制性的标准。应当严格区分推荐性标准和强制性标准,并根据两种不同性质的标准,分别严格贯彻落实。

强制性标准具有严格执行的效力,任何使用平台的单位与平台进行信息共享的单位必须严格贯彻执行,不得更改或降低标准。对于违反标准规定,造成不良后果甚至严重损失者给予必要的批评或处罚,甚至追究经济责任和法律责任。

推荐性标准的执行相对弹性,应当鼓励该平台的单位、与该平台进行信息共享的单位使用推荐性的标准,并给予一定方式的便利和奖励。

6 实施案例:上海地下空间信息基础平台

6.1 建设背景

上海是一个仍处于快速发展期的国际大都市,同时也是一个土地资源相当匮乏的城市。从 19 世纪 60 年代敷设下第一根排水管开始,历经 100 多年的几轮快速发展,无论是城市运行的命脉——各类管线设施,还是生活、交通、商业、水利和文化娱乐设施,涉及地下空间的城市建设内容越来越多。

一方面,有限的地下空间弥足珍贵,需要缜密规划,有效利用;另一方面,随着地下设施数量增多,密度增大,安全隐患呈上升趋势,由此对地下空间的开发利用和建设管理提出了更高的要求。了解、掌握不可见的地下空间现状,成为上海城市建设和管理的迫切需求。

基于这样的需求背景,上海于 2005—2009 年启动并完成了科教兴市重大项目"上海地下空间信息基础平台及其关键技术研究"(以下简称"平台研究项目")的研究工作,对建立城市整体性综合性地下空间信息基础平台的技术路线、实施方法和工作模式进行了深入探索和实践,为上海地下空间信息基础平台整体建设奠定了坚实的基础。

2011 年,"上海地下空间信息基础平台"(以下简称"平台项目")被列为上海智慧城市三年行动计划的重要项目之一。在 2011 年 9 月的《上海市推进智慧城市建设 2011—2013 年行动计划》中明确提出:"围绕城市建设管理中的重点和薄弱环节,利用先进、可靠、适用的信息技术和创新的管理理念,在城市设施维护、建设工程管理等方面,通过强化跨部门数据整合和业务协同,进一步提高城市建设管理的精细化、智能化水平。""建设地下空间信息基础平台,以中心城区为主要实施范围,完成包括地下综合管线和高架道路、地铁及部分其他地下构筑物的数据建设,开展地下综合管理、地下空间建设风险控制等示范应用。"平台项目自 2014 年开始正式实施,于 2016 年 5 月完成。

6.2 建设目标

平台建设的应用目标是:建立以地下管线、地下构筑物、地质地层等为主要对象,基于上海城市统一坐标系与地面空间信息紧密结合的地下空间信息基础数据库和共享应用平台,为上海城市地下空间开发利用和城市运行安全保障提供信息和技术的支撑。

平台项目的建设目标是:按照建设"智慧城市"的总体部署,以上海市中心城区(外环线为界)为主要实施范围,汇聚包括地下管线和以交通类基础设施为主的地下构筑物数据,补充完善地质数据,初步形成对上海城市重要地下设施安全运行、安全监控的信息支撑。

6.3 地下空间数据建设

平台项目建立了主要以地下管线、地下构筑物和地质三大类对象的地下空间数据,内容着重于地下空间对象的空间位置、形态和基本特征信息。

1. 地下管线数据

平台地下管线数据建设主要通过组织普查的方法实施，并由市、区相关管理部门和管线权属单位共同参与。地下管线普查完成后，继续组织开展地下管线数据的维护工作。通过平台研究项目和平台项目实施，平台已经汇聚覆盖中心城区大半区域的地下管线的数据，涉及长宁、黄浦、徐汇、普陀、静安、虹口、杨浦、闵行、宝山和浦东新区10个行政区。

2. 地下构筑物数据

平台地下构筑物数据建设主要通过依据竣工图纸进行三维建模的方式实施。目前完成的地下构筑物数据建设以公共基础设施中的交通类基础设施为重点，区域上逐步覆盖地下空间开发利用的"热点地段"。通过平台研究项目和平台项目实施，平台已经形成：中心城区轨道交通车站、线路和高架道路地下部分的三维模型数据；局部区域其他类型地下构筑物三维模型数据。

3. 地质数据

平台地质数据主要通过建立上海地下空间信息基础平台和上海地质信息平台之间数据共享交换机制和相应的数据接口及标准来实现。目前，平台地质数据主要有钻孔数据和地质成果图两大类。其中，地质钻孔数据包括工程地质钻孔、基岩地质钻孔、第四纪地质钻孔和水文地质钻孔；地质成果图中包括工程地质图、基岩地质图和水文地质图。

6.4 管理服务功能

平台功能建设的核心是平台综合服务管理系统。通过平台综合服务管理系统实现以地下空间数据共享、交换为主导的平台管理服务功能，使平台发挥地下空间综合信息服务中枢的作用，为上海地下空间开发利用和城市地下设施安全运行提供信息服务。

平台综合服务管理系统是上海地下空间信息基础平台管理和应用服务的中枢(图6-1)，也是一个综合性的管理服务系统，系统的使用对象和主要作用是：①向直接用户及通过接口接受服务的用户提供应用服务功能；②向承担平台管理的相关单位和部门提供平台数据管理、运行管理的功能。

基于系统技术架构和面向用户对象，平台综合服务管理系统设计功能主要由数据管理、服务管理、运行管理、应用管理、用户认证管理和门户网站7个部分组成。数据维护所需功能，包含在数据管理部分内。各部分主要内容及相关关系如图6-2所示。

图6-2中的地下管线建设管理综合应用系统和地下工程交叉施工风险管理系统主要对应在应用维护层，是架构在平台基础上，为满足项目平台应用和示范应用需要而形成的应用系统，也是在平台功能的支撑下运行的。

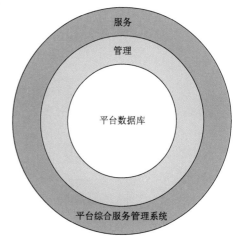

图6-1 平台综合服务管理系统与平台的关系

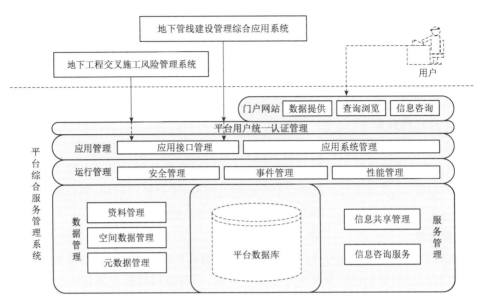

图 6-2　平台综合服务管理系统各部分主要内容及相关关系

　　地下管线建设管理综合应用系统(图 6-3)将地下管线信息化工作嵌套在现行的管线建设管理流程中,在为管线建设管理提供良好的信息服务的前提下,紧扣管理资源,将管线信息维护流程与管理流程相融合,通过系统建设促进管线建设管理闭环的形成,并起到管线信息更新维护的作用。

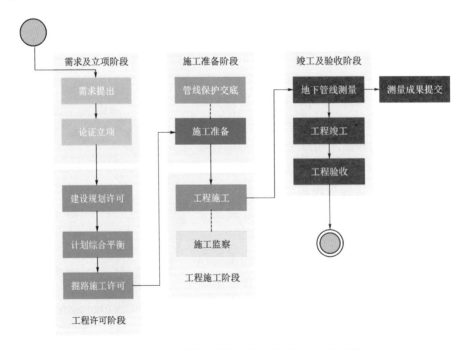

图 6-3　地下管线建设管理综合应用系统主要功能

地下工程交叉施工风险管理系统(图6-4)定位是以平台地下空间数据为基础,以地下工程交叉施工管理为主线的应用示范系统。系统主要应用对象是上海市重大工程建设办公室和其他同类型的管理部门。系统主要用于配合每年将建或正在建的重大市政工程与沿线重要市政工程相交节点进行全面梳理工作。

图6-4 地下工程交叉施工风险管理系统

6.5 服务对象方式

平台地下空间数据应用按照实际情况基本归纳为应急抢险、工程建设和综合管理三类。据此,平台地下空间数据服务的对象主要包括:市、区政府规划、建设管理部门;相关管线权属或管理单位;工程的建设单位及设计、施工单位;事故抢险处理的组织和工程单位;受规划建设部门及专业管线单位专项委托的研究单位。

平台数据服务形式主要有三种:

(1) 通过平台应用功能查询地下空间信息,并进行基于地下空间信息的各类分析;

(2) 通过平台定制接口,供专业系统或其他信息平台进行地下空间数据共享;

(3) 直接向用户提供地下空间数据。

第(1)、(2)种是平台数据服务的基本形式,第(3)种数据服务仅限于部分特殊需求的用户,涉及数据内容、范围均需经过严格审批。

各类用户主要依据应急抢险、工程建设和综合管理应用中承担的任务和角色使用平台地下空间数据。

6.6 标准规范建设

在平台项目实践过程中,已经形成包括 19 项内容,涉及数据采集、数据处理和数据应用的多个环节的标准规范体系(图 6-5)。

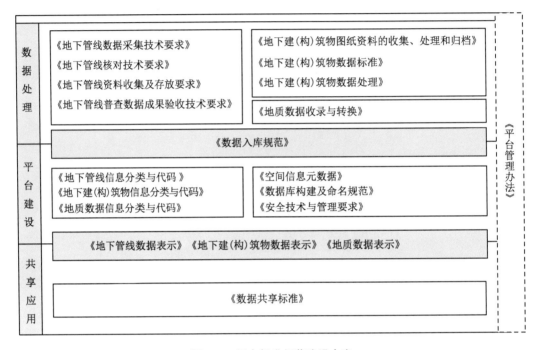

图 6-5 平台标准规范建设内容

6.7 初步应用

自 2009 年建立地下空间数据库和实体平台基础框架至今,上海地下空间信息基础平台的应用随着地下空间数据范围扩大而持续开展了市、区两个层面的试点应用工作(图 6-6、图 6-7)。

市级层面的试点应用主要随着地下空间数据在中心城区的覆盖度扩大而逐步发展,目前主要有:

(1) 为上海市地下空间管理联席会议建立的上海市地下空间综合管理信息系统提供地下工程的地理位置、平面位置、出入口布局等信息,并依托平台数据开展地下空间综合管理三维应用试点。

(2) 辅助上海市重大工程建设办公室开展基市重大工程交叉施工风险点的梳理、识别、汇总及年度重大工程交叉施工风险图册的编制和地下工程交叉施工风险评估、预警,地铁、隧道、高架道路设施保护工作。

图 6-6　地下设施相关关系

图 6-7　地铁建设交叉施工应用

（3）为上海市掘路计划管理部门（原道监办）开展管线工程计划编制和审批、计划批后管理提供掘路工程管线施工和保护交底等管线综合管理应用功能。

此外，平台建设过程中，还为部分工程设计、专业应用和管理分析提供了地下空间数据和分析功能的支持。

区级层面的应用主要集中在地下管线数据方面。如在长宁区，平台地下管线数据已成为市政工程管理署主要业务科室,包括路政科、监管科、设施科开展业务工作的重要支撑,在道路养护、道路大修、掘路审批、下水道养护、施工工地监管、道路管线搬迁、新建住宅排水管线配套等业务工作中,平台成为业务经办人员掌握市政道路下地下管线信息的最重要的手段,成为开展有关掘路审批等工作的审批依据。

6.8 后续发展

上海地下空间信息基础平台历经 10 年建设,完成上海中心城区总计长度 2.6 万 km 的地下管线数据建设,同时初步建立了利用平台地下管线维护系统进行变更管线的跟踪测量的地下管线数据更新维护流程,为开展地下管线应用奠定了基础;收集并制作了轨道交通车站、区间、高架承台桩基、越江桥隧等地下建(构)筑物数据,大型交通类基础设施的地下空间数据基本覆盖中心城区,可初步满足部分城市建设工程规划、设计、建设和管理的应用需求;建成了平台综合服务管理系统,实现以地下空间数据共享、交换为主导的平台管理服务功能,开展了地下管线建设管理综合应用和地下工程交叉施工风险管理应用示范,使平台发挥地下空间综合信息服务中枢的作用,为上海地下空间开发利用和城市地下设施安全运行提供信息服务。

2015 年,上海市政府办公厅印发了《关于加强本市地下管线建设管理的实施意见》,下达了完成本市外环线外建成区范围地下管线普查的任务。随着地下空间数据范围的扩展,2016年平台项目完成后,上海地下空间信息基础平台试点应用加速,目前正与多家研究设计单位共同探索进一步应用服务的程序和方法。2017 年年初,上海地下空间信息基础平台数据扩展建设项目开始实施。

参考文献

REFERENCE

[1] 何全军.三维可视化技术在地理信息系统中的应用研究[D].吉林:吉林大学,2004.

[2] 陈哲峰.基于 OpenGL 的地形三维可视化研究与应用[D].成都:成都理工大学,2008.

[3] 严勇.地下管线的三维可视化研究[D].武汉:武汉大学,2003.

[4] 陈刚.基于 OpenGL 的三维管线可视化.[D].武汉:武汉大学,2005.

[5] 贾棋.建筑物三维模型重建的方法与实现[D].大连:大连理工大学,2007.

[6] 崔巍.三维 GIS 中大规模场景数据获取、组织及调度方法的研究与实现[D].大连:大连理工大学,2003.

[7] 朱明亮,董冰,王祎,等.三维场景中基于视口空间的拾取算法[J].工程图学学报,2008,29(2):94-97.

[8] 卜丽静,王家海,张正鹏.地学三维 GIS 可视化系统[J].辽宁工程技术大学学报:自然科学版,2006,25(B06):63-65.

[9] 况代智,程朋根,车建仁.地质三维体重构的算法研究及其计算机实现[J].北京测绘,2004(4):15-18.

[10] 邵昊.地质体的三维建模与可视化研究[D].北京:中国地质大学,2008.

[11] 刘少华,刘荣,程朋根,等.一种基于似三棱柱的三维地学空间建模及应用[J].工程勘察,2003(5):52-53.

[12] 李明,刘桂生,李楠.城市三维可视化快速建模与浏览系统的研究[J].现代测绘,2008(3):13-15.

[13] 陈军,邬伦.数字中国地理空间基础框架[M].北京:科学出版社,2003.

[14] 肖乐斌,钟耳顺,刘纪远,等.三维 GIS 的基本问题探讨[J].中国图象图形学报(A 辑),2001(9):842-848.

[15] 李青元,林宗坚,李成明.真三维 GIS 技术研究的现状与发展[J].测绘科学,2000,25(2):47-51.

[16] 杨斌,田永青,朱仲英.GIS 前瞻性技术的若干应用研究[J].微型电脑应用,2002,18(1):9-12.

[17] Zlatanova S, Alias A, Rahman, et al. Trends in 3D GIS development[J]. Journal of Geospatial Engineering, 2002,4(2):1-10.

[18] 李德仁,李清泉.一种三维 GIS 混合数据结构研究[J].测绘学报,1997,26(2):128-133.

[19] Losa A D L, Cervelle B. 3D Topological modeling and visualisation for 3D GIS[J]. Computers & Graphics, 1999,23(4):469-478.

[20] 侯恩科,吴立新.三维地学模拟几个方面的研究现状与发展趋势[J].煤田地质与勘探,2000,28(6):5-8.

[21] 武强,徐华.三维地质建模与可视化方法研究[J].中国科学(D 辑,地球科学),2004,34(1):54-60.

〔22〕 Biaecki M，Doliwa A. An approach to the integration of spacial data and systems for a 3D geo-information system[J]. Computers & Geosciences，1999，25(1):39-48.

〔23〕 吴立新，史文中，Christopher G. 3D GIS 与 3D GMS 中的空间构模技术[J]. 地理与地理信息科学，2003，19(1):5-11.

〔24〕 李清泉,李德仁.三维空间数据模型集成的概念框架研究[J].测绘学报,1998,27(4):325-330.

〔25〕 符海芳,朱建军,崔伟宏.3DGIS 数据模型的研究[J].地球信息科学,2002,4(2):45-49.

〔26〕 彭仪普,刘文熙.数字地球与三维空间数据模型研究[J].铁路航测,2002,28(4):1-4.

〔27〕 李清泉.基于混合结构的三维 GIS 数据模型与空间分析研究[D].武汉:武汉测绘科技大学,1998.

〔28〕 朱大培.三维地质建模和带权曲面限定 Delaunay 三角化的研究与实现[D].北京:北京航空航天大学,2002.

〔29〕 Gong J，Cheng P，Wang Y. Three-dimensional modeling and application in geological exploration engineering[J]. Computers & Geosciences，2004，30(4):391-404.

〔30〕 张煜,白世伟.一种基于三棱柱体体元的三维地层建模方法及应用[J].中国图象图形学报,2001,6A(3):285-290.

〔31〕 张煜,温国强.三维体绘制技术在工程地质可视化中的应用[J].岩石力学与工程学报,2002,21(4):563-567.

〔32〕 戴吾蛟,邹铮嵘.基于体素的三维 GIS 数据模型的研究[J].矿山测量,2001,(1):20-22.

〔33〕 齐安文,吴立新.一种新的三维地学空间构模方法——类三棱柱法[J].煤炭学报,2002,27(4):158-163.

〔34〕 吴立新,陈学习,史文中.基于 GTP 的地下工程与围岩一体化真三维空间构模[J].地理与地理信息科学,2003,19(6):1-6.

〔35〕 Wu L. Topological relations embodied in a generalized tri-prism (GTP) model for a 3D geoscience modeling system[J]. Computers & Geosciences，2004，30(4):405-418.

〔36〕 陈军,郭薇.基于剖分的三维拓扑 ER 模型研究[J].测绘学报,1998,27(4):308-317.

〔37〕 夏炎.三维矢量结构地质模型及其微机可视化图形显示系统研究[D].北京:中国矿业大学,1997.

〔38〕 李青元.三维矢量结构 GIS 拓扑关系研究[D].北京:中国矿业大学,1996.

〔39〕 赵树贤.煤矿床可视化构模技术[D].北京:中国矿业大学,1999.

〔40〕 杜培军,郭达志,田艳凤.顾及矿山特性的三维 GIS 数据结构与可视化[J].中国矿业大学学报,2001,30(3):238-243.

〔41〕 Wen Z S. A hybrid model for 3DGIS[J]. Geoinformatics,1996,(1):400-409.

〔42〕 Shi W Z. Development of a hybrid model for 3DGIS[J]. Geo-spatial Information Science,2000,3(2):6-12.

〔43〕 李建华,边馥苓.工程地质三维空间建模技术及其应用研究[J].武汉大学学报(信息科学版),2003,28(1):25-30.

〔44〕 龚健雅.GIS 中面向对象时空数据模型[J].测绘学报,1997,26(4):290-299.

〔45〕 龚健雅,夏宗国.矢量与栅格集成的三维数据模型[J].武汉测绘科技大学学报,1997,22(1):7-15.

〔46〕 Mallet J L. Geomodeling[M]. NewYork:Oxford University Press,2002.

〔47〕 何满潮,刘斌,徐能雄.工程岩体三维可视化构模系统的开发[J].中国矿业大学学报,2003,32(1):38-43.

［48］徐能雄,何满潮.层状岩体三维构模方法与空间数据模型［J］.中国矿业大学学报,2004,33(1)：103-108.

［49］李清泉,严勇,杨必胜,等.地下管线的三维可视化研究［J］.武汉大学学报(信息科学版),2003,28(3)：277-282.

［50］Bertino E,Ooi B C. The Indispensability of Dispensable Indexes［J］. IEEE Transactions on Knowledge & Data Engineering,1999,11(1):17-27.

［51］宋扬,潘懋,朱雷.三维 GIS 中的 R 树索引研究［J］.计算机工程与应用,2004,(14):9-10.

［52］梅承力,周源华.高维数据空间索引的研究［J］.红外与激光工程,2002,31(1):77-81.

［53］惠文华,郭新成.3 维 GIS 中的八叉树空间索引研究［J］.测绘通报,2003,21(1):25-27.

［54］张军旗,周向东,施伯乐.基于查询采样的高维数据混合索引［J］.软件学报,2008,19(8):2054-2065.

［55］朱庆,林珲.数码城市地理信息系统［M］.武汉:武汉大学出版社,2004.

［56］阎超德,赵学胜.GIS 空间索引方法述评［J］.地理与地理信息科学,2004,20(4):23-26.

［57］Samuel R E. Binary space partioning trees and polygon removal in real time 3D rendering［D］. Sweden:Uppsala University,2001.

［58］Gottschalk S,Lin M C,Manocha D,et al. OBBTree:a hierarchical structure for rapid interference detection［C］//International Conference on Computer Graphics and Interactive Techniques,1996:171-180.

［59］Robinson J T. The K-D-B-tree:a search structure for large multidimensional dynamic indexes［C］//International Conference on Management of Data,1981:10-18.

［60］陈敏.GIS 空间索引技术探究［J］.福建电脑,2005,10(8):19-20.

［61］黄锟,史杏荣,孙贞寿.UPNIS 的空间查询—面向类对象的八叉树空间索引机制［J］.计算机工程,2005,(11):55-57.

［62］岳小平,鞠时光,李芷.空间数据索引技术［J］.计算机应用研究,2002,18(2):32-34.

［63］张唯,刘修国.三维场景漫游中碰撞检测问题的研究与实现［J］.计算机工程与应用,2005,(19):67-69.

［64］Guttman A. R-trees:a dynamic index structure for spatial searching［C］// ACM SIGMOD International Conference on Management of Data,1984:47-57.

［65］郑坤,刘修国,杨慧.3 维 GIS 中 LOD-OR 树空间索引结构的研究［J］.测绘通报,2005,23(5):27-29.

［66］Beckmann N,Kriegel H P,Schneider R,et al. The R*-tree:an efficient and robust access method for points and rectangles［J］. Acm Sigmod Record,1990,19(2):322-331.

［67］Berchtold S,Keim D A,Kriegel H P. The X-tree:an index structure for high-dimensional data［C］//Proc. VLDB Conference,1996:451-462.

［68］郭菁,郭薇,胡志勇.大型 GIS 空间数据库的有效索引结构 QR-树［J］.武汉大学学报(信息科学版),2003,28(3):306-310.

［69］周项敏,王国仁.基于关键维的高维空间划分策略［J］.软件学报,2004,15(9):1361-1374.

［70］王映辉.一种 GIS 自适应层次网格空间索引算法［J］.计算机工程与应用,2003,39(9):58-60.

［71］琚娟,朱合华,李晓军,等.数字地下空间基础平台数据组织方式研究及应用［J］.计算机工程与应用,2006,(26):192-194.

［72］李晓军,朱合华,解福奇.地下工程数字化的概念及其初步应用［J］.岩石力学与工程学报,2006,25

（10）：1975-1980.

［73］郑坤，朱良峰，吴信才，等.3DGIS 空间索引技术研究［J］.地理与地理信息科学，2006，22（4）：35-39.

［74］李玉坤，孟小峰，张相於.数据空间研究综述［J］.软件学报，2008，19（8）：2018-2031.

［75］王勇，薛胜，潘懋，等.基于剖面拓扑的三维矢量数据自动生成算法研究［J］.计算机工程与应用，2003，25（5）：1-2.

［76］芮小平，杨永国.一种基于三棱柱的三维地质体可视化方法研究［J］.中国矿业大学学报，2004，33（5）：284-588.

［77］宁书年，李育芳.三维地质体可视化软件理论探讨［J］.矿产与地质，2002，16（4）：254-255.

［78］Yaohong D J. An interactive 3-D mine modeling, visualization and information system［D］. Ontario: Queen's University，1998.

［79］潘如刚.基于断层轮廓数据的三维形体网格构造方法研究［D］.杭州：浙江大学，2004.

［80］李培军.层状地质体的三维模拟与可视化［J］.地学前缘，2000，7（增刊）：271-277.

［81］Lemon A M, Jones N L. Building solid models from boreholes and user-defined cross-sections［J］. Computers & Geosciences, 2003, 29（5）：547-555.

［82］张剑秋.三维地质建模与可视化系统开发研究［D］.南京：南京大学，1998.

［83］毛善君.灰色地理信息系统：动态修正地质空间数据的理论和技术［J］.北京大学学报（自然科学版），2002，38（4）：556-562.

［84］侯恩科，吴立新.面向地质建模的三维体元拓扑数据模型研究［J］.武汉大学学报（信息科学版），2002，27（5）：467-472.

［85］Döllner J, Hinrichs K. An object-oriented approach for integrating 3D visualization systems and GIS ［J］. Computers & Geosciences，2000，26（1）：67-76.

［86］Kreuseler M. Visualization of geographically related multidimensional data in virtual 3D scenes［J］. Computers & Geosciences, 2000, 26（1）：101-108.

［87］李青元，朱小弟，曹代勇.三维地质模型的数据模型研究［J］.中国煤田地质，2000，12（3）：57-61.

［88］韩国建.矿体信息的八叉树存储和检索技术［J］.测绘学报，1992，21（1）：13-17.

［89］Mello U T, Henderson M E. Techniques for including large deformations associated with salt and fault motion in basin modeling［J］. Marine & Petroleum Geology, 1997, 14（5）：551-564.

［90］陈军.GIS 空间数据模型的基本问题和学术前沿［J］.地理学报，1995，50（增刊）：24-33.

［91］Chang Y S, Park H D. Development of a web-based Geographic Information System for the management of borehole and geological data［J］. Computers & Geosciences, 2004, 30（8）：887-897.

［92］Alan Witten. A MATLAB-based three-dimensional viewer［J］. Computers & Geosciences, 2004, 30（7）：693-703.

［93］Li F, Dyt C, Griffiths C. 3D modelling of flexural isostatic deformation［J］. Computers & Geosciences, 2004，30（9）：1105-1115.

［94］Guglielmo G, Jackson M P A, Vendeville B C. Three-dimensional visualization of salt walls and associated fault system［J］. Aapg Bulletin, 1997, 81（1）：46-61.

［95］Germs R, Maren G V, Verbree E, et al. A multi-view VR interface for 3D GIS［J］. Computers & Graphics, 1999, 23（4）：497-506.

［96］ Moore R R，Johnson S E. Three-dimensional reconstruction and modelling of complexly folded surfaces using Mathematica［M］. Oxford：Pergamon Press，2001.

［97］ Proussevitch A A，Sahagian D L. Recognition and separation of discrete objects within complex 3D voxelized structures［J］. Computers & Geosciences，2001，27(4)：441-454.

［98］ Worboys M F. GIS：A computing perspective［M］. London：Taylor & Francis Ltd，1995.

［99］ 赵俊三,赵耀龙. GIS 发展的最新趋势及其应用前景［J］.测绘工程,2000,9(2):21-25.

［100］ 方裕,田国良,史忠植,等. 现代 IT 与第四代 GIS 软件［J］.中国图象图形学报,2001,6(A):824-829.

［101］ 陈斌,方裕. 大型分布式地理信息系统的技术与发展［J］.中国图象图形学报,2001,6(A):861-864.

［102］ 吴升,王家耀. 近年来地理信息系统的技术走向［J］.测绘通报,2000,(3):21-24.

［103］ 沙宗尧,边馥苓. 一种基于 GIS 的时空数据分析与应用研究［J］.测绘通报,2001,(12):4-6.

［104］ 袁峰,周涛发,岳书仓. 时态 GIS 初探［J］.地质与勘探,2003,39(1):54-58.

［105］ 徐永安. 约束 Delaunay 三角化的关键问题研究与算法实现及应用［D］.杭州:浙江大学,1999.

［106］ Verbree E，Van Maren G，Germs R，et al. Interaction in virtual world views-linking 3D GIS with VR ［J］. International Journal of Geographical Information Science，1999，13(4)：385-396.

［107］ Dobkin D P，Laszlo M J. Primitives for the manipulation of three-dimensional subdivisions［J］. Algorithmica，1989，4(1-4):3-32.

［108］ Edelsbrunner H. Algorithms in combinatorial geometry［M］. Springer-Verlag，1987.

［109］ Kelk B. 3-D modelling with geoscientific information systems：the problem［M］// Dordrecht：KluwerAcademicPublishers,1992.

［110］ Victor J D，Alan P. Delaunay tetrahedral data modeling for 3DGIS application［C］//Proceedings of GIS/LIS,1993.

［111］ Jessell M. Three-dimensional geological modelling of potential-field data［J］. Computers & Geosciences，2001，27(4)：455-465.

［112］ 张海荣. GIS 中数据不确定性研究综述［J］.徐州师范大学学报(自然科学版),2001,19(4):66-68.

［113］ 肖乐斌,龚建华,谢传节. 线性四叉树和线性八叉树邻域寻找的一种新算法［J］.测绘学报,1998,27(3):195-203.

［114］ 陈云浩,郭达志. 一种三维 GIS 数据结构的研究［J］.测绘学报,1999,2(1):41-44.

［115］ 陈志龙,刘宏,张智峰,等. 2015 年中国城市地下空间发展报告［R］.2016.

［116］ 蒋秉川,夏青,陈华,等. 二维地理信息表达在三维空间中的应用分析研究［J］.测绘科学,2008(s3):151-152.

［117］ 孙家广,等. 计算机图形学［M］.北京:清华大学出版社.

［118］ 郭亨波,倪丽萍,蒋欣. 地下空间轴向包围盒树三维碰撞检测算法研究［J］.地下空间与工程学报,2010,6(4):707-710.

［119］ 马登武,叶文,李瑛. 基于包围盒的碰撞检测算法综述［J］.系统仿真学报,2006,18(4):1058-1064.

［120］ 顾耀林,张磊. 基于树状层次有向包围盒碰撞检测的研究［J］.微计算机信息,2008,24(21):170-171.

［121］ 何伟,李勇,苏虎,等. 碰撞检测中的包围盒方法［J］.重庆工学院学报(自然科学),2007,(21):148-152.

［122］ 区福邦. 城市地下管线普查技术研究与应用［M］.南京:东南大学出版社,1998.

[123] 田应中,张正禄,杨旭.地下管线网探测与信息管理[M].北京:测绘出版社,1997.

[124] 成江明.平行地下管线探测技术与方法的研究[J].中国煤炭地质,2005,17(s1):89-90.

[125] 赵献军,伍卓鹤.近间距并行管线探测方法的效果对比[J].物探与化探,2004,28(2):133-135.

[126] 杨向东,聂上海.复杂条件下的地下管线探测技术[J].地质科技情报,2005,24(s1):129-132.

[127] 邓仰岭,韩新芳,赵地红,等.非金属地下管线探测问题的探讨[J].勘察科学技术,2007(2):62-64.

[128] 杜良法,李先军.复杂条件下城市地下管线探测技术的应用[J].地质与勘探,2007,43(3):116-120.

[129] 陈穗生.管线探测四大难题的探测要点[J].工程勘察,2007(7):62-67.

[130] 刘万恩,蔡克俭.利用高密度电法探查城市地下管道[J].物探装备,2003,13(4):260-262.

[131] 钱荣毅,王正成,孔祥春,等.探地雷达在非金属管线探测中的应用[J].市政技术,2004,22(5):327-329.

[132] 张汉春,莫国军.特深地下管线的电磁场特征分析及探测研究[J].地球物理学进展,2006,21(4):1314-1322.

[133] 张汉春.广州番禺某段定向钻 LNG 管线探测的验证[J].工程勘察,2008(8):65-68.

[134] 王水强,黄永进,李凤生,等.磁梯度法探测非开挖金属管线的研究[J].工程地球物理学报,2005,2(5):353-357.

[135] 陈军,赵永辉,万明浩.地质雷达在地下管线探测中的应用[J].工程地球物理学报,2005,2(4):260-263.

[136] 方根显,邓居智.特深管线的探测[C]//中国地球物理学会年会论文集,2004.

[137] 王峰,阮斌,沈秋平.物理探测技术在非开挖技术领域中的应用[C]//上海市岩土工程检测中心论文集,1995.

[138] 倪丽萍,蒋欣,郭亨波.城市管理边界的新开拓——上海地下空间信息基础平台建设[J].上海城市发展,2005(6):39-42.

[139] 倪丽萍,蒋欣,郭亨波.上海地下空间信息基础平台简述[C]//ESRI 中国(北京)有限公司.2009 第八届 ESRI 中国用户大会论文集(1).北京:测绘出版社,2009:125-128.

[140] 周凤林,洪立波.城市地下管线探测技术手册[M].北京:中国建筑工业出版社,1998.

[141] 何全军.三维可视化技术在地理信息系统中的应用研究[D].吉林:吉林大学,2004.

[142] 陈哲峰.基于 OpenGL 的地形三维可视化研究与应用[D].成都:成都理工大学,2008.

[143] 严勇.地下管线的三维可视化研究[D].武汉:武汉大学,2003.

[144] 陈刚.基于 OpenGL 的三维管线可视化[D].武汉:武汉大学,2005.

[145] 贾棋.建筑物三维模型重建的方法与实现[D].大连:大连理工大学,2007.

[146] 崔巍.三维 GIS 中大规模场景数据获取、组织及调度方法的研究与实现[D].大连:大连理工大学,2003.

[147] 朱明亮,董冰,王祎,等.三维场景中基于视口空间的拾取算法[J].图学学报,2008,29(2):94-97.

[148] 卜丽静,王家海,张正鹏.地学三维 GIS 可视化系统[J].辽宁工程技术大学学报:自然科学版,2006,25(S1):63-65.

[149] 况代智,程朋根,车建仁.地质三维体重构的算法研究及其计算机实现[J].水利科技与经济,2005(1):15-18.

[150] 邵昊.地质体的三维建模与可视化研究[D].北京:中国地质大学,2008.

[151] 刘少华,刘荣,程朋根,等.一种基于似三棱柱的三维地学空间建模及应用[J].工程勘察,2003

(5):52-53.

[152] 李明,刘桂生,李楠. 城市三维可视化快速建模与浏览系统的研究[J]. 现代测绘,2008,31(3):
      13-15.

[153] 蒋欣. 上海地下管线数据维护方式的探索与思考[J]. 上海城市发展,2011(4):46-48.

[154] 刘贺明,刘佳福. 城市地下管线综合管理理论与实践[M]. 北京:中国城市出版社,2014.

[155] 江贻芳. 住房城乡建设行业信息化发展报告市政设施管理信息化分册[M]. 北京:中国建材工业出版
      社,2017.

[156] 上海博坤信息技术有限公司,天津市地下空间规划管理信息中心. 城市地下空间管里信息化住房城乡
      建设行业信息化发展报告(市政设施管理信息化发展报告)[R]. 2017.

附　　录

附录 A 地下管线数据表

附表 A-1　　　　　　　　　　　　地下管线点表

字段名	中文描述	字段类型	字段大小	小数位	必填
AddDel	更新标识	文本	6		是
ANNO	所在图幅号	文本	8		是
TEXT	调查点号	文本	18		是
Point ID	正式点号	文本	10		是
TYPE	管线类型	文本	4		是
FEAT	点的特征	文本	4		
PointSource	点空间位置来源	数字(整型)			是
COMPONENT	附属物种类	文本	4		
COMSource	附属物空间位置来源	数字(整型)			
WellSHAPE	井的形状	文本	4		
SIZE	井的尺寸	文本	12		
WellDepth	井深	数字(双精度)		3	
X	X坐标	数字(双精度)		3	是
Y	Y坐标	数字(双精度)		3	是
H	点的标高	数字(双精度)		3	是
OFFSET	是否偏心	是/否			是
OFFSETDIST	偏心距	数字(双精度)			
ROAD	所在道路	文本	20		是
XROAD	相邻道路	文本	30		是
USER	权属单位	文本	20		是
ConDATE	建设年月	文本	6		
PROCOM	探测单位名称	文本	20		是
PROTIME	探测年月	文本	6		是
Supervis	监理单位名称	文本	20		是
Quality	质检机构名称	文本	20		是
ANGLE	管线点旋转角	数字(双精度)		2	
JPGNO	图片/视频编号	文本	18		
NOTE	备注	文本	20		

附表 A-2　　　　　　　　　　　地下管线线表

字段名	中文描述	字段类型	字段大小	小数位	必填
AddDel	更新标识	文本	6		是
ANNO	所在图幅号	文本	8		是
PipeID	管段编号	文本	37		是
PipeTYPE	管线类型	文本	4		是
PipeMATER	管线材质	文本	4		
PipeMATERO	管线保护材质	文本	4		
PipeSource	线段空间位置来源	数字(整型)			是
PipeSHAPE	管线形状	文本	2		是
WIDTH	管线宽度	数字(整型)			是
HIGH	管线高度	数字(整型)			是
ENBED	埋设方式	文本	4		是
ROAD	所在道路	文本	20		是
XROAD	相邻道路	文本	30		是
LENGTH	管段长度	数字(双精度)		3	是
BTIME	埋设年月	文本	6		
RTIME	废弃年代	文本	6		
USER	权属单位	文本	20		是
SOURCE	探测性质	文本	10		是
PROCODE	管线工程编号	文本	20		
PROCOM	探测单位名称	文本	20		是
PROTIME	探测年月	文本	6		是
Supervis	监理单位名称	文本	20		是
Quality	质检机构名称	文本	20		是
FirPoint	起点点号	文本	12		是
SecPoint	终点点号	文本	12		是
FirDepth	起点埋深	数字(双精度)		3	是
FirH	起点管段标高	数字(双精度)		3	是
SecDepth	终点埋深	数字(双精度)		3	是
SecH	终点管段标高	数字(双精度)		3	是
JPGNO	图片/视频文件夹编号	文本	9		

续　表

字段名	中文描述	字段类型		字段大小	小数位	必填
NOTE	备注	文本		20		
电力管线段						
PRESSURE	电压	文本		3		是
PRESSNUM	电压值	数字(双精度)			3	
电力与通信						
AMOUNT	总孔数	数字(整型)				
PipeNum	电缆根数	数字(整型)				
排水						
FLOW	排水流向	数字(整型)				
SYSTEM	所属系统	文本		3		
MANO	压力管	是/否				
燃气						
PRESSURE	气压	文本		3		是
PRESSNUM	气压值	数字(双精度)				
工业、输油						
PRESSURE	压力	文本		3		是
PRESSNUM	压力值	数字(整型)				
SPECIES	种类	文本		10		
综合管廊						
Depth	沟底深度	数字(双精度)			2	
长输管线						
PRESSURE	压力	文本		10		

附表 A-3　　　　　　　　　　　　　　地下管线面表

字段名	中文描述	字段类型	字段大小	小数位	必填
AddDel	更新标识	文本	6		是
ANNO	所在图幅号	文本	8		是
PolygonID	附属面编号	文本	20		是
TEXTID	附属面关联井盖点编号	文本	255		是
Points	点集	备注			是
PolygonTYPE	附属面类型	文本	4		是

续　表

字段名	中文描述	字段类型	字段大小	小数位	必填
PolygonSource	附属面空间位置来源	数字（整型）			是
PolygonShape	附属面形状	文本	6		是
H	地面高程	数字（双精度）		3	井内轮廓必填
WellDepth	井脖深度	数字（双精度）		3	是
DEPTH	深度	数字（双精度）		3	是
ROAD	所在道路	文本	20		是
XROAD	相邻道路	文本	30		是
USER	权属单位	文本	20		是
PROCOM	探测单位名称	文本	20		是
PROTIME	探测年月	文本	6		是
Supervis	监理单位名称	文本	20		是
Quality	质检机构名称	文本	20		是
ConDATE	建设年月	文本	6		
JPGNO	图片/视频文件夹编号	文本	20		
NOTE	备注	文本	20		

附录 B　三维要素类几何实体信息数据存储表

附表 B-1　　　　　三维几何体描述表

序号	字段名称	单位	字段类型	字段长度	说明	备注
1	ID		long		非空	关键字
2	时间戳		TIMESTAMP		非空	数据记录修改的时间
3	EXIST		BYTE	1	非空	缺省为 0
4	TYPE		BYTE	1	非空	通过 TYPE 判定简单或复杂体
5	XMIN		double		非空	该体的范围 X_{min}
6	XMAX		double		非空	该体的范围 X_{max}
7	YMIN		double		非空	该体的范围 Y_{min}
8	YMAX		double		非空	该体的范围 Y_{max}
9	ZMIN		double		非空	该体的范围 Z_{min}

续　表

序号	字段名称	单位	字段类型	字段长度	说明	备注
10	ZMAX		double		非空	该体的范围 Z_{max}
11	ENTITY_NUM		long			组成实体个数
12	ENTITY_DATA		BLOB			组成实体数据流
13	FACE_NUM		long			该体所有面的个数
14	FACE_DATA		BLOB			该体所有面数据流

附表 B-2　　　　　　　　　　　　三棱柱体数据表

序号	字段名称	单位	字段类型	字段长度	说明	备注
1	ID		long		非空	关键字
2	时间戳		TIMESTAMP		非空	数据记录修改的时间
3	EXIST		BYTE	1	非空	缺省为 0
4	TYPE		BYTE	1	非空	
5	XMIN		double		非空	该体的范围 X_{min}
6	XMAX		double		非空	该体的范围 X_{max}
7	YMIN		double		非空	该体的范围 Y_{min}
8	YMAX		double		非空	该体的范围 Y_{max}
9	ZMIN		double		非空	该体的范围 Z_{min}
10	ZMAX		double		非空	该体的范围 Z_{max}
11	EDGE_NUM		long			组成体的边个数
12	EDGE_DATA		BLOB			组成体的边数据流

附表 B-3(a)　　　　　　　　　　　　面信息表

序号	字段名称	单位	字段类型	字段长度	说明	备注
1	ID		long		非空	关键字
2	时间戳		TIMESTAMP		非空	数据记录修改的时间
3	EXIST		BYTE	1	非空	缺省为 0
4	TYPE		BYTE	1	非空	面数据的类型
5	XMIN		double		非空	该面的范围 X_{min}
6	XMAX		double		非空	该面的范围 X_{max}
7	YMIN		double		非空	该面的范围 Y_{min}
8	YMAX		double		非空	该面的范围 Y_{max}

续 表

序号	字段名称	单位	字段类型	字段长度	说明	备注
9	ZMIN		double		非空	该面的范围 Z_{min}
10	ZMAX		double		非空	该面的范围 Z_{max}
11	FACE_NUM		long		非空	该面所有子面的个数
12	FACE_DATA		BLOB		非空	该面所有子面数据流

附表 B-3(b)　　　　　　　　　　子面数据表

序号	字段名称	单位	字段类型	字段长度	说明	备注
1	ID		long		非空	关键字
2	时间戳		TIMESTAMP		非空	数据记录修改的时间
3	EXIST		BYTE	1	非空	缺省为 0
4	TYPE		BYTE	1	非空	面数据的类型
5	XMIN		double		非空	该面的范围 X_{min}
6	XMAX		double		非空	该面的范围 X_{max}
7	YMIN		double		非空	该面的范围 Y_{min}
8	YMAX		double		非空	该面的范围 Y_{max}
9	ZMIN		double		非空	该面的范围 Z_{min}
10	ZMAX		double		非空	该面的范围 Z_{max}
11	RING_NUM		long			该子面所有环的个数
12	RING_DATA		BLOB			该子面所有环数据流
13	MFACE_NUM		long		非空	该子面所有面元的个数
14	MFACE_DATA		BLOB		非空	该子面所有面元数据流
15	ADJ_ENTITY0		long			该子面的正面邻接体
16	ADJ_ENTITY1		long			该子面的负面邻接体
17	DOT_SET_ID		long		非空	该子面使用的点集号

附表 B-4　　　　　　　　　　环数据表

序号	字段名称	单位	字段类型	字段长度	说明	备注
1	ID		long		非空	关键字
2	时间戳		TIMESTAMP		非空	数据记录修改的时间
3	EXIST		BYTE	1	非空	缺省为 0
4	TYPE		BYTE	1	非空	

续 表

序号	字段名称	单位	字段类型	字段长度	说明	备注
5	XMIN		double		非空	该环的范围 X_{min}
6	XMAX		double		非空	该环的范围 X_{max}
7	YMIN		double		非空	该环的范围 Y_{min}
8	YMAX		double		非空	该环的范围 Y_{max}
9	ZMIN		double		非空	该环的范围 Z_{min}
10	ZMAX		double		非空	该环的范围 Z_{max}
11	EDGE_NUM		long		非空	组成环的边的个数
12	EDGE_DATA		BLOB		非空	组成环的边数据流
13	DOT_NUM		long			组成环的坐标点的个数
14	DOT_DATA		BLOB			组成环的坐标点数据流

附表 B-5　　　　　　　　边数据表

序号	字段名称	单位	字段类型	字段长度	说明	备注
1	ID		long		非空	关键字
2	时间戳		TIMESTAMP		非空	数据记录修改的时间
3	EXIST		BYTE	1	非空	缺省为 0
4	TYPE		BYTE	1	非空	
5	XMIN		double		非空	该边的范围 X_{min}
6	XMAX		double		非空	该边的范围 X_{max}
7	YMIN		double		非空	该边的范围 Y_{min}
8	YMAX		double		非空	该边的范围 Y_{max}
9	ZMIN		double		非空	该边的范围 Z_{min}
10	ZMAX		double		非空	该边的范围 Z_{max}
11	NODE_FRIST		long		非空	第一个节点号
12	NODE_LAST		long		非空	最后一个节点号
13	DOT_FRIST		long		非空	第一个坐标点号
14	DOT_LAST		long		非空	最后一个坐标点号
15	RING_NUM		long			边的邻接环个数
16	RING_DAT		BLOB			边的邻接环数据流
17	LINE_NUM		long			边的邻接线个数
18	LINE_DAT		BLOB			边的邻接线数据流

附表 B-6　　　　　　　　　　　节点数据表

序号	字段名称	单位	字段类型	字段长度	说明	备注
1	ID		long		非空	关键字
2	时间戳		TIMESTAMP		非空	数据记录修改的时间
3	EXIST		BYTE	1	非空	缺省为 0
4	TYPE		BYTE	1	非空	
5	EDGE_NUM		long			节点的连接边个数
6	EDGE_DAT		BLOB			节点的连接边数据流
7	DOT_SET_ID		long			点集 ID 号

附表 B-7　　　　　　　　　　　点集数据表

序号	字段名称	单位	字段类型	字段长度	说明	备注
1	ID		long		非空	关键字
2	时间戳		TIMESTAMP		非空	数据记录修改的时间
3	EXIST		BYTE	1	非空	缺省为 0
4	TYPE		BYTE	1	非空	
5	DOT_NUM		long		非空	点的个数
6	DOT_DAT		BLOB		非空	点数据流
7	SET_PAGE		long			点集 ID 分页号,缺省为 0

附表 B-8　　　　　　　　　　　线数据表

序号	字段名称	单位	字段类型	字段长度	说明	备注
1	ID		long		非空	关键字
2	时间戳		TIMESTAMP		非空	数据记录修改的时间
3	EXIST		BYTE	1	非空	缺省为 0
4	TYPE		BYTE	1	非空	线数据的类型
5	XMIN		double		非空	该线的范围 X_{min}
6	XMAX		double		非空	该线的范围 X_{max}
7	YMIN		double		非空	该线的范围 Y_{min}
8	YMAX		double		非空	该线的范围 Y_{max}
9	ZMIN		double		非空	该线的范围 Z_{min}
10	ZMAX		double		非空	该线的范围 Z_{max}

续　表

序号	字段名称	单位	字段类型	字段长度	说明	备注
11	EDGE_NUM		long			组成线的边的个数
12	EDGE_DATA		BLOB			组成线的边数据流
13	DOT_NUM		long			组成线的点坐标的个数
14	DOT_POS		long			起始点坐标位置
16	DOT_DAT		BLOB			坐标数据
17	DOT_SET_ID		long		非空	该线使用的点集号

附表 B-9　　　　　　　　　　　三维要素类描述表

序号	字段名称	单位	字段类型	字段长度	说明	备注
1	ID		long		非空	关键字
2	时间戳		TIMESTAMP		非空	数据记录修改的时间
3	EXIST		BYTE	1	非空	缺省为 0
4	TYPE		BYTE	1	非空	
5	XMIN		double		非空	该三维要素类对象的范围 X_{min}
6	XMAX		double		非空	该三维要素类对象的范围 X_{max}
7	YMIN		double		非空	该三维要素类对象的范围 Y_{min}
8	YMAX		double		非空	该三维要素类对象的范围 Y_{max}
9	ZMIN		double		非空	该三维要素类对象的范围 Z_{min}
10	ZMAX		double		非空	该三维要素类对象的范围 Z_{max}
11	VISIABLE		BYTE		非空	是否可见,缺省为 1

索 引
INDEX